面向21世纪高等院校规划教材

工业设计方法学

（第3版）

简召全　主编

简召全　许㦿青　编

北京理工大学出版社
BEIJING INSTITUTE OF TECHNOLOGY PRESS

内 容 简 介

本书根据高等工业学校《工业造型设计》专业教学指导小组制定的《工业设计方法学》大纲在1993年版基础上修订而成。主要内容包括设计的概念、设计思维、功能论、系统论、人性化和商品化的设计观念，以及设计调查、设计方法、设计评价、设计管理等。

本书是工业设计专业的统编教材，除作为工业设计专业本科生教材外，也可作为其他设计类专业的教学参考书，还可供从事设计工作的工业设计和工程设计人员参考。

版权专有　侵权必究

图书在版编目（CIP）数据

工业设计方法学/简召全主编．—3版．—北京：北京理工大学出版社，2011.1（2021.7重印）

ISBN 978－7－5640－4222－6

Ⅰ．①工… Ⅱ．①简… Ⅲ．①工业设计－高等学校－教材 Ⅳ．①TB21

中国版本图书馆CIP数据核字（2011）第009871号

出版发行 /	北京理工大学出版社
社　　址 /	北京市海淀区中关村南大街5号
邮　　编 /	100081
电　　话 /	(010)68914775(办公室)　68944990(批销中心)　68911084(读者服务部)
网　　址 /	http://www.bitpress.com.cn
经　　销 /	全国各地新华书店
印　　刷 /	保定市中画美凯印刷有限公司
开　　本 /	889毫米×1194毫米　1/16
印　　张 /	15.5
字　　数 /	322千字
版　　次 /	2011年1月第3版　2021年7月第19次印刷　　责任校对/陈玉梅
定　　价 /	39.00元　　　　　　　　　　　　　　　　　　　责任印制/边心超

图书出现印装质量问题，本社负责调换

出版说明

工业设计是在人类社会文明高度发展过程中，伴随着大工业生产的技术、艺术和经济相结合的产物。

工业设计从 William Morris 发起的"工艺美术运动"算起，经过 Bauhaus 的设计革命到现在，已有百余年的历史。世界各先进工业国家，由于普遍重视工业设计，因此极大地推动了工业和经济的发展与社会生活水平的提高。尤其是近几十年来，工业设计已远远超过工业生产活动的范围，并成为一种文化形式。它不仅在市场竞争中起决定性作用，而且对人类社会生活的各方面都产生了巨大的影响。工业设计正在解决人类社会现实的与未来的问题，正在创造、引导人类健康的工作与生活，并直接参与重大社会决策与变革。

工业设计的方法论，包括三个基本问题：技术与艺术的统一，功能与形式的统一，微观与宏观的统一。在设计观念上，传统的"形式追随功能"已由于人的需求而日益受到重视，并且由于在设计中能够运用多学科的知识，功能的内涵已经大为扩展，设计更具生命力，更加多样化，日益体现了"形式追随需求"的直接反映生活意义的倾向。人性是人的社会性和自然性的统一，人类在创造"人-社会-自然"的和谐发展中，创造了崭新的生活方式和生存空间。所有这些，都体现了以"人为核心"的设计价值观。

人才是国力，设计人才创造了设计世界；飞速发展的经济，必然伴有工业设计教育的长足进步。

《工业造型设计》专业教学指导小组成立于 1987 年 10 月。专业教学指导小组的任务之一是：研究专业课教材建设中的方针政策问题，协助主管部门进行教材评优和教材使用评介工作；制订教材建设规划，组织编写、评选教材。根据这一任务，教学指导小组制定了"七五"教材出版规划。在各院校的共同努力下，编写了以下教材："产品造型材料与工艺"（主编程能林）；"人机工程学"（主编丁玉兰）；"视觉传达设计"（主编曾宪楷）；"工业设计史"（何人可编）；"造型基础"（主编张福昌）；"产品造型设计"（主编高敏）；"工业设计方法学"（主编简召全）。

这套教材是以工科院校的工业设计专业为主要对象编写的，也考虑了按艺术类招生学校的教学要求，并由有这方面教学经验的教师担任主编，因此这套书基本上能满足我国现今工业设计教育的要求。这套书也可供企业中从事设计工作的人员学习参考。

在这套书的编写过程中，我们取长补短，互相交流，团结合作，每位编者都付出了极大的艰辛，按照推荐教材的要求，努力在辩证唯物主义和历史唯物主义思想的指导下，认真贯彻理论与实践相结合的方针，努力提高教材的思想性、科学性、启发性、先进性和适用性，力求能反映出工业设计的先进水平，提高教材的质量。

　　本教材的出版，解决了工业设计教育中急需教材的有无问题。在"八五"教材规划中，我们还要继续努力，以求进一步扩大教材的品种和提高教材的质量。最后，应当感谢机电部教材编辑室和北京理工大学出版社，是在他们的帮助和支持下，这套教材才得以和广大读者见面。

高等工业学校《工业造型设计》
专　业　教　学　指　导　小　组　组　长　　简召全

1988 年

第3版前言

本书第3版做了若干修订，修订的原则是：

1. 原版本的结构体系保持不变。
2. 根据我国设计和设计教育发展的实际需要，补充了若干设计观念和实例。
3. 改正原书中出现的疏漏和错误。

建筑设计、工程设计和工业设计有各自的设计方法学。由于它们的设计对象不同，所以有不同的设计观念和方法。但从方法学看，却有许多相通之处，例如功能论的设计思想和方法，只要从工业设计的功能观念出发，通过功能技术矩阵和功能价值的分析，可以在功能和形式之间做出优化的设计。这对于克服设计的形式主义倾向和单纯技术倾向是大有裨益的。

近来设计管理正日益成为企业经营管理的重要组成部分，设计管理已成为设计师和企业走向成功的要素。我们决定增加"设计管理"一章，由许彧青执笔。

由于种种原因，上一版的作者冯明和朱崇贤不能参加再版的修订工作，本版教材由简召全和许彧青负责修订。部分哈尔滨工程大学工业设计系的学生参加了工作，特一并致谢。

编　者
2011年1月

前 言

工业设计的范畴涉及以产品设计为核心的产品设计、视觉传达设计和环境设计。在教学计划中设计学是主干学科之一，它的任务是给工业设计提供科学的设计观念、方法、程序和评价方法。"工业设计方法学"是主干学科——设计学中的一门重要课程。课程计划学时为36~54学时。本书是按照这个要求编写的。

本书分三个部分。第一部分包括绪言、第一章、第二章，其中论述了设计的概念和设计思维、工业设计的系统观和方法论。第二部分包括第三章、第四章、第五章、第六章，主要介绍设计观念，这是设计师思维和工作的起点、方向和归宿。第三部分包括第七章、第八章、第九章，阐述了具体的设计方法、程序和评价方法。

本书的绪言及第七、八章由北京理工大学简召全编写；第一、第二章由上海交通大学朱崇贤编写；第三、第四、第五、第六、第九章由北京理工大学冯明编写。主编为简召全。

本书经《工业造型设计》专业教学指导小组组织审稿会讨论通过。主审为云南工学院胡志勇同志。北京理工大学出版社吴家楠同志在编辑过程中又作了精心修改。机电部教材编辑室王世刚同志在出版过程中给了许多帮助。还有鲁力同志也提供了很多宝贵的材料。编者在此向他们表示真诚的谢意。

本书系初次编写，在国内外可供借鉴的教材也不多。由于编者水平有限，错误和欠妥之处在所难免，恳请广大读者批评和指正。

编 者

目　　录

绪言	1
第一章　设计科学概论	**7**
§1-1　广义设计	7
§1-2　设计研究的领域	8
§1-3　现代设计方法	9
§1-4　设计理性的特点与思索	10
§1-5　变——设计中永远不变的原则	13
§1-6　工业产品的功能	14
§1-7　思维、风格、美的创造	16
第二章　创造性思维及创造技法	**20**
§2-1　创造性思维	20
§2-2　创造性思维的训练及人才培养	27
§2-3　创造法则	32
§2-4　创造技法	35
第三章　功能论设计思想及方法	**51**
§3-1　设计过程	51
§3-2　功能论设计思想及方法概述	54
§3-3　功能分析	57
§3-4　方案设计	65
§3-5　功能价值分析	72
§3-6　设计中附加价值的探讨	79
第四章　系统论设计思想及方法	**82**
§4-1　系统论与现代设计	82
§4-2　系统的概念	83
§4-3　系统论设计思想与方法概述	84
§4-4　系统分析	88
第五章　商品化设计思想及方法	**105**
§5-1　商品与产品	105
§5-2　商品化的设计思想	106
§5-3　设计与营销策略	108
§5-4　设计与产品定位	115

§5-5 设计与生产计划 117
§5-6 设计与研究开发 119

第六章 人性化的设计观念 123
§6-1 概述 123
§6-2 人性化设计观念 123
§6-3 人性化设计观念应考虑的主要因素 126
§6-4 以用户为中心的设计 130

第七章 设计调查的方法 137
§7-1 设计调查 137
§7-2 调查的方法和步骤 140
§7-3 调查技术 144
§7-4 预测方法 148

第八章 设计方法 155
§8-1 设计计划的制订 155
§8-2 在各种设计行动中的设计方法 157
§8-3 设计与标准化 173
§8-4 设计与法规 179
§8-5 设计观念和方法的若干问题 184

第九章 设计评价 198
§9-1 概述 198
§9-2 设计评价目标 201
§9-3 设计评价方法 204
§9-4 设计评价中的一些问题 214
§9-5 世界各国和地区优良设计评选 217

第十章 设计管理 222
§10-1 设计管理的定义 223
§10-2 设计管理的范围和内容 224
§10-3 设计策略管理 228
§10-4 设计项目管理 229
§10-5 人力资源管理 230
§10-6 设计法规管理 234

参考书目 237

绪 言

一、方法与方法论

方法是指在任何一个领域中的行为方式，它是用以达到某一目的的手段的总和。人们要认识世界和改造世界，就必然要从事一系列思维和实践活动，这些活动所采用的各种方式，统称为方法。无论做什么事都要有正确的方法，方法的正误、优劣直接影响工作的成败或优劣。所谓事半功倍，大多是由于方法对头，由此只花费了较小的力气而取得了大的成效。自古以来，方法就是人们注意的问题。随着社会的进步，人们认识和改造世界的任务更加繁重复杂，方法的重要性也就更加突出。以方法为对象的研究，已成为独立的专门学科，此即科学方法论。科学方法论是关于科学的一般研究方法的理论，它探索方法的一般结构、发展趋势和方向，以及科学研究中各种方法的相互关系。

二、方法论的发展

科学方法论的发展，大体经历了四个时期。

(1) 自然哲学时期（古代朴素的自然观到16世纪近代科学的产生）：在这个时期，人们仍将世界看做一个混沌的整体，表现为哲学、自然科学和方法论三者没有分开。这一时期方法论的最高成就是亚里士多德的逻辑学和欧几里得几何学中的方法论思想。

(2) 分析为主的方法论时期：这一时期是从16世纪经典力学建立到19世纪初期。这一时期自然科学相继分化出来，并形成了各自的研究方法，而哲学则担当了方法论的职能，哲学的范畴、原理、世界观都作为自然科学研究的方法论出现。1620年，培根的《新工具》探讨了新的认识方法（经验归纳法），成为归纳法的基础，培根的方法体系推动了近代科学的发展。笛卡尔在《谈方法》一书中则提出了唯理论的演绎法，突出了理性的推理与分析。这些方法都是以分析为主的哲学方法论。

(3) 分析与综合并重的方法论时期：这一时期是从19世纪40年代到20世纪中叶。在这个时期，一方面是分析方法论有了比较重大的发展，数理逻辑和分析哲学作出了重要的贡献；另一方面是自然科学中实现了两次重大的综合，能量守恒和转化、细胞学说和进化论在很大程度上实现了宏观领域自然科学的综合；相对论和量子力学理论的创立实现了宏观和微观的理论综合。这一时期，综合的思维方式日益受到重视。

(4) 综合方法论时期：这一时期从20世纪中期开始，出现了许多综合性的学科，如各种边缘学科、横断学科（系统论、控制论、信息论）、综合性学科（环境科学、能源科学、航天科学等）。这些学科的迅猛发展极大地促进了综合方法论的发展。现在正是思维方式面临重大发展的时代。可以预期，科学方法论也将得到巨大的发展。

三、方法论的结构

科学方法论大体上可以分成四个层次：① 各种技术手段、操作规程等构成科学方法论的最低的层次——经验层次；② 反映各门学科中的一些具体方法，它属于各门学科本身的研究对象；③科学研究中的一般方法，是从各门学科中总结、概括出来的，它不是某一学科独有的，而是各门学科共同适用的方法，例如系统论方法、控制论方法和信息论方法等；④第四个层次是哲学方法，普遍适用于自然科学、社会科学和思维科学，是一切科学最一般的方法。

四、设计方法论

设计方法论亦称为"设计哲学"、"设计科学"、"设计工程"或"设计方法学"。是20世纪60年代以来兴起的一门学科，主要探讨工程设计、建筑设计和工业设计的一般规律和方法，它涉及哲学、心理学、生理学、工程学、管理学、经济学、社会学、生态学、美学、思维科学等领域，是研究开发和设计的方法论的学科，包含了方法论中的各种层次的问题。第二次世界大战后，由于信息工程、系统工程、人类工程、管理工程、创造工程、科学哲学、科学学等一系列新兴学科取得了迅速的发展，一批哲学家、科学家、工程师和设计师从一般方法论的角度研究设计中的方法论问题，使许多工程师和设计师认识到：传统的设计方法已经不适于解决日益复杂的设计问题，因而必须代之以新的设计观念、思想、原则和方法。

设计方法在近年来得到了迅速的发展，在一些不同的国家中形成了各自的独特风格。德国着重设计模式的研究，对设计过程进行系统化的逻辑分析，使设计的方法步骤规范化。乌尔姆造型大学早先的工作产生了重要的影响，在工业设计上形成了精密、精确、高质量的技术文化的特征。美国等国则重视创造性开发和计算机辅助设计，在工业设计上形成商业性的、高科技的、多元文化的风格。日本则在开发创造工程学和自动化设计的同时，特别强调工业设计，形成了东方文化和高科技相结合的风格。

任何一个国家、部门和企业以至某种产品的开发、设计，都应当根据各自的特点，采取不同的设计方法以形成自己的设计风格。常用的设计方法有黑箱法。所谓黑箱法是一种科学方法论的概念。它认为当一个研究对象的内部构造和机理不清楚时，可以通过外部观测和试验去认识其功能和特性。黑箱法是一种方法，它只有结果，而看不到过程。而白箱法则是综合法，它的过程和步骤非常清楚，是有序、可控、可度量的。此外还有创造学法，人机工程学法，调查及预测，功能技术矩阵，价值工程及价值创新，形态学法，评价及语意区分法（S·D法）及计算机辅助设计等。对于上述的各种方法，在设计的不同阶段应交互使用，以寻求设计的优化。

大多数人都同意在设计思维的进程上，可以分为分析（指将问题分解成诸方面）、综合（指将分解的各方面用新的方式重新构建组合）和评价（指检验这种新的组合，并确定其投入实践后产生的效果）三个部分。这个过程在不同阶段中可能要循环多次，每循环一次都能前进一步，并取得更好的效果。

由设计流程构成的时间维，设计方法构成的方法维和设计思维构成的逻辑维组成了三维的设计空间。设计过程中的每一个行动都对应于设计空间内的一个点（图0-1）。

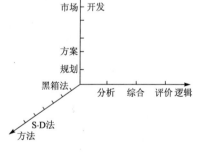

图0-1　设计空间

五、工业设计的方法论

从历史的角度看，工业设计孕育于18世纪60年代工业革命后的英国，诞生于20世纪20年代的德国，成长于20世纪30年代后的美国，其间经历了18世纪中叶至19世纪初的机械化萌芽时期和19世纪下半叶莫里斯的工艺美术运动等重要时期，这一大致历程如图0-2所示。

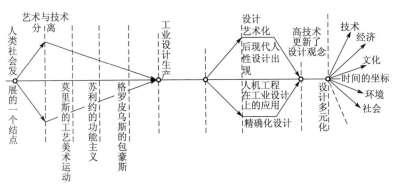

图0-2 工业设计的发展历程

可以说，工业设计的概念主要是伴随着现代社会中技术和艺术的变革而产生的。一方面，它的多表象的特征与艺术极为相似，但艺术由于受社会的局限，不断追求本身的自律性，把自己关闭在美的生产的框框中，而从社会生活中游离出来走上自身纯粹化的道路。另一方面，自产业革命以来，随着大批量生产的出现，使人们的生活用品失去了手工艺品那种温馨的匠人气息。这种艺术与技术的背道而驰所产生的间隙，为工业设计的产生提供了土壤。工业设计从它诞生的第一天起，就表现了它的逆反性。它要求抛弃传统，抛弃旧的审美偏见，把理论与实践结合起来，把艺术与技术结合起来，从而创造出符合时代要求的新产品。这之中旧的学院派美学和传统的手工艺审美观都被抛到了一边。

根据国际工业设计协会理事会（ICSID）1980年给工业设计的定义[①]，我们可以说工业设计是一门技术与艺术相结合的学科，同时受经济环境、社会形态、文化观念等多方面的制约和影响。工业设计是一个创造过程，在整个创造过程中，不单是像技术创造那样服从自然科学的客观法则，而且在最初的观念中就存在着求美的志向，从一开始美的原则就介入其中。正是这种对美的追求界定了设计师与工程师工作的区别，也界定了工业设计产品与一般工业品的区别。

工业设计是一种特殊的艺术。从起源看，工业设计源于工艺美术，不管后来随着大工业生产技术的发展使工业设计与工艺美术背道而驰有多远，工业设计的肌体中确存有工艺美术的基因。设计有着艺术的性格，设计创造的过程遵循实用化求美法则的艺术创造过程。这种实用化的求美不是对物进行美化或装饰，不是给已有产品以新的魅力和优雅的产品化妆。它是打破传统固有的产品形态，从结构功能角度出发，对产品的实用和美观的一种再创造。设计的审美价值就产生在功能的完善之中。

---

① ICSID的定义：就批量生产的工业产品而言，凭借训练、技术知识、经验及视觉感受而赋予材料、结构、构造、形态、色彩、表面加工以及装饰以新的品质和规格，叫做工业设计。1970年ICSID第二次大会：ID是一种创造的行为，其目的在决定工业产品的真正品质；所谓真正品质并非指外表，主要是在结构与功能的关系，俾达到生产者及使用者，均表满意的结果。

作为工业设计师,一方面要关注社会和技术的进步,另一方面又应在其发展中探求美的精髓。设计本身所具有的这种双重性格的交互影响、对比和平衡,就产生了设计上的诸多流派,如功能主义、新立体主义、后现代主义等。这些流派的设计哲学对设计师设计观念有很大的影响。在近代,现代设计与现代艺术之间的距离日趋缩小,新艺术形式的出现极易诱发新的设计观念;新的设计观念也极易成为新艺术形式产生的契机。设计不仅受文化浪潮和趋势的影响,而且受科学技术发展的新动态的影响。设计师必须能科学地预测社会的进步,使自己能站在潮流和时尚的前列。在人类认识和变革世界的过程中,信息与材料、能源并列,成为人类物质文明的三大支柱。生物工程、材料工程、遗传学与计算机在设计上的应用也日趋成熟。为了使设计更准确,所有控制设计精确性的因素都将预先经过研究和计算,使设计建立在科学的基础之上,在这种形势下,工业设计的概念也日益深化。如果说,当初工业设计产生于艺术与技术的鸿沟之间,那么今天工业设计的飞速发展正在逐步填平这二者之间的鸿沟。在技术与艺术的结合过程中,设计科学得到"软"化,而艺术得到物化,就在这中间,工业设计得到了发展。因此,技术与艺术的结合正是工业设计方法论中首要研究的问题。

工业设计方法论研究的第二个基本问题是功能与形式的关系。产业革命后,大机器生产带来了更加精细的分工,更加提高了劳动生产率,但产品变得粗糙了,产品的各部分之间也失去了有机和谐的关系。有时机械化的大生产反而降低了产品的质量,由此,一些人主张回到手工生产中去。例如,莫里斯就主张过"通过艺术来改造英国社会的趣味,使英国公众在生活上能享受到一些真正的美观而又实用的产品"。虽然莫里斯实际上是站在工业革命的对立面上反对大机器生产,但是他既重实用又重审美的设计思想使他不自觉地成为工业设计的先驱。如果仅从艺术的观点看待产品,即注重的只是千差万变的外形而已。产品外形当然值得注意,但对设计来说,它不应是关注的重心,要关注的应是根据产品功能来赋予它的外形。保尔·苏利约(1852—1925)在《理性的美》(1904年)中勇敢地突破了康德的信条:美是一种无目的的合目的性,是一种完全没有利害关系的满足的对象。是他最先指出:美和实用应当吻合,实用的物品能够拥有一种"理性的美",实用物品的外观形式是其功能的明显表现。苏利约实际上创立了功能主义。他用形式和内容来描述审美和实用的矛盾,并且用功能把内容和形式有机的统一起来了。包豪斯的设计哲学认为设计的"一切细节都从属于产品功能","一件有一定功能的产品自然会显示出一定的外形"。芝加哥派建筑师路易斯·沙利文提出的"形式追随功能"的名言掀起了功能主义的热潮,并且在19世纪50年代前主导了现代设计的方向。

第二次世界大战后,随着科学技术的发展,产业结构、生活的消费结构、社会结构、自然环境及人的意识形态都发生了巨大的变化。传统的功能主义的设计样式和设计原理发生了变化,即形成了多元化的设计。功能再也不是单一的结构功能,而呈现为复合形态:即物质功能、信息功能、环境功能和社会功能的综合。

物质功能是一种实用功能,除去人机工程学的考虑以外,产品技术由机械化向电子化的转变,和材料工程、生产工程的发展,使物质功能的设计,向着适应商品化、小批量、多样化的方向发展。

信息功能(对话功能)是产品的语言,包括指示功能、象征功能和审美功能。所谓指示功能是产品能向人们提供充足的信息，说明它是什么，有什么功能，如何实现这些功能。象征功能是一种符号功能，用以向人们传达某种信息，表明它意味着什么，例如，象征使用这种产品的人的出身、职业、信仰、社会地位、权力，等等。现代美学把美看做是一种信息。产品给人们带来具有独创性的审美信息，通过它唤起人们的审美感受，满足人们的审美需要，这就是审美功能。审美功能主要由功能美和形式美两种审美形态构成。

20世纪60年代以来发展了的能源危机和环境公害，造成对自然环境和人类生命的危害，而绿色产品的兴起，使环保功能成为设计师必须正视和解决的问题。

20世纪70年代以来，由于对人类生活形态的研究，同时也由于社会学、生态学的研究而发展的社会设计和生态设计，使得设计人类的各种生活方式，改善人类的生存空间，已成为设计界的共同的迫切问题。

20世纪80年代的孟菲斯设计前卫集团和后现代的设计师们强调形象、生理、心理相互联系和统一。视觉形象的创造应以与人的生理和心理的吻合为前提。他们提出：设计师的责任不是实现功能而是发现功能。"新的功能就是新的自由"。工业设计发展的历程表明：没有功能，形式就无从产生，因此，正确处理功能与形式的关系是工业设计方法论研究的第二个基本问题。

工业设计研究的对象是"人–机–环境–社会"这一大系统。工业设计的出发点是人，设计的目的是为了人而不是产品。把人作为设计的出发点，就是要使人的生存环境更加"合乎人性"。因此，工业设计首先不是对产品的设计，而是对人类的生活方式（包括劳动方式、消费方式、娱乐方式、学习方式等）的设计。恩格斯曾经说过，一个人生活的目的不仅要为生存而斗争，还要为享受而斗争，为发展而斗争。"通过有计划地利用和进一步发展现有的巨大生产力，在人人都必须劳动的条件下，生活资料、享受资料、发展和表现一切体力和智力所需的资料，都将同等地、愈益充分地交归社会全体成员支配。"

工业设计不仅研究人–机的关系，而要扩及整个人类的人造环境。不仅只对机器、设备和产品，还要将环境（人造环境和自然环境）作为一个整体来规划设计。丹麦设计家艾里克·赫罗说过："设计的实施要求以道德观为纬线，辅之以人道主义伦理学指导下的渊博的知识为经线……，设计者本人已经成功地将工业设计转化为一种手段，用以大量生产，大量购买，大量消费，还大规模地毒害数不清的环境……如果这种断言适用的话，这就意味着'设计'要么能作为自我破坏的手段，要么能成为在比我们熟悉的现状更为合理的世界中生存的手段。"工业设计的发展已经超越了传统的功能主义的阶段，功能的内涵应大大地扩展为物质功能、信息功能、环境功能及社会功能等。应注目于人类社会和生存环境在总体上的和谐。这是工业设计发展的大趋势。研究宏观和微观的关系是工业设计方法论的第三个基本问题。

传统的工业设计方法，仅凭设计师的经验、感觉、艺术创作灵感进行直觉的思考。有的设计师认为设计只是一种假设，是一种随意，是不受任何约束的。显然，认为一个设计可以不经过科学地、严密地分析、研究，而只凭感觉、经验就可以获得成功，那是错误的。设计方法学是近年发展起来的理性的设计方法，它的许多方法是一般性的，可以同时适用于工业设计、工程设计和建筑设计。在设计上，我们主张感性与理性相结合。因为设计方法学是硬科学与软科学的交叉，与工业设计关系十分密切的学科、观念和方法，如人机工程学、市场学、心理学、预测科学等，这些以人为出发点的人性设计观念、系统设计观念、商品设计观念等，都已被吸收到现代工程设计中来。设计师若再只囿于传统的经验设计方法，就显得落后了，并将很难在与工程师、经济师、建筑师的合作中，说服别人而采纳自己的方案。

工业设计方法学是一门发展中的学科，许多问题有待研究。我国传统文化中蕴涵着十分丰富的设计观念和方法，诸如"天人合一"的哲学观；天时、地气、材美、工巧，合四为良的系统论的设计观和工艺观；工艺品的体舒神怡，形神兼养的双重功能，等等。对于这些，需要我们来整理并开发，古为今用，以丰富设计方法学的宝库。

设计方法学是打开并通往成功设计大门的钥匙，在它经过了自身发展的历程后，还必将在人类文明进程的长河中得到充实和完善。因此，设计方法学这一新兴学科也正越来越受到人们的关注，特别是工业设计师们，正在力图掌握它，并应用到工业设计的实践之中。

六、工业设计

我们用国际工业设计协会在 2006 年给出的工业设计的定义作为绪言的结尾。

目的：

设计是一种创造性的活动，其目的是为物品、过程、服务以及它们在整个生命周期中构成的系统建立起多方面的品质。因此，设计既是创新技术人性化的重要因素，也是经济文化交流的关键因素。

任务：

设计致力于发现和评估与下列项目在结构、组织、功能、表现和经济上的关系：

——增强全球可持续发展和环境保护（全球道德规范）；

——给全人类社会、个人和集体带来利益和自由；

——最终用户、制造者和市场经营者（社会道德规范）；

——在世界全球化的背景下支持文化的多样性（文化道德规范）；

——赋予产品、服务和系统以表现性的形式（符号学）并与它们的内涵相协调（美学）。

设计关注由于工业化——而不只是由生产时用的几种工艺——所衍生的工具、组织和逻辑创造出来的产品、服务和系统。限定设计的形容词"工业的(industrial)"必然与工业（industry）一词有关，也与它在生产部门所具有的含义，或者其古老的含义"勤奋工作（industrious activity）"相关。也就是说，设计是一种包含了广泛专业的活动，产品、服务、平面、室内和建筑都在其中。这些活动都应该和其他相关专业协调配合，进一步提高生命的价值。

所以设计师一词，指的是一个从事高智力职业的个体，绝非只是为企业的商业和服务而工作的人。

第一章 设计科学概论

§1-1 广义设计

自古至今,人类生活在大自然和人类自身所"设计"的世界中。随着科学技术的发展,更改变了大自然及人类社会的面貌,人们越来越生活在"人为"、"人技"设计的世界之中。

历史证明,人类文明的源泉就是创造;人类生活的本质就是创造;而设计,其本质上就是创造性的思维与活动。设计的历史也可以说就是人类的历史,但自觉的"设计"是开始于15世纪欧洲文艺复兴时期,直到20世纪中期,设计仍被限定在比较狭窄的专业范围内,某些情况下是常用较为单一的学科知识解决专业范围里某几个设计问题。

为了更好地满足人类的需求,设计方法必然要发展。随着创造性活动理论、现代决策理论、信息论、控制论、工业设计理论、系统工程等现代理论与方法的发展及传播,人们冲破了传统学科间的专业壁垒,在相邻甚至相远的学科领域内探索、研究,使现代设计科学走上日趋整体化的道路,促使单一的设计研究向广义的设计研究转变,从而形成了设计科学学。

赫伯特·A·西蒙于1969年首次正式提出了设计科学的概念,总结了设计科学的特点、内容与意义。1981年他又作出了重要补充,使设计科学体系基本上得以确立。

20世纪80年代以来,现代设计法在我国日益受重视。从事和研究现代设计的工作者提出了一些适合我国国情的、具有特色的设计研究体系与方法。

对于广义设计,有许多定义,如:

(1) 设计是"一种针对目标的问题求解活动"。
(2) 设计是"将人为环境符合人类社会心理、生理需求的过程"。
(3) 设计是"从现存事实转向未来可能的一种想象跃迁"。
(4) 设计是"一种创造性活动——创造前所未有的、新颖而有益的东西"。
(5) 设计是"一种构思与计划,以及把这种构思与计划通过一定的手段符号化的活动过程"。
(6) 设计是"建立在一定生产方式上的造型计划"。
(7) 设计是"使人造物产生变化的活动"。
(8) 设计是"一种社会-文化活动。一方面,设计是创造性的、类似于艺术的活动;另一方面,它又是理性的、类似于条理性科学的活动"。
(9) 设计是"对一批特殊的实际需要的总和,得出最恰当的答案"。
(10) 设计是"实现信念的一种非常复杂的行动"。
(11) 设计是"一种约定俗成的活动,是在规定和创造将来"。
(12) 设计是"完成委托人的要求、目标,获得使设计师与用户均能满意的结果"。
(13) 设计是"一种研讨生活的途径"。
(14) 设计是"综合社会的、经济的、技术的、心理的、生理的、人类学的、艺术的各种形态的特殊的美学活动及其产品"。

(15) 设计是"通过分析、创造与综合，达到满足某些特定功能系统的一种活动过程"。

……

由此可见，设计的含义并不受学科或专业本身的限制，即这些含义具有普遍性与广义性。

§1-2 设计研究的领域

设计科学是研究现代设计规律、任务、结构、方法、程式、法规、历史等的学科；是设计哲学、设计科学方法论等的总和；是思维与方法、技术与哲学、自然与社会、个体与群体等广角而又多元的交叉。从现有的和潜在的领域看，设计科学的研究范围大致涉及三类学科。

1. 设计现象学

设计现象学是研究设计科学的历史，即主要事件、组织及人物；研究其与科技、社会发展的联系；研究设计领域中的现象分类、设计系统、设计物的设计技术等。

2. 设计行为学

设计行为学的研究包括思维、问题求解等设计技能的探讨；设计活动组织机构、设计过程、设计建模及设计任务的度量、评价等。

3. 设计哲学

设计哲学是研究设计定义，设计的系统论、方法论、认识论；设计的新概念、新思想；设计领域中技术、经济、社会伦理、美学等价值及其关系；设计教育的原则、结构、实践，等等。

这三类学科之间又有联系甚至重叠，并反映出现代科学的整体性及交叉性。与其说设计科学是设计方法，倒不如更确切地说是给设计方法提供了科学依据和普遍的设计理论。设计研究与设计科学的领域及其相互关系，大致如图1-1所示。

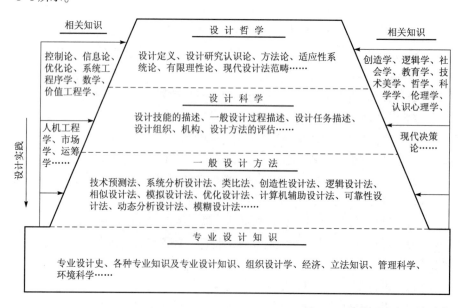

图 1-1 设计研究与设计科学

§1-3 现代设计方法

生产力的发展与变革，引起了科学的交叉、综合及各种科学方法论的发展与变革。当今的设计，已是包括了创造一切事物的实现过程。因此，设计、创新必然要寓于现代科学方法论之中。

设计科学学涉及广义设计与分析。现代设计的主要特点是优化、动态化、多元化及计算机化。具有较为普遍意义的方法论，决不是方法的简单拼凑。它具有与传统、狭义设计不同的种种特征。现将现代设计方法论主要范畴及常用的设计方法简介如下。

1. 突变论方法

突变论方法是现代设计的关键。因为人类要突破自然增长的极限，不断开拓发展，关键就是要有创新、有突破，才会有新的思想、新的理论、新的设计、新的事物。第二章中将要述及的各种创造性思维与设计技法，如头脑风暴法、逆向发明法、灵感法等，均能产生突变性机理。因此，它们是一种用于开发性设计的科学方法。目前，对于这些方法已建立起初步的数学模型，已可对设计创造的质的飞跃进行一定的定量描述。

2. 信息论方法

信息论方法是现代设计的前提，具有高度的综合性。它已超越了原先应用于电信通信技术的狭义范围，延伸到经济学、管理学、人类学、语言学、物理学、化学等与信息有关的一切领域。它主要研究信息的获取、变换、传输、处理等问题。常用的方法有预测技术法、信号分析法（相关分析法、方差分析法、状态方程分析法……）、信息合成法等。

3. 系统论方法

系统论方法是以系统整体分析及系统观点来解决各种领域具体问题的科学方法学。所谓"系统"，即指具有特定功能的、相互有机联系又相互制约的一种有序性整体。系统论方法从整体上看，不外乎是系统分析（管理）——系统设计——系统实施（决策）三个步骤。具体设计方法有：系统分析法、逻辑分析法、模式识别法、系统辨识法等。

为适应各学科的特点及发展，系统论方法已形成许多独立的分支，如管理系统工程、环境系统工程、人才系统工程等。顺应现代科技发展及工业化批量生产而出现的工业设计，即是一种新的设计观与方法论，是系统论方法中重要的分支之一。工业设计已不再仅仅是形态、色彩、表面加工、装饰等处理；也不仅仅是科学技术与艺术的结合。人类认识论的发展，已将工业设计置于"人-机-环境-社会"的大系统中，由此创造人们新的生活、生存方式。

4. 离散论方法

对立统一规律告诉我们，事物的矛盾性总具有成对性。既有用系统工程观点分析、研究事物的系统论方法，必然也有将复杂的、广义的系统离散为分系统、子系统、单元，以求得总体的近似与最优细解的离散论方法。常用的设计方法有微分法、隔离体法、有限单元法、边界元法、离散优化法等。

5. 智能论方法

智能论方法是现代设计的核心。运用智能理论，采取各种方法、工具去认识、改造、设计各种系统。发掘人的潜能的方法；计算机求解、设计、控制；

机器人技术、仿生物智能、专家系统等，均是常用的方法。

6. 控制论方法

控制论方法重点研究动态的信息与控制、反馈过程，以使系统在稳定的前提下正常工作。现代认识论将任何系统、过程和运动都可看成一个复杂的控制系统，因而控制论方法是具有普遍意义的方法论。常用的设计方法如：动态分析法、柔性设计法、动态优化法、动态系统辨识法等。

7. 对应论方法

世界上事物虽然千差万别，但各类事物间存在某些共性或相似的恰当比拟，具有大量而普遍的对应性。以相似或对应模拟作为思维、设计方式的科学方法，即为对应论方法。如科学类比法、相似设计法、模拟设计法、建模技术、符号设计法等。对应论方法常用于已有成熟的参照对象而尚未掌握设计对象性状的各种情况。

8. 优化论方法

优化论方法或优化设计法，即用数学方法在给定的多因素、多方案等条件下得到尽可能满意的结果，这是现代设计的宗旨。它包括线性和非线性规划、动态规划、多目标优化等优化设计法，优化控制法、优化试验法等常用方法。

9. 寿命论方法

设计事物的功能与其使用时间，以及功能与成本之间存在着密切的关系。设计中以产品使用寿命为依据，保证使用寿命周期内的经济指标与使用价值，同时谋求必要的可靠性与最佳的经济效益的方法论，即为寿命论方法。对此，也有称作功能论方法，如可靠性分析法，可靠性设计法，功能价值工程等。

10. 模糊论方法

这是将模糊问题进行量化解题的科学方法学。主要用于模糊性参数的确定、方案的整体质量评价等方面。常用的方法如模糊分析法、模糊评价法、模糊控制法、模糊设计法等。

11. 艺术论方法

社会的发展、科学的进步、人类审美情趣的提高，使现代设计不仅要考虑功能、科学技术，还必须考虑精神上、艺术上美的结合。以艺术美感作为出发点，使技术与艺术、科学与美学、创造与工艺紧密联系的科学方法学，即为艺术论方法。它主要用于系统、子系统、单体的形态设计、工业设计、环境设计等领域。

综上所述，现代设计方法论中的设计方法种类繁多，但并不是任何一个系统的设计需采用全部设计方法，也不是每一个单体或子系统均能采用上述每一种方法。工业设计是综合性、交叉性的学科，设计时常需综合应用上述方法。如突变论方法学中各种创造性设计法；智能论方法学中的计算机辅助设计；信息论方法学中的预测技术法、信息合成法；对应论方法学中的相似设计法、科学类比法、模拟设计法、符号设计法等；寿命论方法学中的价值工程与价值创新；系统论方法学中的人机工程学、技术美学以及艺术论方法等，则是经常需要用到的。

§1-4 设计理性的特点与思索

§1-1中，介绍了关于设计的十多种定义。一方面，我们可知设计领域的广阔性；另一方面，从中可以归纳出一些共同点，即：设计是人们为满足一定需要，精心寻找和选择满意的备选方案的活动。这种活动在很大程度上是一种问题的求解活动，创造和发明活动。同时，设计不仅是一种科学-技术活动，也是一种社会-文化活动，而且，由于设计本身具有规范性，因此也不能脱离价值因素和价值判断。

设计需要以设计哲理为基本指导思想。为此，我们就对偶处理模型、有限理性说、适应性系统观察作一简要介绍。

有一种设计理论被称为"玻璃箱"模型，又称"白箱"模型。它是指系统内部结构完全清楚、完全被人了解的模型，认为设计者对自己的所作所为及其理由是了如指掌的。与此相对的则有"魔术师"模型，又称"黑箱"模型。认为设计过程的最有价值的部分，处于人脑的深处，其部分内容已超出自觉控制的范围。这种观点更注重于人类创造活动的心理现象，更富"人性"和"非理性"。这两种设计模型过于片面。工业设计既不全是理性的"白箱"，也不全是非理性的"黑箱"。而"对偶处理模型"认为，在求解设计问题的过程中，设计者既有逻辑的、理性的思维，又有非理性的、形象的思维；既有分析式串行思维，又有整体性的综合思维。"对偶"即指两种思维方式的交互作用。而工业设计等领域，设计者还需运用"视觉思维"等。

设计科学既不纯属自然科学和工程技术，又不纯属人文、社会科学。它是一门高度交叉性的新学科。设计的本质在于决策、问题求解和创造。整个设计过程都贯穿着信息的收集、整理、变换、传输、贮存、处理、反馈等基本活动要素。一方面，信息处理观点被用来解释设计思考过程；另一方面，信息处理技术又被广泛用做设计工具。设计科学的另一个实质性特征，是从人性、社会性角度去考察设计过程，"设计人"不仅是"思维人"，同时也应是"社会人"、"管理人"。这是新时期对设计师所提出的新要求。设计"以人为本"，已作为重要的思想和行为准则。

从设计领域来看，当今最盛行的新思潮是"有限理性说"。它承认设计中的理性，但认为不可能有完美的而只能是有限的、受限制的理性。所谓理性，W·詹姆斯定义为"一种叫作推理的特定思考过程"；R·道尔则认为理性行动是"被正确地设计成最适于实现目标"的行动；赫伯特·A·西蒙则定义为："理性指行为的一种风范。这种风范一方面适于达成指定目标，另一方面又受制于一定条件和约束。"

有限理性说是与客观理性说相对立的新学说。客观理性说认为设计者可用一个囊括全部价值的效用函数来计算所有方案的多重价值，以比较方案的优劣。要求设计者知道可供选取的一切方案，了解所有方案的一切可能后果并寻求最优解。而有限理性说则认为不具备单一的、综合的、一致的效用函数，设计者对方案的选择是依照选择发生时某几个最主要的因素来进行的，也只考虑最有关系的少数方案，不会把一切可能后果都认真考察一番。其决策是寻求满意而不是谋求最优。所以，其根本的一个观点是认为现实的设计、决策者只可能有有限的理智并遵循满意原则。

设计系统原理是设计思维和问题求解活动的根本原理。所谓"系统"，是由若干部分相互作用、相互联系所构成的具有特定功能的有机整体。凡由人设计、生产的物品，都是适应性系统。任何适应性系统其意图的实现过程均包含适应性系统的意图、目的，以及适应性系统的外在环境和内在特质、结构这三个要素间的相互关系。只有把这三个要素有机地联在一起，从综合观点上去寻求理解，才能构成对适应性系统较全面的描述。例如我们要设计 21 世纪的汽车，其意图或目的是提供完成运输、旅游更为适宜的交通工具，能进行无人驾驶，消除废气污染；其外在环境则包括路面状况、停车场所、服务设施等；而其内部结构包含诸如新型发动机、传动部件、计算机控制系统等所构成的复杂装置。只考虑一个个单件设计，只考虑新产品本身结构、形体、色彩等的设计观念已经过时。如上面设计汽车的例子，还应当考虑汽车与行人；汽车与驾车人、乘车人；汽车与人行横道线、红绿灯管理、交通状况等的关系、矛盾等。人机工程学中的人-机关系，亦由人操纵工具，人适应机器，机器适应人，人-机协调发展到人-机-环境这一适应性系统。所以，设计系统原理，应为工业设计师所牢牢记住，并且加以应用。

下面简述一些设计工作常具有的特点。

(1) 设计问题的求解模式主要有三种。约束模式把问题求解看成是用各个约束条件来缩减问题空间，直至缩减为包含满足所有约束的一个或若干个设计方案。推理模式把问题求解看成是通过逻辑推理，收集越来越多的信息，从中逐步推出答案。而搜索模式则把设计问题的求解看成是在问题迷宫里发现、搜寻答案。由于设计活动要进行新产品的创造发明，故更多地采用搜索模式。当然，设计过程不可能在问题迷宫里盲目地、无限地搜寻答案，而是高度选择性的试错。

(2) 设计中很难知晓什么问题是恰当的，什么信息是有用的。这或许要到得出答案甚至更迟时才明白。所以，逐步逼近、试错、回归的方法，在设计中经常用到。

(3) 设计问题经常是多因素的，相互影响、制约的，也很少有只为一个目的服务的。因而，设计有时处于模糊状态，并可能有多种解决问题的方案。

(4) 设计有许多修改的事务性工作，但其关键则要有独创性。

(5) 设计不可能十全十美，它是一种永远不停止的、无终极目标的问题求解过程。

(6) 设计的成功与否，有人的因素，有物的因素，也有社会的、经济的、立法的制约。因而，设计是一种既有自由又有限制的活动。

(7) 设计的评价准则有的是可以计量的，有的是难以计量的，因而答案常常不是唯一的。它是各种因素、矛盾的权衡、协调。

(8) 设计是委托者、用户和设计者、立法者共同产生的。委托者、用户、立法者不可能在同样的价值尺度上来衡量设计。他们也往往在不同程度上把要求、规定强加给设计方案，其关系如图 1-2 所示。

(9) 由于社会文明的高度发展、管理和科学技术的日渐重要，现代设计工作越来越依靠集体的力量来完成。整个设计过程、设计的组织管理，也就成为十分突出的设计任务。而就设计师个人来讲，专业化亦容易成为设计的"紧箍咒"，使其智力活动局限于固定的目标。因而，一个设计师除了精通有关专业的各种知识、技能外，思维能力、处理问题的能力、审美能力、人机工程学、营销学等知识均十分重要。

(10) 设计任务具有分层次的结构，可按功能、空间或时间范围等来分成层次；分成若干子系统。可以从总体到局部、由外向里设计、组织；也可以先搞局部设计，由里向外进行设计、组织。

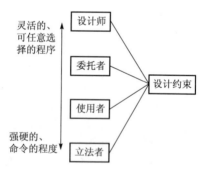

图 1-2 设计约束的产生

设计的其他一些特点，将在下一节中加以论述。

§1-5 变——设计中永远不变的原则

设计是什么？从广度上说，设计领域几乎涉及人类一切有目的的活动。从深度上看，设计领域里的任何活动，都离不开人的判断、直觉、思维、决策和创造性技能。

设计本身包括寻找解决问题的途径，所以它不限于事先构想，更不排斥实践，而是思维活动与实践活动的统一。设计史上一切理论与实践的成果，其定义、其价值都不是永恒的。社会设计的对象是一个永远演变着的事物，人们需要进行设计，但没有终极的、一劳永逸的目标。

今天设计师为之工作的社会本身是迅速变化的，不像过去有较相对稳定的传统与文化。现在的一切，几乎都是经过设计的而且是不断变化、不断更新换代的。不能期待一个综合性的、静态的设计问题公式，也不能期待有完全客观的设计问题公式和评判标准。设计存在许多不同的答案，也根本没有最理想的、最优的答案。设计问题几乎总是包含着妥协，包含着主观的价值评价。

设计任务的确定，不仅需要从空间上加以说明，而且还有一个设计时期问题；一个有待于时间的评价问题。设计科学把空间范围与时间范围统称为设计范围。不同时期的设计；同一设计产品要在不同地区、国家使用，等等，必须与时代的科学技术、社会发展、地域环境、人文因素……相适应。新的设计思想——"适合设计"就此应运而生。

设计在延伸，设计的内涵亦在不断扩大。现今的工业设计，已不再是单纯艺术造型角度的外观设计；不再是技术角度的功能设计。工业设计也不再仅仅就形态、色彩、结构、材料、工艺等构成产品设计的物质条件，而是综合了经济、社会、环境、人体工学、人的心理、文化层次、审美情趣等多种因素的系统设计，以合理解决"产品-人-环境-社会"的关系，创造人类明天的生活。设计也不单是设计师、艺术家的个体劳动，而是从决策到制造、经营的整体的群体创造性活动；一种多层次、多角度、多向思维的共生的观念和实践。

社会经济形态的形成、发展变化，决定着设计性质、方式的变化。新材料、新工艺、新技术的出现与应用，不断改变着设计的面貌。1947年晶体管的出现，开始了电子技术的革命。大规模集成电路使产品急速微型化。光学计算机的出现，不仅使运算速度上千倍地提高，而且不需电子元件与线路，无集成块，只有激光器、透镜、光开关等。"形式追随功能"的设计信条，在电子时代就失去了原有的真正的意义，而代之以新的意义。冲压成型技术，使从汽车到熨斗的外形设计发生了根本的变化。无缝钢管、泡沫塑料、机制木材、注塑成型等材料、工艺的出现，产生了现代家具美学，大大丰富了设计师的设计语言。

市场需求、消费观念与消费模式也在不断变化。追求机械化、大批量生产的传统目标已逐渐为多元化、个性化的格局所替代。产品设计必须具有丰富的文化内涵，独特的个性，才能满足消费者今后的需求。

一切都在变化。从有毒、不安全的红磷火柴到安全火柴，发展到磁性火柴，不用木材可点燃万次的火柴；从电石汽油打火机，到液化气打火机、防风打火机，发展到电热丝打火机；从氟里昂制冷的电冰箱，发展到不破坏地球臭氧层、没有致癌物质、价格又便宜的新型冰箱……与设计有联系的一切人类的、社会的、经济的、物质的因素都是变量。设计的诸因素都在发展、变化，因而设计及其产品，必定也不断发展、变化。有关的设计思维、设计理论、设计经验、设计者的知识结构、设计教育的内容等，都应发展、变化、更新、淘汰。必然性、单义性、确定性的设计观念，必将被更复杂、更深刻、更丰富、多样而灵活的设计观念所替代。

综上所述，可见设计中唯有变化是永远不变的原则。

§1-6　工业产品的功能

产品功能是设计物——工业产品与使用者之间最基本的一个关系。每一件产品均具有不同的功能。人们在使用一件产品的过程中，是经由功能而获得需求之满足。

一、实用功能

一件工业产品对使用者来说，主要是购买其实用功能。如电冰箱的实用功能为冷冻、冷藏食品；耗电量要少；振动、噪声要小。一把电动剃须刀的实用功能为经由电动机使刀片振动或转动；适合于不同脸型的固定刃、可动刃的设计，以去除须毛；剃下之须梢可积集、清除。此外，通过形状、色彩、材料肌理、表面处理等，赋予产品以美学功能等。工业产品的功能关系如图1-3所示。

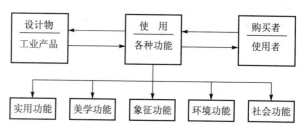

图1-3　工业产品的功能关系

产品给予使用者直接的物理、生理作用的所有功能，均归类于实用功能。一把椅子，其椅面宽度、深度、倾角、圆角、有否软垫等设计，用以支撑身躯重量，避免臀部、腿部不合理的受力分布，节省体能消耗，保证自由活动空间与坐姿的改变；椅背高度、宽度、形状、有否软垫等设计，用以支持脊柱并放松背部肌肉，减少疲劳；扶手用以支撑手臂、保持坐姿。这一切，均是提供实用功能，以满足使用者的要求，提供舒适的座位，避免疲劳，等等。

应特别强调指出：在赋予工业产品实用功能时，必须为人类创造良好的物质生活环境。随着社会的发展，工业设计应满足"产品-人-社会-环境"的统一协调，越来越显其重要性。当人类在治理燃煤所带来的"黑色公害"时，却又产生了塑料制品带来的"白色公害"；当世界各地越来越多地生产汽车、电冰箱时，却又给人类造成了大气污染、臭氧层的破坏。这些教训必须重视。

二、美学功能

产品的美学功能是产品对人类心理、人体感官发生的作用，引起的感受。

工业设计应使产品通过形态、色彩、材质、肌理、表面加工、装饰等手段符合人的感受条件，维持人类的心理健康。工业设计师的主要工作之一，即在满足人们心理条件下赋予产品以美学功能。图1-4中潘顿于1968年设计的整体成型椅就较好地体现了这种功能。而因为仅考虑经济性和实用性，致使许多城市建筑成为悲哀的、灰蒙蒙的、千篇一律的水泥方块建筑，在今后设计工作中应引以为戒。

应注意，工业产品设计时，需考虑的使用者的心理感受是多方面的。不仅是形态、色彩的美感，人的舒适性、安全性、仪表等的易读性，视觉、触觉、听觉等因素，均是与人的心理状态、感受有关。人机工程学之所以成为工业设计的一种思想基础，其原因亦在于此。只有当工业设计师赋予产品以美学功能的工作得以与美术工作的美学因素有所区别时，工业设计才区别于美工设计；工业设计师亦就不是美工师了。

产品的美学功能与使用者的注意力息息相关。它对购买者的购买行为产生最为强烈的影响。因为大部分产品的实用功能只有在购买后使用时才能体验到，而美学功能则通过视觉、触觉、听觉等（特别是视觉）能直接觉察到。

由上可见，美学功能对产品设计、市场销售等的重要性。

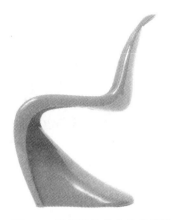

图1-4　潘顿设计的整体成型椅

三、象征功能

产品的象征功能是在观察、使用产品时得到的所有有关精神、心理、社会等各方面的感受、体验。可以有国家的象征，企业的象征，社会地位、声誉、财富的象征，功能的象征，情感因素的象征，等等。

图1-5所示是米斯·凡·德洛在1928年为1929年世界博览会德国馆专门设计的巴塞罗那椅。可摆动的、发亮的弯曲钢脚配以亮面皮垫，设计极为高雅。被作为高级坐椅用来和宏伟的建筑相配套，置于银行、办公大楼接待室中，象征着地位和财富。

产品的象征功能主要是经由造型、色彩、材料、表面处理与装饰等美学因素得以体现。所以，象征功能和美学功能更有密切的关系。

图1-5　米斯·凡·德洛设计的巴塞罗那椅

四、环境功能

产品的环境功能主要体现在产品与环境的关系上，继而体现在人与环境的关系上。在人类设计历史的发展长河中，人类不断利用自然、改造自然，并曾向自然无休止地索取过，造成了环境污染、生态平衡的破坏、资源和能源的快速消耗等。因此，产品的环境功能才日益受到人们的重视。正如1972年在斯德哥尔摩召开的联合国人类环境会议宣言中阐述的："人类既是环境的产物，又是环境的创造者。环境不仅向人类提供维持生存的物质，同时也提供了人类在智力、道德、社会和精神等方面发展的机会。"

优良的产品设计，其环境功能的第一个体现是产品应与环境和谐相处，并对环境产生积极的影响。产品环境功能的第二个体现是产品创造的人类的生活方式应与环境和谐相处。

因此，设计师将深入思考自己的职责和作用，在设计过程的每个环节中，都充分考虑到环境影响和环境效益，尽量减少对环境的破坏。

国际工业设计协会（ICSID）、世界设计博览会、国际设计竞赛等以"设计和公共事业"、"为了生命而设计"、"信息时代的设计"、"灾害援助"等作为主题，就是工业设计现时代的重要使命的体现。工业设计必须符合可持续发展的战略。"绿色设计"的提出与实施，即是时代的需要。

图1-6所示的是罗伯特·帕泽塔设计的OZ23冰箱，它不用氯氟烃类物质（氯氟烃会破坏大气臭氧层）作制冷剂和发泡剂，而用异丁烷R600A作制冷剂，用环戊烷作绝缘体，明显降低了对环境的有害影响。

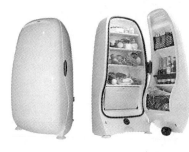

图1-6　OZ23冰箱

五、社会功能

产品的社会功能与上述的产品使用功能、美学功能、象征功能和环境功能是紧密相连的。例如，产品的环境功能强调了设计师应关注与人类生活紧密相关的环境问题，强调了设计师的社会及伦理价值，即设计不单纯是设计产品自身，也是对人的生活方式的设计、对人的社会价值观念的设计和对社会生存环境的设计，应该体现在致力于与人类的经济文化和社会伦理道德上。产品的社会功能是必然的。当今，产品的功能应在使用功能和美学功能的基础上起到"教科书"的作用。要求设计师能够自觉地从道德品质、文化、价值、环境和社会的角度出发，运用"引导性"的设计，来限制人们不良的产品消费观和使用观，提倡积极向上的、健康的生活方式和观念，引领社会和谐和可持续的发展。

产品的社会功能还应涵盖对企业责任的规定和对产品生产者的关注。例如，1997年10月公布的社会责任标准SA8000，是全球第一个关于企业责任、组织的社会责任和道德规范的国际标准。其中对童工、强迫性劳动、健康与安全、歧视、惩戒性措施、工作时间、报酬、管理体系等众多问题作了规定，其目的是通过社会责任规范来改善人的工作环境。

产品通常具有上述各种功能。运用功能观念，可使产品对人类的意义更加明显。当然，在不同产品中，这些功能所表现的优先次序和重要性不尽相同。重要的功能通常由较次要的功能加以陪衬。工业设计师必须充分掌握人们的物理、生理、心理和伦理需求，将各种需求分成层次，决定其优先次序，与有关的人员共同努力，才能设计出具有适当功能的产品。

§1-7　思维、风格、美的创造

一、思维个性与风格

50年以前，"东洋货"在世人心目中还是劣质货的代名词。然而，日本在1955—1970年，花了60亿美元引进，掌握了国外花2 000亿美元所研制、生产的几乎全部发明技术。由此，既赢得了30年宝贵的时间，又节省了大量投资。这样以设计开路，从仿制到创新以至形成了自己的风格。日本有许多高质量的、适需的、宜人的、风格独特的产品营销全世界。有人说，日本的经济力等于设计力，这不无道理。

要设计，必须创新，决不能总是走仿制的路。风格独特的、创新的产品，就可造成显著的市场优势，甚至"领导新潮流"。日本的石英电子表使得日本的钟表业足以与瑞士分庭抗礼；德国设计师马克斯·布劳恩的著名的无线电式样、美国雷蒙德·罗维著名的流线型风格，均引起了持续长久的式样潮流。

著名的设计师有其自己的设计风格；同一种产品在不同企业生产，也会有其企业的产品风格。有的还有地区、民族、国家的设计风格。德国著名设计师科拉尼（Luigi Colani）以他独特的微妙曲线与曲面形体，创造了他的再现大自然的、魔术师般的风格（图1-7）。同是电动剃须刀，飞利浦公司和雷明登公司的风格就迥异（图1-8）。由于物质、精神两方面的差异；地域文化、民族特征、时代性、技艺性、审美因素等的不同，必然会反映出不同的产品设计风格。如美国轿车设计的"沙龙"车身结构，车体宽敞、舒适，大功率发动机、低底盘和高车速装置，恰与美国地域广阔，道路平坦通畅，生活富足、气派的形象相一致。德国轿车设计上的理性、朴素、简洁、整体风格，反映了日耳曼民族重理性、讲实效、善思辩的特性。日本民族细腻、务实的性格，反映在轿车设计上所形成的价廉、节能、新颖、精致小巧的设计风格。

图1-7　工业设计家科拉尼的作品风格

设计风格是产品中所表现出来的艺术特色和创造个性，它体现在产品的各要素中。设计风格亦是一种文化存在，是设计语言、符号的使用与选择的结果。风格本身也是一种符号，是艺术形象性的标志。它一方面，在某种程度上是对正常、一般规律的偏离；而另一方面，风格又恰恰是某一设计环境的特定规范。所以，它既是设计师、企业产品的个性表现，又具有复杂、完整和综合性的实质。它受历史、社会、人文、科技、经济、环境等因素的制约，又受设计师主观因素的制约。设计风格是设计师思维个性的存在方式，是思维个性心理结构的表现。同一设计目标、同一产品，可以有完全不同的风格；同样，不同设计目标、不同产品，也可能有相似的风格。设计师风格的形成，是信息环境对思维的作用和思维对信息环境的反应双向变换的结果。一个人接受外部环境和信息越广阔，他的思维个性就会越丰富，风格也就越有鲜明的特色。

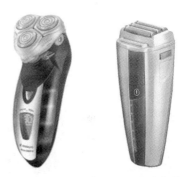

图1-8　飞利浦和雷明登公司设计的不同风格的剃须刀

当然，风格也不是一成不变的。由于电子技术、材料科学的进步，家电产品的风格已全部改观。青年一代开始追求自我表现；营销中"以百货待百客"的观念等，使设计在风格上个性化、多元化趋向日益明显。图1-9所示的一种现代轿车设计，有机地揉合了东西方艺术，讲求精神因素的表现，虚、实的恰当对比，把亨利·摩尔般现代雕塑的精粹体现到了工业设计中，形成了新的风格。图1-10中电话机的设计，体现了新的风格和情趣。

图1-9　新一代轿车的风格

但是，一种风格不能只追求"艺术"、外表，而必须体现在功能、环境、审美情趣等各个方面。想形成风格而实际上是失败之例，也不胜枚举。目前，全国各地，不论是街头、公园，也不管是现代建筑或普通住宅，到处可见动物造型的陶瓷垃圾箱。从功能上看，垃圾箱应便于存放、清倒垃圾，便于搬运。但这种垃圾箱到处有凹凸不平的曲面，又重又易碎。从审美情趣看，可爱的动物甚至国宝大熊猫，天天吃垃圾，给人们一种低下的情趣，也受到国外友人的非议。这种垃圾箱放在现代化高层建筑、不锈钢大立柱旁，与周围环境亦不

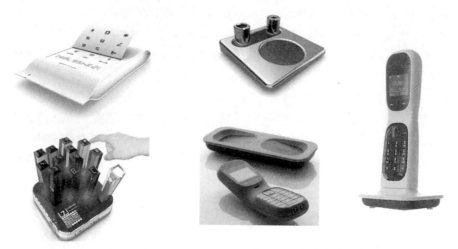

图1-10 富有个性与情趣的电话机设计

协调。

一个国家产品设计的好坏,从一个侧面反映了全民族的素质。中国不能是一个没有设计的国家,而是应迅速走出抄袭、仿制的低谷,形成我们自己的产品设计风格。

二、艺术、艺术思维和美的创造

对艺术、艺术思维和美的创造的理解,对于工业设计师来说也是重要的。

艺术是什么?《辞海》中写道:艺术是"通过塑造形象具体地反映社会生活、表现作者思想感情的一种社会意识形态。""由于表现的手段和方式不同,艺术通常分为:表演艺术(音乐、舞蹈),造型艺术(绘画、雕塑),语言艺术(文学)和综合艺术(戏剧、电影等)。另有一种分法为:时间艺术(音乐)、空间艺术(绘画、雕塑)和综合艺术(戏剧、电影等)。"而实际上,广义的艺术不应当仅仅局限于上述的定义。就艺术的本意讲,它意味着一种专门化的技巧和灵巧的解决问题的方式,是人类富有效益的创造活动的总和。艺术应当是技巧的运用和美的创造过程的统一。艺术是创造美的手段,是对旧事物的扬弃和对新事物的创造。无论讲话、恋爱、做思想工作;进行设计、规划、决策;处理突发事件以致作战……均需要艺术。因而,必须认识到:人类对于自己的生存环境,始终是以艺术的规律来塑造的。人类活动的法则即艺术的法则。

在不少著作,尤其是文艺理论领域里,常把形象思维称作艺术思维,似乎形象思维仅仅是文学创作所特有的思维形式,其实不然。形象思维不等同于艺术思维,其含义可从两方面来理解。一方面形象思维不光是艺术创作中所特有的思维方式,它是人类思维活动的发端,也存在于每个人,故具有普遍性。另一方面,艺术思维应指具有更高效益和美的价值的创造性思维活动。一切现存的艺术、设计、人类社会,都是艺术思维的外化形式。所以,艺术思维的过程是一个艺术与美的创造过程,其实质是创造性思维。

在知识面相同的情况下,思维的创造水平,往往取决于知识组构的艺术水平,即知识的优化组构。对思维的培养一定也要按照艺术的原则进行。艺术赋予思维以美学意义。人的认识,是人的精神把握外部世界的方式。因此,它除了心理与思维的要素外,还应有审美的要素。科学美、技术美、设计美……最终都归因于思维艺术。没有艺术的思维,就不可能产生广义意义上的艺术的世界。

　　什么是美？美是一种可以唤起人的心灵和精神的，或可以给人的感官以愉悦的特质。"美"反映的是审美主体与审美对象之间，由审美对象作用于审美主体的一种心理感受。

　　美，是促进艺术、科学、设计创造的重要心理因素，是唤起和激发人的最高享受的心理状态。"美的规律"实际上是人类设计、创造本质的最深刻反映，也是对自然界本质的深刻反映。和谐、对称、节奏、平衡、韵律、稳定、比例……无不在自然界中生动体现，也在创造发明、工业设计中无处不有。创造发明史、工业设计史是美的浓缩。美籍德国物理学家魏耳说："我的工作总是力求把'真实'和'优美'统一起来，但当我必须在两者之间作出抉择时，我通常选择'优美'。"

第二章 创造性思维及创造技法

§2-1 创造性思维

一、创造性思维的一般含义

"思维"是人脑对客观事物间接的和概括的反映，它既能动地反映客观世界，又能动地反作用于客观世界。"思维"是人类智力活动的主要表现方式，是精神、化学、物理、生物现象的混合物。"思维"通常指两个方面，一指理性认识，即"思想"；一指理性认识的过程，即"思考"。思维有再现性、逻辑性和创造性。它主要包括抽象思维与形象思维两大类。

"创造性思维"又称"变革型思维"，是反映事物本质和内在、外在有机联系，具有新颖的广义模式的一种可以物化的思维活动，是指有创见的思维过程。创造性思维不是单一的思维形式，而是以各种智力与非智力因素为基础，在创造活动中表现出来的具有独创的、产生新成果的高级、复杂的思维活动，是整个创造活动的实质和核心。但是，它决不是神秘莫测和高不可攀的。其物质基础在于人的大脑。现代科学证明，人脑的左半球擅长于抽象思维、分析、数学、语言、意识活动；右半球擅长于幻想、想象、色觉、音乐、韵律等形象思维和辨认、情绪活动。但人脑的左、右两半球并非截然分开，两半球间有两亿条左右的神经纤维相连，形成一个网状结构的神经纤维组织。通过此，大脑的额前中枢得以与大脑左、右半球及其他部分紧密相连，接收与处理人脑各区域已经加工过的信息，使创造性思维成为可能。

创造性思维的简要特点是高度新颖性，获得成果过程的特殊性，对智力发展的重大影响性。在评价标准上强调思维成果的新颖性、开创性和社会效益。在研究方法上特别重视想象、直觉、灵感、潜意识等在思维活动中的作用。

创造性思维的实质，表现为"选择"、"突破"、"重新建构"这三者的关系与统一。所谓选择，就是找资料、调研、充分地思索，让各方面的问题都充分想到、表露，从中去粗取精、去伪存真，特别强调有意识的选择。法国科学家H·彭加勒认为："所谓发明，实际上就是鉴别，简单说来，也就是选择。"所以，选择是创造性思维得以展开的第一个要素，也是创造性思维各个环节上的制约因素。选题、选材、选方案等，均属于此。

创造性思维进程中，决不去盲目选择。目标在于突破，在于创新。而问题的突破往往表现为从"逻辑的中断"到"思想上的飞跃"。孕育出新观点、新理论、新方案，使问题豁然开朗。

选择、突破是重新建构的基础。因为创造性的新成果、新理论、新思想并不包括在现有的知识体系之中。所以，创造性思维最关键之点是善于进行"重新建构"，有效而及时地抓住新的本质，筑起新的思维支架。

工业设计离不开创造性思维活动。无论从狭义的还是广义的工业设计角度讲，设计的内涵是创造，设计思维的内涵是创造性思维。

二、创造性思维的形式

创造性思维在本质上高于抽象思维和形象思维，是人类思维的高级阶段。

它是抽象思维、形象思维、发散思维、收敛思维、直觉思维、灵感思维等多种思维形式的协调统一，是高效综合运用、反复辩证发展的过程。而且与情感、意志、创造动机、理想、信念、个性等非智力因素密切相关。是智力与非智力因素的和谐统一。

1. 抽象思维

抽象思维亦称逻辑思维。是认识过程中用反映事物共同属性和本质属性的概念作为基本思维形式，在概念的基础上进行判断、推理，反映现实的一种思维方式。使认识由感性个别到理性一般再到理性个别。一切科学的抽象，都更深刻、更正确、更完全地反映客观事物的面貌。随着社会的进步，科学技术的发展，现代设计方法的确立，抽象思维的作用更显重要。

德·伊·门捷列夫发现元素周期律，完成了科学上的一个勋业。当时大多数科学家均热衷于研究物质的化学成分，尤其醉心于发现新元素，但却无人去探索化学中的"哲学原理"。而门捷列夫却在寻求庞杂的化合物、元素间的相互关系，寻求能反应内在、本质属性的规律。他不但把所有的化学元素按原子量的递增及化学性质的变化排成合乎自然规律、具有内在联系的一个个周期，而且还在表中留下了空位，预言了这些空位中的新元素，也大胆地修改了某些当时已公认了的化学元素的原子量。这是抽象思维十分典型的实例。

归纳和演绎、分析和综合、抽象和具体等，是抽象思维中常用的方法。所谓归纳的方法，即从特殊、个别事实推向一般概念、原理的方法。而演绎的方法，则是由一般概念、原理推出特殊、个别结论的方法。所谓分析的方法，是在思想中把事物分解为各个属性、部分、方面、分别加以研究。而综合则是在头脑中把事物的各个属性、部分、方面结合成整体。作为思维方法的抽象，是指由感性具体到理性抽象的方法；具体则指理性抽象到理性具体的方法。它们都是相互依存、相互促进、相互转化的，彼此相反而又相互联系。

2. 形象思维

形象思维是一种表象——意象的运动。通过实践由感性阶段发展到理性阶段，最后完成对客观世界的理性的认识。在整个思维过程中一般不脱离具体的形象。通过想象、联想、幻想，常伴随着强烈的感情、鲜明的态度，运用集中概括的方法而进行的思维。

所谓表象，是通过视觉、听觉、触觉等感觉、知觉，在头脑里形成所感知的外界事物的感知形象——映象。通过有意识、有指向地对有关表象进行选择和重新排列组合的运动过程，产生能形成有新质的、渗透着理性内容的新象，则称意象。

"协和"飞机（图2-1）的外形设计，是对鹰的仿生。但其设计构思，既不是鹰外形表象的简单重现，也不是以往所有飞机外形的照搬。而是设计师根据"协和"飞机的各种功能要求，在上述"鹰"等表象的基础上，有意识、有指向地进行选择、组合、加工后所形成的新象。即渗透着设计师的主观意图，又是一种与原有表象既似又不似的新象——意象。尤其是机首部分，为改善不同航速、起落时的航行性能，机首可以转动调节，十分富有新意。

图2-1 "协和"飞机

形象思维在每个人的思维活动和人类所有实践活动中，均广泛存在，具有其普遍性。许多设计，许多科学的发明创造，往往是从对形象的观察、思维中受到启发而产生的，有时还会取得抽象思维难以取得的成果。钱学森认为："人们对抽象思维的研究成果曾经大大地推进了科学文化的发展"，那么"我们一旦掌握形象思维学,会不会用它来掀起又一次新的技术革命呢?这是值得玩味的设想。"

3. 直觉思维

直觉是人类一种独特的"智慧视力",是能动地了解事物对象的思维闪念。直觉思维能根据少量的本质性现象为媒介,直接把握事物的本质与规律。是一种不加论证的判断力,是思想的自由创造。

前面已讲述过,创造性思维的实质,表现为选择、突破和重新建构。而要作出选择,无疑取决于人们直觉能力的高低。卢瑟福发现原子核的存在,提出了原子结构的行星模型,在物理学领域作出了许多开创性的贡献,其中直觉的判断起到了重要作用。1912年,法国气象工作者A·L·魏格纳从地图上发现了非洲西海岸与南美洲东海岸的轮廓十分吻合,利用直觉思维,一位气象学家创建了地质学的新学说——大陆漂移说,如图2-2所示。

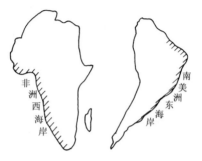

图2-2 非洲、南美洲地形简图

伟大的科学家爱因斯坦认为:"真正可贵的因素是直觉。"他认为科学创造原理可简洁表达成:经验——直觉——概念——逻辑推理——理论。他说:"我相信直觉和灵感。"美国哲学家库恩说:"科学的新规律是通过'直觉的闪光'而产生的。"前苏联科学史专家凯德洛夫也指出:"没有任何一个创造性行为能够脱离直觉活动。"可见直觉的重要性。

当然,直觉思维也可能有其自身的缺点。例如,容易把思路局限于较狭窄的观察范围里,会影响直觉判断的正确、有效性。也可能会将两个本不相及的事纳入虚假的联系之中,个人主观色彩较重。所以,关键在于创新者主体素质的加强和必要的创造心态的确立。而且,还必须有一个实践检验过程,这是重要的科学创造阶段。

4. 灵感思维

灵感是人们借助于直觉启示而对问题得到突如其来的领悟或理解的一种思维形式。是一种把隐藏在潜意识中的事物信息,在需要解决某个问题时,其信息就以适当的形式突然表现出来的创造能力。它是创造性思维的最重要的形式之一。有人称灵感是创造学、思维学、心理学皇冠上的一颗明珠,是很有道理的。

科学业已证明,灵感不是玄学而是人脑的功能。在大脑皮层中有对应的功能区域,即由意识部和潜意识部两个对应组织所构成的灵感区。意识部和潜意识部相互间的同步共振活动主导灵感的发生。灵感的产生亦需一定的诱发因素,有其客观的发生过程,是偶然性与必然性的统一。

灵感的出现不管在空间上还是在时间上都具有不确定性,但灵感的产生条件却是相对确定的。它的出现有赖于知识长期的积累;有赖于智力水平的提高;有赖于良好的精神状态与和谐的外界环境;有赖于长时间、紧张的思考和专心的探索。

法国数学家热克·阿达马尔把灵感的产生分为:① 准备;② 潜伏;③ 顿悟;④ 检验四个阶段。也有人把其分为准备期、酝酿期、豁朗期、验证期。这两者是相一致的。准备与潜伏期,是长期积累、刻意追求、循常思索的阶段;顿悟是由主体的积极活动和过去的经验所准备的、有意识的瞬时的动作,是思维过程中逻辑的中断和思想的升华,是偶然得之、无意得之、反常得之的顿发思索阶段。在灵感顿发时,往往会伴随着一种亢奋性的精神状态。

可以把灵感分为来自外界的偶然机遇型与来自内部的积淀意识型两大类,

如下所列。

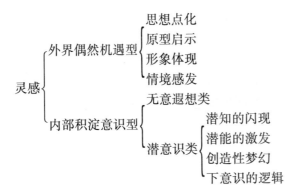

在各类创造性灵感中,由外部偶然的机遇而引发的灵感最为常见、有效。有人说:"机遇,发明家的上帝。"是极有道理的。

过去挖藕的方法,均是在天冷时由人用耙子下到水中去挖,又脏又累。有一次,一人挖藕时放了一个屁,众人大笑,但内中一人却马上想到:如果用压缩空气吹入池底,是否可挖藕?经试验,将水加压后喷入池底,则藕不仅被挖出,而且又干净又不损坏。于是,一种新的挖藕的方法得到普遍采用。

工业设计师、建筑师在设计中,从自然界各种形态中得到灵感,产生出许多优秀的设计实例,更不胜枚举。

5. 发散思维

发散思维又称求异思维或辐射思维。它不受现有知识和传统观念的局限与束缚,是沿着不同方向多角度、多层次去思考、去探索的思维形式。往往由此能有新的设想、新的突破和创见产生。尤其在提出设想的阶段和方案设计的阶段,更能发挥其重要作用,如图 2-3 所示。它是创造性思维的一种主要形式。著名创造学家吉尔福特说:"正是在发散思维中,我们看到了创造性思维的最明显的标志。"

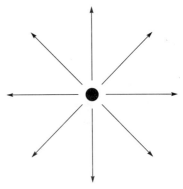

图 2-3 发散思维模式示意图

发散思维有流畅性、变更性、独特性三个不同层次的特征。流畅性即能在短时间内表达出较多的概念、想法,表现为发散的"个数"指标。变更性即指发散思维不局限于一个方面、一个角度,表现为发散的"类别"指标。独特性则层次更高,即能提出超乎寻常的新观念,表现为发散的"新异、独到"指标。所以,流畅性反映了发散思维的速度;变更性反映了灵活;独特性则反映本质。设计、创造要有新意,应注重思维的独特性。

举一简单的测试例子说明发散思维的层次性。

例:要求被试者在 5 min 内列出砖的可能用途(答出一种用途得 1 分,答出一种类别得 1 分,有独特性的答案再得 1 分)。

甲的答卷如下:造房、铺路、砌灶、造桥、保暖、堵洞、做三合土、填物。则发散性"个数"指标,即流畅性得 8 分。变更性,即"类别"指标得 1 分,因为全是一种类别——材料,无独特性。总分为 9 分。

乙的答卷如下:造房、铺路、防身、敲击、镇纸、量具、积木玩具、耍杂技、磨成颜料粉末。这样,流畅性得 9 分,变更性得 6 分,因类别为:材料、武器、工具、量具、玩具、颜料。而做颜料、当玩具有独到之处,得 2 分,共 17 分。说明乙比甲的发散思维水平高。

6. 收敛思维

收敛思维亦称集中思维、求同思维或定向思维。是以某一思考对象为中

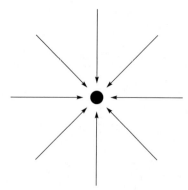

图 2-4 收敛思维模式示意图

图 2-5 带梳子的垃圾桶

心,从不同角度、不同方面将思路指向该对象,以寻找解决问题的最佳答案的思维形式。在设想的实现阶段,这种思维形式常占主导地位。收敛思维模式示意图如图 2-4 所示。

在创造性思维过程中,发散与收敛思维是相反相成的。只有把二者很好地结合使用,才能获得创造性成果。美国哲学家库恩认为:"科学只能在发散与收敛这两种思维方式相互拉扯所形成的张力之下向前发展。如果一个科学家具有在发散式思维与收敛式思维之间保持一种必要的张力的能力,那么这正是他从事最好的科学研究所必需的首要条件之一。"

举一个病人去医院看病的简单例子:病人向医生诉说常常低热不退。这仅仅是一个"症状"。究竟是什么原因引起此症状呢?医生常用的即是发散思维的方法——可能是体内炎症?可能是肺结核?可能是神经官能症还是癌症?……医生就要继续询问各种病症,并作必要的检查、化验。待病因确诊后,就用收敛思维的方法,用一切可行的方案集中力量将病治好。

7. 分合思维

分合思维是一种把思考对象在思想中加以分解或合并,以产生新思路、新方案的思维方式。从面块和汤料的分离,发明了方便面;将衣袖与衣身分解,设计了背心、马夹;把计算机与机床合并,设计了数控机床,将梳子和垃圾桶结合,只要将清扫刷在梳子上梳几下即可将其清理干净,如图 2-5 所示。这些都是运用分合思维的实例。

8. 逆向思维

逆向思维即把思维方向逆转,是用与原来的想法对立的,或表面上看来似乎不可能并存的两条思路去寻找解决问题办法的思维形式。

常用的数字运算,是从低位向高位,而蜚声中外的"快速计算法"却从高位向低位运算。

巨轮在纵向倾斜船台建造后,需将船滑入水域,这一过程称为"下水"。下水过程中,船尾部先入水,渐渐产生浮力。当船滑入水域一定距离后,浮力对船首部产生的力矩,大于船体重力对船首产生的力矩。此时,船体会绕船首向上浮起、转动,称"尾浮"。船首部就会承受巨大的、成千上万吨的反力,如图 2-6 所示。为防止尾浮,船体绕船首转动时的巨大船首反力会使船首损坏,世界各国均在船舶首部设置很大的船首支架。这需耗费许多钢材、木料,且在船舶下水后,还要进船坞将支架拆除。资金、材料、人工耗费十分大。图 2-7 是我国第一艘自行设计制造的万吨船"东风"号下水的首支架。由木撑、钢托板、托斗、钢质回转支架等组成,耗用木材约 40 m³、钢板约 10 t。为什么各国均需用下水首支架呢?因为原先的理论是将船体视为刚体。在下水尾浮时,是刚体绕刚性支座——首支架转动。而我国科技人员、造船工人推翻了这

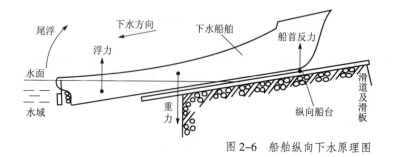

图 2-6 船舶纵向下水原理图

一原理。将巨大的首支架干脆取消，仅在船首底部与下水滑板间设置木墩、木楔。则下水原理就变成了弹性体在弹性支座上的转动。将原来需集中承受的巨大首支架反力，由分布距离长的、弹性好的木墩、木楔承受，使压强极大地变小。下水安全，省工、省料。是逆向思维运用的成功范例。

在科学技术或设计等领域有杰出成就的人，常常使用逆向思维而获得惊人的成果。因为他们正是想了别人不敢想，做了别人没有做过的事。

9. 联想思维

联想思维是一种把已掌握的知识与某种思维对象联系起来，从其相关性中得到启发，从而获得创造性设想的思维形式。联想越多、越丰富，则获得创造性突破的可能性越大。因为，所有的发明创造，不会与前人、与历史、与已有知识截然割裂，而是有联系的。问题是能否把此与要进行思维的对象相联系、相类比。

在学习、研究创造性思维中，要十分注意它们间的辩证关系。近年来出现如下的一些倾向，值得引起重视。

(1) 重视发散思维而轻收敛思维，以致易走极端；

(2) 重批判性思维，轻建设性思维；

(3) 重视单向、线性思维而轻多方位的、综合的、立体思维，容易择其一点而不及其余；

(4) 重个人的思维而轻群体、协同的思维，往往还闹矛盾，致使工作无成；

(5) 重横向思维，轻纵向思维，使人们忘记历史发展的必然性与联系；

(6) 重定量思维，轻定性思维，缺乏辩证关系；注重目前利益而忽视长远的、社会的利益，常使决策失误。

图 2-7　"东风"号万吨船的下水首支架

三、创造性思维的特点

思维的物质性、逻辑性或非逻辑性等，是所有思维形式所共有的。而创造性思维，有其自身的特点，主要表现在 5 个方面。

1. 思维方向的多向、求异性

创造性思维的特点，首先表现在人们司空见惯、不认为有问题之处，能找到问题并加以解决。创造性思维表现为选题、结论等方面的标新立异；表现为对异常现象、对细枝末节之处的敏锐性。哥白尼的最大成就就在于以"日心说"否定了统治西方长达 1 000 多年的"地心说"；伽利略推翻了权威亚里士多德"物体落下的速度和重量成正比"的学说，创立了科学的自由落体定律。磁冰箱一反传统电冰箱的设计原理，非但可以降低价格、提高效率，且不用破坏臭氧层的制冷剂——氯氟烃。

2. 思维进程的突发、跨越性

创造性思维往往在时间、空间上产生突破、顿悟，真所谓"踏破铁鞋无觅处，得来全不费工夫"；"山重水复疑无路，柳暗花明又一村"。门捷列夫就在快要上车去外地出差时，突然闪现了未来元素体系的思想；凯库勒是在睡意蒙胧中梦见苯分子的碳链像一条长蛇首尾相接、蹁跹起舞，突然悟出了其分子结构。爱因斯坦在 1905 年连续发表五篇论文，时年仅 26 岁。其中《光的量子概念》、《布朗运动的理论》、《狭义相对论》三篇，令许多一流科学家都为之瞠目。由于其理论、思想超越了当时人们的认识，甚至被嘲讽为"疯子说疯话"。然而，正是这种突发、跨越的品质，才是创造性思维中真正的可贵之处。

3. 思维效果的整体、综合性

这是创造性思维的根本。如果不在总体上抓住事物的规律、本质，预见事物的发展进程，则重新建构就失去意义。化学家道尔顿用原子论观点去构造整个化学新体系，认为化学分解、化合是化学科学研究的中心课题；在化学作用范围内，物质既不能创造也不能消灭。马克思首先分析商品社会里最基本、最常见、碰到过亿万次的关系——商品交换，阐明了其经济理论的主要基石——剩余价值理论，从总体上把握了现代社会发展的原因。

4. 思维结构的广阔、灵活性

思维的灵活性，即为迅速、容易地从一类对象转移到另一类内容相隔很远的对象的能力，即变更性。这是一种思维结构灵活多变，思路及时转换的品质，常表现为思路开阔、妙思泉涌。

例如问到回形针有何用途？有些人往往只想到别纸张、文件。而具有灵活思维结构的人，就会从众多的角度去考虑。如可做成订书的钉，做成通针，代替牙签，作挂钩，拼图案，断成小段作抛丸除锈的粒子，等等。

又如问到将正方形四等分的方法有多少种？一般人的回答大致如图2-8中(a)~(e)所示；而有灵活性思维的人，则还有图(f)~(j)等方法，而实际上应是无穷多的方法。

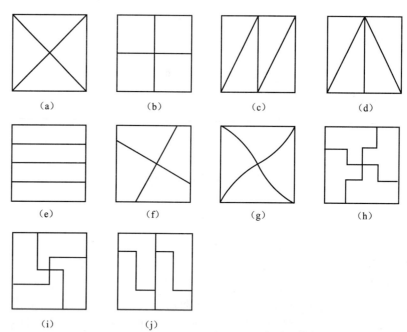

图2-8 正方形四等分的种种方法举例

思维结构的灵活性还表现为能克服"思维功能固定症"，及时抛弃旧的思路，转向新的思路；及时放弃无效的方法而采用新方法。细菌学家弗莱明发明青霉素的过程就是一个实例。他是从培养葡萄球菌而转向杀死葡萄球菌的绿菌的观察研究，才有了这一重大创造性突破。

思维的灵活性，还表现为思维广阔性的特征。达·芬奇是画家、建筑师、数学家；郭沫若是历史学家、文学家、考古学家、书法家、诗人、剧作家、社会活动家；钱学森在力学、火箭技术、系统工程、思维科学、技术美学等广阔领域均有建树。作为一个设计师，应有深厚的理论与实践的基础与广博的知识面。

5. 思维表达的新颖、流畅性

这是指思维对创新成果准确、有效、流畅的揭示和公开，并表达成新概念、新设计、新模型、新图式等。这是完成创造思维的最后而又重要的一环。没有这一点，再好的思想也不能化为新的成果。物理学中的"力"、"光"、"原子"、"分子"等定义、模型；政治经济学中的"商品"，等等，无一不是准确、有效、流畅地将成果作了最好的概括与总结。

§2-2 创造性思维的训练及人才培养

一、创造性思维的训练

有人认为，创造性只有天才有之，其实不然。从科学与实践的观点看，创造性人皆有之，即带有普遍性。有人认为，思维纯粹是受遗传决定的天赋智力，其实不然。思维亦是一种可以后天训练培养的技能。通过训练，人们能更有效地运用自己的思维，发挥其潜能。也有人认为，智商高的人一定善于创造性思维，而实际经验告诉我们，高智商并不一定伴随很全面的思维技能。它仅表示"聪明"，而具有良好思维技能则谓之"智慧"，两者有所区别。另外，许多事实表明，设计、创新成果，有时基本上与设计、发明人原来所从事的工作，与某一领域的专门经验无关。如最早的玉米收割机是一个演员发明的；最早的实用潜艇是在纽约工作的一位爱尔兰教师发明的；轮胎的发明人是一位兽医；水翼的发明者是一位牧师；保安剃刀出自一个售货员的设计；彩色胶卷的发明者则是一位音乐家。

进行创造性思维的具体手段主要有以下几个方面。

1. 敏锐的直觉思维

直觉中往往蕴涵着丰富的创造哲理、正确的洞察力。因此，要多观察、多思考，鼓励思维中的反常性、超前性；鼓励点点滴滴的直觉意识，不要轻易否定、丢弃。

2. 深刻的抽象思维

随着科学技术的发展，对客观事物本质的认识必然越来越深入，许多理论、概念、成果的内容超出了一般表象范围。所以，借助科学的概念、判断、推理来揭示事物本质的抽象思维必然日显重要。

化学家道尔顿认为：直接称量单个原子尚不可能，那么是否可测其相对重量呢？他想到：既然原子按一定的简单比例关系相互化合，那么其中最轻元素的重量百分数与其他元素重量百分数比较一下，不就可以得到各种元素的原子相对于最轻元素的原子的重量倍数了吗？这种深刻的抽象思维，使道尔顿终于找到了测定原子相对重量的科学方法，使化学这一学科真正走上了定量的发展阶段。

要发展抽象思维，必须丰富知识结构，掌握充分的思维素材，不断加强思维过程的严密性、逻辑性、全面性。

3. 广阔的联想思维

联想思维是把已掌握的知识、观察到的事物等与思维对象联系起来，从其相关性中获得启迪的思维方法，对促成创造活动的成功十分有用。具体如因果联想、接近联想、相似联想、需求联想、对比联想、推理联想、奇特联想等。仿生学的基本原理就是从对生物的联想、模仿、功能改进中获得思维创造活动的突破。在工业设计中，仿生学亦是一种十分有用的科学。英国外科医生李斯特受微生物学家巴斯德的"食物腐败是因微生物大量繁殖的结果"的启发，联想到伤口化脓是细菌繁殖的结果，从而发明了外科手术消毒法，使化脓、死亡的比例大为下降。

一般来说，联想思维越广阔、越灵巧，则创造性活动成功的可能性就越大。

4. 丰富的想象思维

这是指在已有的形象观念的基础上，通过大脑的加工改造来组织、建立新的结构，创造新形象的过程。想象力包括好奇、猜测、设想、幻想等。牛顿说："没有大胆的猜测，就作不出伟大的发现。"爱因斯坦自己并没有经历过相对论时空效应，罗巴切夫斯基也没有直接见过四维空间，盖尔曼更不会看到"夸克"，他们的创造、发现，都是建立在科学基础上的想象。19世纪法国著名科幻作家儒勒·凡尔纳，著有《格兰特船长的女儿》、《海底两万里》、《地心游说》、《环绕月球》、《神秘岛》、《从地球到月球》、《八十天环游地球》等。在他作品中幻想的电视、直升机、潜艇、导弹、坦克等，今天均已成为现实。现代英国科幻作家乔治·奥维尔1949年出版的名著《1984年》中曾预言的137项发明，到1979年就已经实现了80项。

二、创造性思维的能力表现

进行创造性思维的训练，可提高探索性、运动性、选择性、综合性思维的能力。

1. 探索性思维能力

探索性思维能力体现在是否能对已知的结论、事实发生怀疑；是否敢于否定自己一向认为是正确的结论；是否能提出自己的新见解。

只有"怀疑一切"、"寻根问底"的怀疑意识，什么事都问一个为什么；都不只"人云亦云"，才能促进对新事物的探索。银行小职员伊斯曼，24岁时出差，随身带着很重的照相机及玻璃干板底片，实在有点吃不消。于是他想："有没有更小型、轻便的照相方法呢？"这一设想使他不能平静，一直探索下去。终于在1879年他取得了改良平板的专利，接着又发明了软片，制成了风靡世界的小型柯达相机。

2. 运动性思维能力

运动性思维能力的训练，就是要打破思维功能固定症，使思维朝着正向、逆向、横向、纵向、主体方向自由运动。

1819年，奥斯特发现了磁效应；1820年安培亦发现通电的线圈产生磁场。法拉第由此而想：为什么电能生磁，那么磁能否生电？这种运动性思维能力，帮助了他思索，经多年努力，终于在1831年发现了电磁感应现象。由此原理制造出了发电机。

3. 选择性思维能力

人在一生有限的时间、空间内要获得某些成功，不可能什么都干，不可能盲目去闯。

在无限的创造性课题中，"选择"的功夫与技巧就显得特别重要。学习、摄取什么知识；创新课题、理论假说、论证手段和方案构思等一系列环节的鉴别、取舍，均需作出选择。因此，要训练和培养有分析、比较、鉴别的思维习惯。

现代遗传学奠基人孟德尔，在对遗传规律的探索过程中，选择了与其前辈生物学家不同的方向。它不是考察生物的整体，而是着眼于个别性状。他对实验植物的选择也非常聪明而科学。他选择了具有稳定品种的自花授粉植物——豌豆，既容易栽培、容易逐一分离计数，也容易杂交，而且杂种又可育。他又选择了数学统计法用于生物学研究。这些科学的选择，是他取得成功的关键。

4．综合性思维能力

创造性思维可以说是大脑中将接收到的信息综合起来，产生新信息的过程。为提高综合思维能力，应训练培养概括总结、把握全局、举一反三的能力。

三、创造性人才的知识结构

古语说："人成于学"。要创造、要成才，首先要求知。因为知识是人们对客观事物的认识，是客观事物在人脑中的主观映象，是能力与智力的基础。

一个人才能的大小，首先取决于知识的多寡、深浅和完善程度。尤其是现代信息社会，生产力、生产工具的发展加速，知识积累和更新十分迅速，科技成果转化为生产力的周期不断缩短，人们更需要学习，需与外部世界进行丰富的和多元的接触。

当然，才能不是知识的简单堆砌。高频率地接受单一信息，只能形成习惯，不能形成智力，甚至会扼杀智力的发展。一个人不能什么都学，应有一个合理的知识结构，还需对所学知识进行科学的选择、加工，创造性地加以运用。

创造型人才的知识结构如下所列。

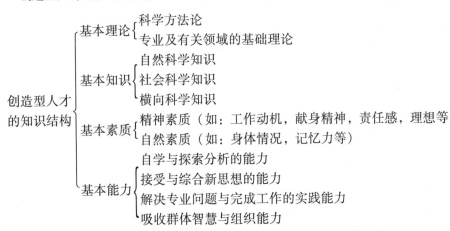

创造型人才的内在、外在素质与活动特征，大致表现为以下几方面：

（1）准备并乐于接受新观念、新经验；接受社会变革，兴趣广泛，强烈好奇；

（2）头脑开通，思路开阔，高度敏感，并富于弹性，不囿于传统成见，对各种意见与态度均有所理解；

（3）能面对现实，预测未来，注意实践，认真探索，会有效地利用前人成果去创造；

（4）有较强的效率和价值意识，坚忍顽强，勤奋努力；

（5）有远大理想和抱负，选准目标，坚定不移；

(6) 富有幻想，能大胆、独立地思考；

(7) 有普遍的信任感，重视人与人之间的关系。

总之，最佳的知识结构是博与专的统一，并取决于需解决的创造课题的目的。亦需要注意能力培养、抓住机遇、搞好关系这三点。国外研究机构对创造型人才提出的考评标准如表2-1所列。

表2-1 国外研究机构对创造型人才的考评标准

	学识	创造能力	工作态度	计划能力	决断能力	指导管理能力	总计
研制工作者	30	20	20	10	10	10	100
研究工作者	20	30	10	20	15	5	100

四、创造性人才的品质

法国作家、音乐学家、社会活动家罗曼·罗兰说过："没有伟大的品格，就没有伟大的人，甚至也没有伟大的艺术家、伟大的行动者。"爱因斯坦文集中有这样一段话："第一流人物对于时代和历史进程的意义，在其道德品质方面，也许比单纯的才智成就方面还要大。"应该认识到：精神素质是创造型人才智能结构的核心。

富有创造性的人，其品质可概括为如下几点：

1. 有创造意识和创造动机

创造意识和动机是从事创造活动的起点。而且，主要来自四个不同层次。第一层来自好奇与不满足，即为初生动机型。第二层来自对事业的迷恋和进取，称潜意识型。因而有时表现得较为隐蔽。第三层为意图型，来自竞争意识或荣誉感。而第四层则是创造动机中最深刻、最强烈作用的层次——信念型。来自事业心、责任感或理想。

1878年，20岁的狄塞尔还是慕尼黑理工学院的学生。当教授讲到蒸汽机的热效率仅为可怜的6%~12%时，他就立志于内燃机的研究。利用能抽出的全部时间来扩大关于热力学的知识。终于在1893年制出了第一台样机，使热效率提高了35%。

安德烈·丰萨利（1514—1564）是16世纪伟大的生物科学家和医学家。在巴黎求学时，他一心要窥视人体构造的奥秘，常在严冬深夜潜入无主墓地或绞刑架下，盗取遗体彻夜解剖，充分掌握了解剖技术和第一手材料。年仅28岁就写成巨著《人体机构》，被称为解剖学之父，使解剖学从此步入正轨。

法国数学家伊瓦里斯特·伽罗华，因受反动派迫害，年仅28岁便与世长辞。在狱中利用生命的最后13个小时，写下了60多条数学方程式，证明了他是一位伟大的数学家，并奠定了"群论"的基础。

2. 勇敢坚强，敢冒风险

马克思说："在科学的入口处，正像在地狱的入口处一样，必须提出这样的要求：'这里必须拒绝一切犹豫，这里任何怯懦都无济于事。'"只有勇敢的人才能进入科学、艺术的殿堂。

法国医学家巴斯德为研究狂犬病的病因及防治，与助手到处抓捕疯狗，一次次地试验、失败、再试验，终于制成了预防狂犬病的疫苗，并冒生命危险在自己身上作试验，挽救了世人无数的生命。

为发明炸药，诺贝尔的弟弟被炸死，他本人亦受伤。政府和他的邻居不让他再试验,他就搬到马拉湖上一条平底船上作试验,终获成功。他终生未娶,死后将遗产的利息作奖金,奖励在物理、化学、文学、医学、和平事业等领域作出巨大贡献的人。

在前面"创造性思维的形式"中,逆向思维一段里介绍了我国"船舶取消首支架纵向下水新工艺"的成功。理论与实践取得成功的基础上,关键是要在全国范围内推广,其困难要远大于科研中所遇到的种种问题。一来,一艘万吨以上大船,造价数千万元甚至上亿元。一旦在船下水过程中出事故,后果不堪设想。因而,要做通各船厂领导、技术人员和工人的工作采用新工艺,需要反复地讲课、计算、考察。二来,下水过程中水流、潮汐、风速等千变万化,就是原来沿用了上百年的下水工艺,也难保不出事故。在推广过程中困难重重。例如,南方某造船厂一艘万吨船,第一次在半夜12点下水,又正好是首次应用新工艺。而且,该厂的船台环境又十分特殊:船台临江处左右不对称;船台外不远处江中就有一小岛,如图2-9所示。因而下水危险性较大。此时就需要造船厂决策层敢冒风险,果断做出决策。

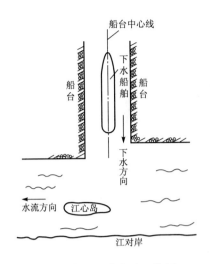

图2-9 某船厂下水船台环境图

3. 富有独立精神

高度的独立性即是对事物能大胆怀疑,不盲从,不人云亦云,不轻易附议他人,不受惯势力的束缚。爱迪生说:"不下决心培养独立思考习惯的人,便失去了生活中最大的乐趣——创造。"爱因斯坦正是因为对传统的、绝对时空观的"同时性概念"发生怀疑,才走上了创立"狭义相对论"的创新之路,以后又发展成"广义相对论"。1730年,意大利数学家萨凯里写了"除去欧几里德的一切瑕疵",走在了非欧几何新体系的前站,却又不敢自闯新路而止步;高斯经30多年的研究,构想了非欧几何,但一直不敢公开自己的新见解。21岁的匈牙利数学家鲍里埃也自暴自弃地丢失了成果。而俄国数学家,25岁的罗巴切夫斯基,通过独立研究并敢于触犯传统观念与旧势力,于1826年2月11日公开了论文,终于使这一创见经历了近100年的曲折过程得以传世。

4. 勤奋、自信、永不满足

自信是成功的第一个秘密。有了这一品质,只要有想法,就会有办法,就会锲而不舍取得成功。俄国数学家克雷洛夫说:"在任何实际事业中,思想只占2%~5%,其余的95%~98%是实行。"我国亦有古训:三分聪颖,七分辛劳。居里夫人为了提炼纯镭,夜以继日地工作在一间有一吨铀沥青残渣堆积在周围的简陋小棚内,不顾身患肺结核,不畏酷暑严寒,以3年9个月的时间,从铀沥青残渣中提炼出了10 g纯镭。李时珍经27个春秋,到江苏、江西、安徽、湖南、广东等地,尝百草,博览医书,三易其稿,于1578年完成了52卷巨著《本草纲目》,收载了1 892种药物,1 126幅附图,1万多个药方,在世界科技史上占有重要地位。爱迪生说:"发明是99%的汗水和1%的灵感。"没有这种精神,他也不可能从一个卖报的小童而成为一生获1 099项专利的伟大发明家。

5. 专心致志,一丝不苟

富有创造精神的人,都会用严峻的眼光审视一切事物,决不放过任何疑点和含糊之处。我国魏晋时期的地图学家裴秀,在编制《禹贡地域图》时,对前人绘制的地图进行严格的审查和选择,并根据自己的实践进行了科学的修改。做出了前无古人的成就,与古希腊学者托勒密,并称古代世界地图史上的两颗明星。王羲之专心习字,吃馍时没有蘸蒜泥而蘸了墨汁还吃得津津有味;牛顿将怀表当成鸡蛋煮在锅里的故事,均已家喻户晓。1871年圣诞节是爱迪生成婚之日,他却在厂里专心试验发报机,竟将新娘独自丢在家里,待12点钟声敲响时,才记起回家。

6. 乐观、幽默

搞发明创造,十分艰苦。在干前人未干过的事,少不了又有不少人的冷嘲热讽甚至排挤打击。因而,乐观幽默是创造者应有的品质。它是一种健康的心理标志;是灵活思维的兴奋剂和调节器。只有这样,才能始终充满朝气和希望。

相反,自满、畏惧胆怯、不思上进、懒散怠倦、好高骛远、过于苛求而缺乏信心;性格刚愎自用、片面狭隘;兴趣狭窄、孤陋寡闻;轻信等人格因素对创造活动起到阻碍与压抑的作用,必须加以克服。

§2-3 创造法则

人类综合各方面的信息,经过准备与提出问题阶段,酝酿与多方假设阶段,顿悟与迅速突破阶段,完善和充分论证阶段,产生有社会价值的、前所未有的新思想、新理论、新设计、新产品的活动,即为创造。创造有其基本规律和法则,大致的创造法则有下面几条。

1. 综合法则

这是指在分析各个构成要素的基础上加以综合,使综合后的整体作用导致创造性的新成果。这种综合法则在设计、创新中广为应用。它可以是新技术与传统技术的综合,可以为自然科学与社会科学的综合,也可以是多学科成果的综合。如计算机,即综合了数学、计算技术、机电、大规模集成电路技术等方面的成果。人机工程学是技术科学、心理学、生理学、社会学、卫生学、解剖学、信息论、医学、环境保护学、管理科学、色彩学、生物物理学、劳动科学等学科的综合。美国的"阿波罗"登月计划可算是当代最大型的各种创造发明、科学技术的综合,该项计划准备了10年,动员了全美国1/3的科学家参加,2万多个工厂承做了700多万零件,耗资达240亿美元。

2. 还原法则

人的头脑并无多少优劣之分,起决定作用的是抓取要点的能力和丢弃无关大局的事物的胆识。还原法则即是抓事物的本质,回到根本,抓住关键,将最主要的功能抽出来,集中研究其实现的手段与方法,以得到具创造性的最佳成果。还原法则又称为抽象法则。

洗衣机的创造成功,是还原法则应用的成功例子。其本质是"洗",即还原。而衣物脏的原因是灰尘、油污、汗渍等的吸附与渗透。所以,洗净的关键是"分离"。这样,可广泛地考虑各种各样的分离方法,如机械法、物理法、化学法等。根据不同的分离方法,因而创造出了不同的洗衣机。我们不妨设想一下,为什么汽车一定是四个轮子加一个车身呢?为什么火车一定是车头拉着车厢在铁轨上滚动呢?因为交通运输工具的本质,应该是将人、货从一处运到另一处。同样是火车,却可以是蒸汽机车、内燃机车、电力机车或是磁悬浮列车。还原到了事物的创造起点,相信会有与现今不同形式的交通运输工具设计创造出来。

3. 对应法则

俗话说"举一反三"、"触类旁通"。在设计创造中,相似原则、仿形仿生设计、模拟比较、类比联想等对应法则用得很广。机械手是人手取物的模拟；木梳是人手梳头的仿形；夜视装置即猫头鹰眼的仿生设计；用两栖动物类比因而得到了水陆两用工具……这些事例均属对应法则。

4. 移植法则

这是把一个研究对象的概念、原理、方法等运用于另一研究对象并取得成果的有效法则。"他山之石，可以攻玉"。应用移植法则，打破了"隔行如隔山"的禁界，可促进事物间的渗透、交叉、综合。

日本开始生产聚丙烯材料时，聚丙烯薄膜袋销路不畅，推销员吉川退助在神田一酒店稍事休息，女店主送上手巾给他擦汗，因是用过的毛巾，气味令他嫌恶。他突然想到：如果每块洗净的湿毛巾都用聚丙烯袋装好，一则毛巾不会干掉，二来用过与否一目了然。于是申请了小发明，仅花 1 500 日元，而获利高达 7 000 万日元。

上海原有 104 万只煤饼炉，居民为晚上封炉子而烦恼。封得太紧，白天起来已灭掉；封得稍松，早上煤饼已烧光。一位中学生，将双金属片技术移植到炉封上，发明了节能自控炉封，使封口间隙随炉内温度而自动调节，既保证了封炉效果，也大大节省了煤饼。

移植的方法亦可有所不同。可以是沿着不同物质层次的"纵向移植"；在同一物质层次内不同形态间的"横向移植"；多种物质层次的概念、原理、方法综合引入同一创新领域中的"综合移植"等。

5. 离散法则

上述的综合法则可以创新，而其矛盾的对立面——离散，亦可创造。这一法则即是冲被原先事物面貌的限制，将研究对象予以分离，创造出新概念、新产品。隐形眼镜即是眼镜架与镜片离散后的新产品。音箱是扬声器与收录机整体的离散；活字印刷术即是原来整体刻板的分离。为了节约木材，将火柴头与火柴梗分离，在火柴头内加铸铁粉，用磁铁吸住一擦就燃，应用了离散法则，即发明了磁性火柴。

6. 强化法则

强化法则又称聚焦原理。如利用激光装置及专用字体创造成的缩微技术，使列宁图书馆 20 km 长书架上的图书，缩纳在 10 个卡片盒内。对松花蛋进行强化实验，加入菊花、山楂及锌、铜、铁、碘、硒等微量元素，制成了食疗降压保健皮蛋。两次净化矿化饮水器，采用了先进的超滤法，含有 5 种天然矿化物层，大大增强了净化矿化效果，还能自动分离排放细菌及污染物。仅用一滴血在几分钟内就可做 10 多项血液化验的仪器、浓缩药丸、超浓缩洗衣粉、增强塑料、钢化玻璃、采用金属表面喷涂或渗碳技术以提高金属表面强度等，均是强化法则的应用。

7. 换元法则

换元法则即替换、代替的法则。在数学中常用此法则，如直角坐标与极坐标的互换及还原，换元积分法等。C·达维道夫用树脂代替水泥，发明了耐酸、耐碱的聚合物混凝土。亚·贝尔用电流强度大小的变化代替、模拟声波的变化，实现了用电传送语言的设想，发明了电话。高能粒子运动轨迹的测量仪器——液态气泡室的发明，是发明人美国核物理学家格拉肖在喝啤酒时产生的创造性构想。他不小心将鸡骨落到了啤酒中，随着鸡骨沉落，周围不断冒出啤酒的气泡，因而显示了鸡骨的运动轨迹。他用液态氢介质"置换"啤酒；用高能粒子

"置换"鸡骨,创造了带电高能粒子穿过液态氢介质时同样出现气泡,从而能清晰地呈现出粒子飞行轨迹的液态气泡室,获得1979年诺贝尔物理学奖。

8. 组合法则

组合法则又称系统法则、排列法则,是将两种或两种以上的学说、技术、产品的一部分或全部进行适当结合,形成新原理、新技术、新产品的创造法则。这可以为自然组合,亦可是人工组合。

同是碳原子,以不同处理、不同晶格的组合,便可合成性能、用途完全不同的物质,如坚硬而昂贵的金刚石和脆弱的良导体石墨。计算器用太阳能电池,装上日历、钟表,组合得到了新产品。不同金属与金属或非金属可组合成性能良好的各种复合材料。在煤饼炉炉底加上一导电加热的铁板,设计成了电热煤饼炉新产品,使引燃煤饼时不用木柴、纸张,也消除了滚滚浓烟。现代科技的航天飞机,即是火箭与飞机的组合。20世纪80年代上海建筑艺术"十大明星"的龙柏饭店,因它在虹桥机场邻近,故建筑高度受限制。设计师在六层客房前用三层层高布置两层高的贵宾用房,使贵宾用房的室内空间更为舒适。贵宾休息室又设计成上面向内倾斜、呈四分之一圆的台体,再加上波形瓦饰面的陡直屋面。这种高低组合、曲直几何组合的创新设计,使饭店具有新时代的特征而又不失民族特色。

组合创造是无穷的,但方法不外乎主体添加法、异类组合法、同物组合法及重组等四种。① 主体添加法就是在原有思想、原理、产品结构、功能等之中,补充新的内容。② 两种或两种以上不同领域的思想、原理、技术的组合,为异类组合法,这种方法创造性较强,有较大的整体变化。③ 同物组合则在保持事物原有功能、意义的前提下,补足功能、意义,产生新的事物。④ 将研究对象在不同层次上分解,以新的意图重新组合,称为重组,能更有效地挖掘和发挥现有科学技术的潜力。

9. 逆反法则

一般来说,如果仅仅照人们习惯使用的顺理成章的思维方式,是很难有所创造的。因为就创造的本质而言,本身就是对已有事物的"出格"。应用逆反法则,即是打破习惯的思维方式,对已有的理论、科学技术、产品设计等持怀疑态度,"反其道而行之",往往就会得到极妙的设计、创造发明。花园、环境绿化,顺理成章是在地面上。但应用逆反法则,现在下沉式、空中式、内庭式、立体绿化等比比皆是,由此创造了一种美好的生活空间。如果只想到"水往低处流",就发现不出虹吸原理。别人都在炼纯锗,而日本的江崎于奈和宫原百合子却在锗中加杂质,产生了优异的电晶体而分别荣获"诺贝尔奖"、"民间诺贝尔奖"。以0.1 mm的药流在15 MPa下注入皮下组织而毫无痛感的无针式注射器;人倒退走路,使脊柱相反受力而治疗腰肌劳损等疾病,亦是逆反法则在医疗技术上的应用。过去总说"生命在于运动",而现在"生命在于静止"的静默疗法,让病人运用想象力来表达自己与疾病作斗争的愿望;用静功来运行全身气血,可使精神放松、改变体内生理生化状态、增强机体免疫功能,以战胜疾病。美国科学家发明了一种放在眼球上的长效眼药,可按控制的速度均匀地释放药效 400 h,以治疗青光眼等长期眼疾,一改以往的供药方式。

在服装设计中,过去袖子、领子、口袋总是左右对称。如果要绣花、挑花,也是对称为主。而现在,袖子不同色彩,口袋左右不同,领子两面不一的服饰更显时尚。衣料亦一反常态,用水洗、沙洗起皱;用石子磨旧,也别具风格。

苏格兰一家图书馆要搬迁，图书馆发出了取消借书数量限制的通告，在短期内大量图书外借，到还书时已到新址，完成了大部分图书的搬运任务，节约了费用。这也是逆反法则、离散法则的实际应用。

10. 群体法则

科学的发展，使创造发明越来越需要发挥群体智慧，集思广益，取长补短。现代设计法也摆脱了过去狭隘的专业范围，需要大量的信息，需要多学科的交叉渗透。工业设计亦逐步从艺术家个体劳动的圈子中解放出来，成为发挥"集体大脑"作用的系统性的协同设计。所以，群体法则在设计、创造中越显其重要性。

据美国著名学者朱克曼统计，1901年到1972年共有286位科学家荣获诺贝尔奖金。其中185人是与别人合作研究成功的，占人数的2/3。而且，随着时间的推移，发挥群体作用的比例明显增加。在诺贝尔奖金设立后头25年，合作研究而获奖者占41%，第二个25年中，占65%，第三个25年中则上升为79%。控制论的创立者维纳，常用"午餐会"的形式，从各人海阔天空的交谈、发想中捕捉思想的新闪光点，激发自己的创造性。美国纽约布朗克斯高级理科中学单在1950年级中，就出了8位蜚声世界的物理学博士，其中格拉肖、温伯格于1979年共获诺贝尔物理奖。这就是一种"共振"、"受激"的群体效应。

§2-4 创造技法

要成为优秀的创新者，要有所创新成就，需具备较强的创新能力，这是最基本的。然而，掌握前人经验总结出来而又为实践证明是行之有效的创新技法，也是一种省力、省时、提高效率的手段和途径。创造技法各国称谓略有不同。如美国称为"创造工程"，前苏联称为"创造技术"，日本叫"创造工学"或"发想法"，德国则称"主意发现法"。不管怎样，都是进行创造发明的技巧与方法。目前，世界各国总结出的方法达300余种，有的还是按照各国人民不同的思维方式与国情特点进行的总结。现就几种常用的方法作简单介绍。

1. 头脑风暴法

这是美国创造学家A·F·奥斯本于1939年提出的最早的创造技法，又称为脑轰法、智力激励法、激智法、奥斯本智暴法等，是一种激发群体智慧的方法。一般是通过一种特殊的小型会议，使与会人员围绕某一课题相互启发、激励，取长补短，引起创造性设想的连锁反应，以产生众多的创造性成果。与会人员一般不超过10人，会议时间大致在1小时之内。会议目标要明确，事先有所准备。会议的原则应是：

(1) 鼓励自由思考，设想新异；
(2) 不允许批评其他与会者所提出的设想；
(3) 与会者一律平等，不提倡少数服从多数；
(4) 有的放矢，不空泛地谈；
(5) 力求将各种设想补充、组合、改进，从数量中求质量；
(6) 及时记录、归纳总结各种设想，不作过早定论；
(7) 推迟评价，把见解整理分类，编出一览表，再召开会议，挑出最有希望的见解并审查其可行性。

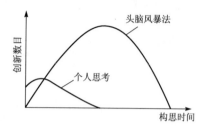

图 2-10 头脑风暴法创新数量对比关系图

这种方法可获得数量众多的有价值的新设想。有广泛的使用范围，特别适于讨论比较专门的创造课题。

据国外资料统计，头脑风暴法产生的创新数目，比同样人数的个人各自单独构思要多，其对比关系如图 2-10 所示。

20 世纪 80 年代，三菱造船在设计香烧船厂时，采用了发挥集体智慧的这种创造技法。他们组织了三个设计小组，每个小组人员利用"头脑风暴法"设想各种方案，三个设计小组先是相互保密，从他们各自小组的方案中进行选优、评审。然后三组各自拿出认为满意的方案，再讨论、补充、修改，最后得出了富有创造性的船厂设计方案，使该船厂颇具特色，生产效率大大提高，工艺路线布置十分合理。其中最有创造性的设计是造船坞。以往的船坞基本上呈矩形，船在其中建成即放水开闸。但由于现代船舶大多为尾机型船，上层建筑、室内安装、主机、轴系与螺旋桨安装等大量工作均集中在尾部，因而全船焊接建造完毕后，还要在坞内停留较长时间以完成尾部的种种建造安装工作。而香烧船厂的新船坞，则在原矩形船坞旁开挖了一个供尾部分段建造安装的侧坞室。当第一艘船在主坞内建造时，第二艘船的尾部已在侧坞室内开始建造。当第一艘船建成出坞时，即将第二艘船的尾部分段从侧坞室横移至主坞内，建成整条船体。而此时，第三艘船的尾部分段又开始建造。这样大大缩短了造船周期，增加了船厂的经济效益和竞争力。图 2-11 为香烧船厂颇具特色的造船坞简图。

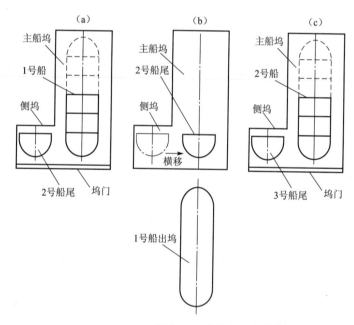

图 2-11 香烧船厂颇具特色的造船坞

图 2-12 2008 年北京奥运会火炬

2005 年 11 月 25 日，北京奥组委举办了一场关于奥运火炬设计的特别会议。87 个朝气蓬勃的与会者被分成几组，集思广益，采用头脑风暴法，将自己理想的火炬造型画在图纸上，如意、长城、灯笼、糖葫芦、风筝、竹、纸卷、龙、火云……经过两个小时的讨论和呈现，承载中国五千年古老文明的纸张和传承渊远中华文化的"卷轴"，成为了众人瞩目的焦点，该形态成为了后来北京奥运火炬（图 2-12）的雏形。

"头脑风暴法"已有了多种"变形"的技法。可以是与会人员在数张逐人传递的卡片上反复地轮流填写自己的设想，这称为"克里斯多夫智暴法"或"卡片法"。德国人鲁尔巴赫的"635法"，是6个人聚在一起，针对问题每人写出3个设想，每5 min交换一次，互相启发，容易产生新的设想。还有"反头脑风暴法"，即"吹毛求疵法"，与会者专门对他人已提出的设想进行挑剔，责难，找毛病，以达到不断完善创造设想的目的。当然，这种"吹毛求疵"仅是针对问题的批评，而不是针对与会者的"人"。

2. 综摄法

这又称"提喻法"、"集思法"或"分合法"，是W·戈登于1944年提出的，也可以说是"头脑风暴法"最重要的变种技法。A·F·奥斯本的"头脑风暴法"中，思想的奇异性，是由"激智"小组里不同专家所进行的无关联类比来保证的。而"综摄法"则使"激智"过程逐步系统化。"头脑风暴法"在开会时，明确又具体地摆出必须思考的课题，而"综摄法"在开始时，仅提出更为抽象的议题。其基本方法是：在一位主持人召集下，由数人至十数人构成一个集体，这些成员的专业范围应较广，即要为互补型人才。这一小组不是随便凑成的，要经历人才选择、"综摄法"训练、把人员结合到委托方的环境中去这样三个阶段。会上，课题提得十分抽象，有时仅为极简单的词汇。各人自由思考，凭想象，漫无边际地发言。主持人将各人发言要点记到黑板上。当设想提到某种程度时，主持人才把所委托的课题明确宣示，看这些随意想出来的想法能否成为解决委托课题的启示。其中不乏有"哎呀，原来是……"这样的新构思的种子。

例如，所委托的课题是在车站附近要开发自行车停车场。主持人一开始仅提出抽象的、极为简单的词汇——存放。小组成员就"存放"，发想出许多意见："放进竹筒里去"、"流到池子里去"、"存到银行里去"……然后，主持人点出主题——开发停自行车的车场。小组成员根据上面种种发想，围绕主题就可得出许多方案。如：

"放进竹筒里去"的发想，可启发为：① 车站附近建塔式建筑存车；② 月台下挖地洞存车；③ 河底装大塑料管存车，等等。

"存到银行里去"的发想，又可启发为：① 在车站附近设存车处，按取车的时间先后分别归类；② 用卡车先将自行车运到别处空地上，到时候再运回交存车人，等等。

然后再进行检验、评价、细化，以得到创造方案。所以，小组成员的心理素质要好，要富有设想，要能团结共事。应有不同领域的专家参加，不能一开始就局限于邀请有关领域的专家。只有当需检验设想方案的可行性时，才引进几位有关领域的专家，起百科全书、吹毛求疵、方案变成现实的技术咨询等作用。同时，一个好的召集人，对抽象议题的提出；对课题有创造性设想，也是至关重要的。

3. 类比法

世界上的事物千差万别，但并非杂乱无章。它们之间存在着程度不同的对应与类似。有的是本质的类似，有的是构造的类似，也有的仅有形态、表面的类似。从异中求同；从同中见异，用类比法即可得到创造性成果。

一般的太阳能灶，即利用镜面反射聚焦而获得高温的原理。利用本质类比，我们用透明尼龙袋装水，形成单面凸透镜状的"水镜"，就可做成简易的太阳能灶。同样，应用本质类比，发明了太阳能烘干设备。

从对人类本身的拟人类比，亦会产生许多设计、创造。如设计各种机器人。有的是人动作的类比，以用于抓取物品、自动喷漆、自动焊接等场合。还可设计智能机器人，会下棋、帮助做家务等。日本发明家田熊常吉，将人体血液循环系统中动脉和静脉的不同功能和心脏瓣膜阻止血液逆流的功能运用到锅炉的水和蒸汽的循环中，这种拟人类比，使他发明了田熊式锅炉，热效率提高了10%。

从面包加入发酵粉能省面粉并使面包体积增大、松软可口这一因果关系，可作因果类比。在塑料中加入发泡剂，生产出了省料、轻质的泡沫塑料。再从泡沫塑料因其多孔性而具有良好的隔热、隔音性能进行因果类比，在水泥中加入发泡剂，发明了省料、轻巧，隔热、隔音性能较好的气泡混凝土。原来乙烯树脂薄膜手感太冷，冬天无人问津。结果有人从胶鞋底的制法产生凹凸底面而防滑的因果关系进行类比，在浇乙烯树脂的板上钻了许多小孔，使薄膜一面生成细小的毛刺状，产生了温暖的手感，用于制作薄膜手套，广受欢迎，因而获得了专利，如图2-13所示。

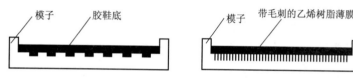

图2-13 胶鞋底与乙烯树脂薄膜制法的类比

德国德律风根公司应用本质类比法，设计制造了"太阳能床单式电池组"，可折叠成小包，取用十分方便，用途广泛。快艇运动员能把它拉成风帆；旅游者可将其铺在地上，用以加热食品，给收录机供电，给干电池充电，等等。

4. 联想法

由一事物的现象、语词、动作等，想到另一事物的现象、语词或动作等，称为联想。利用联想思维进行创造的方法，即为联想法。

大脑受到刺激后会自然地想起与这一刺激相类似的动作、经验或事物，叫"相似联想"。如从火柴联想到发明打火机；从毛笔写字联想到指书、口书；从墨水不小心滴在纸上会产生不同形象，联想发明了"吹画"；从雨伞的开合，发明了能开合的饭罩。

大脑想起在时间或空间上与外来刺激接近的经验、事物或动作，称为"接近联想"。奥地利医生奥斯布鲁格受叩桶估酒的启发，联想到发明叩诊诊断疾病。日本竺绍喜美贺女士，从幼年捕鱼、捞水草的网，联想发明了洗衣机中的吸毛器。法国安诺内的造纸工人，约瑟夫·蒙戈菲尔和文蒂安内·蒙戈菲尔兄弟，从厨房生火的上空碎纸片会向上升起的现象，用纸袋作实验，发现纸袋内容纳了热空气，更易上升，逐将纸袋越做越大、越做越好。终于在1783年6月5日，在安诺内广场上作了公开表演。热气球用背面糊纸的布做成，直径110 ft（33.5 m）。气球升空飞了1.5 mile（2.5 km）。9月19日，蒙戈菲尔兄弟又把一个巨大的、装饰得很漂亮的热气球送上天空，吊篮里还带了一只公鸡、一只羊和一只鸭。国王路易十六和王后玛丽·安托内特亦来观看。11月21日，从穆埃特堡开始了世界上第一次载人热气球空中航行，驾驶员是德罗齐埃医生，乘客是达兰德斯侯爵。12月1日，查理与罗伯特开始首次乘氢气球航行，开创了现代乘气球旅行的历史。由此可见，世界上这一项伟大的设计发明，却来自碎纸片遇热空气上升的联想。日本池田博士有一次喝汤时觉得味道十分鲜美，经了解，是汤内放了海带。他想：海带里一定含有某种"鲜"的物质。因此，对海带进行深入分析，经多次试验，最终得到了 $C_5H_9NO_4$ 的结晶体，这正是鲜物质——谷氨酸，并由此发明了味精。

大脑想起与外来刺激完全相反的经验、动作或事物，叫"对比联想"，亦可说是逆反法则在联想中的应用。

5. 移植法

将某一领域里成功的科技原理、方法、发明成果等，应用到另一领域中去的创新技法，即为移植法。现代社会不同领域间科技的交叉、渗透已成必然趋势。而且，应用得法，往往会产生该领域中突破性的技术创新。将卤化银加入玻璃中生产出变色玻璃，广泛用于眼镜等产品中，就是照相底片感光原理的移植。将电视技术、光纤技术移植于医疗行业，产生了纤维胃镜、纤维结肠镜、内窥技术等，减少了病人痛苦，提高了诊断水平。激光技术、电火花技术应用于机械加工，产生了激光切割机、电火花加工机床等新设计、新产品。将"粘虫胶"涂在纸上，伊东发明了"捕蝇纸"。当直升机用于运输生意清淡时，移植于植树造林、撒药灭虫、抢险救护方面，使直升机打开了销路。将集成电路控制的防抢防盗报警器移植到手提式公文箱上，设计成了新一代的电子密码公文箱。一旦不法之徒想抢劫、偷窃，它便"呜呜呜……"地自动报警。直到主人走近，它才停止报警。更可在报警的同时放射灼人的电流，使案犯手臂麻刺、痛苦不堪。

拉链的设想，是美国发明家 W·L·贾德森所提出，并于 1905 年申请了专利。其"开"、"合"功能，经一个世纪的发展，几乎渗透到了人类生产、生活的每个角落，成为 20 世纪重大发明之一。衣、裤、鞋、帽、裙、睡袋、公文包、文具盒、钱包、沙发垫……无处不见拉链。目前又被移植到了医疗、食品工业中。美国外科医生 H·史栋，将拉链技术移植于人体胰脏手术后腹部的炎症处理，将他夫人裙子上用的一根 7 in（18 cm）拉链消毒后直接缝合于病人刀口处。医生可随时打开拉链检查腹腔内病情，使病人不必多次开刀、缝合，大大减轻了病人痛苦，康复率提高。从此，开创了"皮肤拉链缝合术"。食品工业中也出现了"拉链式香肠保鲜技术"，延长了保鲜期，便于出售及食用。

过去，仓库内粮食的储存、防霉变、防虫蛀，一直采用化学物品，既价贵又不可避免地残留毒素，引起污染。现已有将中草药防霉、防虫蛀的功能移植于粮食的储存中，在粮食上放置中草药药袋，达到了防蛀、防霉的功能，无毒性残留，价格又低廉，将会带来极大的效益。

英国科学家 W·I·贝弗里奇指出：移植法是科学研究中最有效、最简单的方法，也是应用研究中运用得最多的方法。这不无道理。

6. 缺点列举法

社会总在发展、变化、进步，永远不会停止在一个水平上。当发现了现有事物、设计等的缺点，就可找出改进方案，进行创造发明。工业设计中改良性产品设计，就是设计人员、销售人员及用户根据现有产品存在的不足所作的改进。价值分析方法，也就是分析产品功能、成本间存在的问题，设法提高其价值。故又可称为"吹毛求疵法"。例如，针对原来手表功能单一的缺点，发明了双日历表、全自动表、闹表、带计算器的表等。日本鬼冢喜八郎抓住原来运动鞋打球时易打滑、止步不稳、影响投篮准确性的缺点，将原来的鞋底改成像鱿鱼触足上吸盘状的凹底，设计出了独树一帜的新产品。针对原来炒菜锅煎东西要粘底的缺点，设计生产了不放一滴油，照样可以烹煎锅贴、荷包蛋之类食品的杜邦平底煎锅、炒菜锅。普通的玻璃虽然有不少优点，但不能切削加工，不耐高、低温差的变化。为此，发明了微晶玻璃，克服了上述缺点，在家庭器皿、天文望远镜等上广为应用。伦敦街头行驶的有轨电车，车轮与轨道间的敲击声、吱吱声增加了城市的噪声。针对此缺点，铺设了硬压橡胶制造的轨道。从此，伦敦街头出现了小噪声的电车。

1950年，英国人科克雷尔转搞造船业。在实践中他发现船体外表面与水之间产生的摩擦阻力以及船运动时所生的波浪阻力，大大降低了船舶航行性能。这一缺点如何克服呢？他想：如将船做成一定的空船壳，想办法使船与水面间形成薄薄的一层空气垫，使船在水面上航行，则摩擦阻力、波浪阻力不就大大降低了吗？同时，他用两只洋铁盒做试验，发现用不同尺寸的底端开口的洋铁盒向下朝厨房用的天平上鼓风时，相同质量的空气通过小开口所产生的冲力更大。从此，他不断改进，终于设计制造了气垫船。1959年6月11日，SRN-1号气垫船横渡了英吉利海峡。利用气垫原理，还由此产生了一系列新型的交通运输工具。

在使用普通的插线板时，常常因为电器或其他用电装置的插头过大，而造成影响临近插口使用的情况。"小人集线器"克服了上述缺点，同时使插线板更加情趣化（图2-14）。

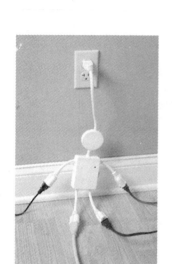

图2-14　小人集线器

7. 希望点列举法

上述缺点列举法是围绕现有物品设计的缺点提出改进设想，因此，离不开物品设计的原型，是一种带有被动性的技法。而希望点列举法则可按发明人的意愿提出各种新设想，可不受现有设计的束缚，是一种更为积极、主动型的创造技法。人们希望像鸟一样在蓝天上翱翔，终于发明了飞机；人类要像神话故事中的嫦娥一样奔向月球，终于发明了卫星、宇宙飞船；希望能在黑夜中视物，发明了红外线夜视装置。人们提出的希望服装不起皱，免烫，不要纽扣，重量轻而保暖性、透气性好，两面可穿，一衣多用……这些均已在生活中得以实现。

莫尔斯发明了电报，但还需将文字译成电码，再由电码译出原文，有时还会译错、发错。人们就想：能否直接用电传送人的语言呢？经不少人20多年的探索，1875年6月2日傍晚，终于由亚·贝尔实现了。电话的发明，大大改变了人们的生活方式。在实际应用中，人们又提出各种新的希望与要求：如果打电话时人不在，能否将电话内容记录下来呢？最好通话时能看到对方的形象。相隔遥远的两地间，是否可以不通过长途台而直接拨号呢？电话机是否能不要电话线以便随身携带呢？等等。于是，录音电话、电视电话、程控电话、无线电话相继问世。

外出办事、居家旅游时，罐头食品有其方便之处。但吃不到热的食物，总感到不甚满意。能否打开罐头时，自动加热食品呢？于是，利用化学物品发热；利用金属箔通电加热等可加热的罐头食品设计生产出来了。

工业设计的主要目的是设计人类明天的生活方式，设计明天的产品。所以，未来设计（又称梦想设计、概念设计等）应是工业设计师思维的重要内容，也是工业设计要解决的问题。

8. 废物利用法

随着人们活动范围的扩大，生活水平的提高，废物越来越多。处理废物已成为人类一大难题，对生态平衡、环境保护的意义亦相当大。在创新的思考中考虑到废物利用、变废为宝，将使创新的价值大大提高。如利用粉煤灰制砖；利用钢渣、煤渣制造水泥等建材；从垃圾中提炼石油、贵金属；从废相液中提取白银；用稻壳培植蘑菇；由粪便发酵生成沼气等，均是这种发明技法。

本田技研工业最高顾问本田一郎看到第二次世界大战时小型发电用的发动机在战争结束后失去用处而扔掉时，便想到是否可把它改装于自行车上，使之商品化。他不顾周围人的极力反对，廉价买进大量废弃发动机，获得了意外的成功。今天驰名全球的本田摩托车即由此发展而来。

牲畜的骨、角、蹄、血等原亦是废物，但用它们制成骨胶、骨粉、骨油、食用蛋白质、血粉等，价值则很高。被人视为"四害"、天敌之一的苍蝇，在动物蛋白质饲料主要来源的鱼粉日趋紧张时，用人工养殖蝇蛆却是一条解决动物蛋白质来源、变废为宝的好途径，是发展养猪、鱼、鸭、鸡的好饲料。

松果、山果等，原来亦是废物，现将其制成圣诞礼品出口，1989年圣诞节，创汇100多万美元。回丝画、树根造型、麦秆编织、贝雕画、布贴画、沥青画……在艺术品中，这些废物利用技法亦很多见。

莫斯科弗拉基米尔·伊里奇工厂的布·别列金，别具匠心地用回转式车刀加工切削下来的切屑进行工件的研磨加工，把加工与微研磨过程并为一体，既提高了工效，又利用了废物。

9. 专利利用法

全世界每年申报许多专利，而且其中发明的新技术有90%~95%发表在专利文献上。但我国目前专利真正发挥作用的还不足10%。因此，借用专利构思创新、设计开发，是创造发明非常有用之法，成功之路。

1845年英国人斯旺看到一份关于电灯泡制造的专利，从中启发，产生制造碳丝灯泡的设想。于1860年终于发明了第一盏碳丝电灯，并写文章发表于《科学的美国人》杂志上。爱迪生读此文章受到启发，从而制成了真正的实用化的电灯。

日本的丰田佐吉为自己的企业寻找出路，订阅了全部专利文献，从中找到发明的思路，发明了自动织布机。技术超过了当时处于世界领先地位的英国。连英国人也不得不购买其专利。

过去的复印技术研究，均为湿式的化学方法。卡尔森查阅了大量专利文献，掌握了前人的研究方法后改用物理方法，发明了现代干式复印技术，即光电效应与静电技术相结合的静电复印机。

如果不重视查阅专利文献，不仅会阻塞创新之路，也可能重复他人已做过的事情或已走不通的思路，白白浪费心血。1969年，某地开始研究"以镁代银"技术，作保温瓶的内镀层。苦干10年获得成功。当鉴定时，才发现英国早在1929年就已研究成功。这种重复他人40年前的劳动，使10年辛苦付之东流。

10. 形态分析法

由在美国任教的瑞士天文学家F·茨维克创造的技法，又称"形态矩阵法"、"形态综合法"或"棋盘格法"。根据系统分解和组合的情况，把需要解决的问题分解成各个独立的要素，然后用图解法将要素进行排列组合。如可按材料分解，按工艺分解，按成本组成分解，按功能分解，按形态分解等。从许多方案的组合中找到最优解,可大大提高创新的水平。F·茨维克在参与美国火箭研制过程中,用形态分析法,按火箭各主要组成部件所可能具有的各种组合,得到上千种不同的火箭构造方案,其中不少极有价值,并在方案中包含了当时德国正在研制而严加保密的带脉冲发动机的F-1型巡航导弹和F-2型火箭。

此技法通常步骤如下:

(1) 明确用此技法所要解决的问题(发明、设计)。如:要设计制造一种搬运物品的新型运输工具。

(2) 将要解决的问题,按重要功能等方面,列出有关的独立因素。如:经分析,这种新型运输工具的独立因素为:装载形式、输送方式、动力来源。

(3) 详细列出各独立因素所含的要素。针对此例,列出明细表(如表2-2),并进行图解,如图2-15所示。

表2-2 独立因素所含要素明细表

装载形式	输送方式	动力来源
1. 车辆式	1. 水	1. 压缩空气
2. 输送带式	2. 油	2. 蒸 汽
3. 容器式	3. 空 气	3. 电动机
4. 吊包式	4. 轨 道	4. 风 力
5. 其 他	5. 滚轴	5. 蓄电池
	6. 滑 面	6. 内燃机
	7. 管 道	7. 太阳能
	8. 其他	8. 其 他

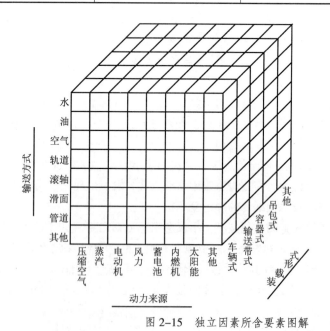

图2-15 独立因素所含要素图解

(4) 将各要素排列组合成创造性设想。此例可获5×8×8=320个组合方案。从中选出切实可行的方案再行细化。如方案很多,可用计算机分析。

应该注意,方案并不是越多、越复杂就一定越好。

11. 设问法

设问法可围绕老产品提出各种问题，通过提问发现原产品设计、制造、营销等环节中的不足之处，找出需要和应该改进之点，从而开发出新产品。有"5W2H法"、"奥斯本设问法"、"阿诺尔特提问法"等。

"5W2H法"是从七个方面进行设问。因这七个方面的英文第一个字母正好是5个W和2个H，故而得名。即：为什么要革新（Why）？革新的具体对象是什么（What）？从哪些方面着手改进（Where）？组织些什么人来承担任务（Who）？什么时候进行（When）？怎样实施（How）？达到什么程度（How much）？

"奥斯本设问法"大致思考如下问题：

(1) 稍改动现产品会有新的用途吗？

(2) 能否利用其他方面的经验和设想？以前有类似的东西可以借鉴、模仿吗？

(3) 扩大、添加成分会怎样？高点、长点、厚点会怎样？

(4) 缩小、去掉成分会怎样？低点、短点、薄点、小点、轻点、分解开会怎样？

(5) 能否将产品变动？组合？改变运动方式？能代用吗？有其他制造方法吗？

(6) 改变顺序、要素、因果关系、步骤、基准会怎样？

(7) 反过来、上下倒置、反向运动、改变转向会怎样？

(8) 功能、目标、设想、部件、材料等能否重新组合？

……

12. 检核目录法

每一个设计、创新，可包括的方方面面很多，而每一方面又都有其独特的含义、内容。这样，创新的思路亦各有所长、各有所异。检核目录法即针对某一方面的独特内容，把创新思路逻辑地归纳成一些用以检核的条目，使思路系统化，克服漫无边际的遐想，有效地帮助人们突破原有设计而闯入新境界。缺点是一般难以取得较大的突破性成果。往往用于改良性产品设计等方面。

目前有许多各具特色的检核目录法，但大多是奥斯本检核目录法的演绎。奥斯本的检核目录法大致有如下几条。

(1) 转化：这件东西能否用作他用？改变一下能有新用途吗？

如：电吹风不但可以吹发型，还可用来烘干食品、干燥被褥、消灭蟑螂等。汉代已有，唐代就开始盛行于布依、苗、瑶、仡佬等民族中的蜡染印染工艺，虽然历史悠久、工艺独特，但主要以蓝色为主，仅用以做少数民族穿戴的衣裙、包单等。而现在，蜡染已发展成多色，因而在艺术、服装、室内装饰等方面应用日多。也不仅在白布上印染，还发展到麻、丝等材料，在国内外越来越受欢迎。

(2) 引申：有别的东西与之相似吗？可否由此想出其他东西？能否将此引入其他东西中或作相反的引申？

如：将圆珠笔引入钢笔中；将电子计算机引入机械。美国原有一种象棋的玩法与我国相同，棋盘四方共64格，每人16个棋子。而纽约州罗切斯特大学学生在此基础上作了引申发展，创造了三人走棋法，获得了专利。棋盘改为六角形共96格，黑、白、红三色棋子各16枚。可两人联攻，当一方被将死下台后，其留在盘上的残棋成为胜方的"俘虏"，胜方有权支配败方的残子，与自己原有的棋子联合一致与第三方战斗。形成两色阵容向另一色棋子猛攻的新格局，别有风趣。

(3) 改变：改变原有的形状、颜色、气味、形式、结构、功能等，会有什么效果？还可有什么改变？

如：1898年亨利·丁根将滚柱轴承中的滚柱改成圆球形，从而发明了滚珠轴承。过去，要将电动机的旋转运动变成往复运动，需用曲柄连杆机构。现在，应用回旋螺纹槽的结构形式，设计成了同心轴往复运动机。在台灯灯座周围涂上一层导电漆，这种导电漆的绝缘电阻被控制在最佳状态，人触及后通过感应使灯座内电子电路通或断，一改传统台灯的一灯一开关形式，设计制造了遍体是开关的新颖台灯。

在饮料中加几块冰块使之冰镇，饮者清凉爽口，别具风味。但冰块融化会冲淡饮料成分，真是美中不足。现在发明了塑料冰块，扬长避短。而且，可将塑料冰块做成各种色彩，在不同的饮料中沉浮，增加了美的享受。

(4) 放大：在这件东西上另加些什么，从而改变其性能和用途可以吗？加强一些、高一些、长一些、厚一些、大一些行吗？合成一下会怎样？

如：在两块玻璃间加入钢丝，可做成防碎玻璃；加入电热丝，生产了电热玻璃。在牙膏中加入氟化钠、中草药，即成各种药物牙膏。将红、蓝、绿、黑四色圆珠笔心放在一支笔杆中，设计了四色圆珠笔，扩大了使用功能。

1989年汉堡汽车展览会上，展出了奔驰公司设计制造的13 m长的轿车，其后部有一心形浴池，可在行驶中使用。无独有偶，日本本田汽车公司18名设计人员联合设计制造了一辆特大摩托车，长度6.4 m，可同时乘坐20人。

(5) 缩小：在原有东西上减少些什么会怎样？变小、变低、变短、变轻、浓缩、省略、分割……会有什么结果？

如：应用集成电路技术设计制造了袖珍立体声收录机；白猫超浓缩肥皂粉；可以随意分合的软家具等，均是这种检核、思维的结果。

(6) 代替：有没有其他东西可以代替现有的东西？或代替其中一部分、某种成分、某个过程……

伟大的发明家爱·诺贝尔，改变赛璐珞配方，用硝化甘油代替其中的樟脑，于1887年制成了颗粒状的无烟火药，燃烧速度快而又无残渣。日本推出了一种纸制手表，款式新颖、价廉物美，可显示日、月及时间，每月误差仅1 s，用9个月左右，用完即弃。奔驰公司以氢气代替汽油为燃料，设计试制的新型轿车，其排出的废气只是蒸汽而不是污染环境的二氧化碳。

用稀土三基色荧光粉代替卤磷酸钙荧光粉，设计制造的电控式紧凑型节能荧光灯，其灯管很细，使紫外线密度增大，稀土荧光粉又使紫外线转换可见光的效率提高，所以通过同样的电流，可发出比原有灯管高4~6倍的亮度，使用寿命比白炽灯长3~5倍。这种灯具不仅节约电能，还有使用方便，装饰性强的优点，颇受消费者青睐。

(7) 变换：构件能否更换顺序？变一下模式、序列、布置形式或改变因果关系、速率、时间、材料……会有什么结果？

服装面料、花型、领子、袖子、袖口……稍作变换，就会设计出许多新颖的款式来。普通的机械调频收音机有两个必须的旋钮：频率调谐旋钮和音量控制旋钮，但是图2-16所示的收音机却通过左右摇摆伸出来的天线来调整频率，

图2-16 收音机

通过旋转扬声器的外壳来调节音量。

(8) 颠倒：可否颠倒、反转使用？

瑞士发明家阿·皮卡尔曾成功地发明平流层气球，后来他又颠倒过来设想，成功地发明了海洋深潜器。历来电冰箱设计，都是冷冻室在上、保鲜冷藏室在下。海尔公司率先设计开发了冷冻室装配在下的电冰箱。常用的烤箱是烤箱在下，鱼、肉等被烤食物在上。这样，烤时油腻下滴，烤箱油污极难清洗。现在设计了新型的烤箱，将其位置颠倒，使用大大方便。在商标设计中，颠倒一下的想法，也取得过很好的效果。世界上名牌奶制品商标名 KLIM，即英文"牛奶"单词 MILK 的颠倒；著名的力波啤酒商标名 REEB，亦即英文单词"啤酒"——BEER 的颠倒，见图 2-17 所示。

图 2-17 力波啤酒的商标名称

(9) 组合：现有技术能否组合成新产品？

收录机即是收音机、录音机、扩音机等技术的组合；一种新型儿童车，可让儿童站靠、端坐，也可作躺椅、坐椅。将播种、施肥、锄草的功能合而为一，产生了新的农业技术。世界上先进的第五代家用多功能电脑缝纫机，可缝制波纹、网眼、脉冲型等 30 多种不同花型，可双针缝、单针缝、钉钮扣、缝拉链、反面缝、加固缝，还能织补、卷边、绗缝、暗缝……这也是功能、技术的组合。电热器与茶杯的组合，产生了电热杯。新一代的"蒸汽多用熨斗"，加上了干洗刷子和加水杯，即可烫平布、绸、化纤、呢绒服装，也可干洗毛料服装。对腰肌劳损病人，还可进行热敷。瑞典发明了一种杂合钉，即普通钉与木螺钉的组合。前半段与普通钉一样，后半段及钉帽与木螺钉一样。这样，先用锤子易钉入，再像螺钉一样旋入而不会撕裂木纤维，又可旋紧。

将现有的科学技术原理、现象、产品或方法进行组合，从而获得解决问题的新方法、新产品的这种发明技法，称组合法。它代表了技术发展的一种趋势，也是一种容易取得成功的创造技法。由于与检核目录法中的组合原理相同，不再另述。

13. KJ 法

这是日本筑波大学川喜田二郎教授首创的，以其姓名的首字母命名的、以卡片排列方式进行创造性思维的一种技法。此法的要点是将基础素材卡片化，通过整理、分类、比较，进行发想。大致过程如图 2-18 所示。

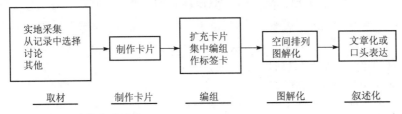

图 2-18 KJ 法的大致过程

卡片要全，要尽量具体又要精炼、易懂。通常可制作 50~100 张。关键是取材的质量。否则，即使卡片很多，还是得不到创造性设想。

卡片分组与扩充，就是把已制作的许多卡片，铺开放在桌上，慢慢地审视卡片，将相近、有关的卡片集在一起，上面加作一张小标签。这张小标签即是这一组卡片的最主要要点。最好把小标签作为新设想，并可用红笔写。再把上述小标签与原来不成组的卡片放在一起，再编组，制作中标签，可用另一种色笔写。一直到大约编成 10 组以内为止。

在一张白纸上将这些编好的组,放到最能显示其相互关系的结构空间位置上,并可用各种记号如:⋊（相反）、↔（相互有关）、=、+、↗等,表示出卡片组间的逻辑关系,即图解化的过程。

根据图解所显示的逻辑关系,进一步思考、补充、分析,并抓住关键之处,形成流畅的文章或口头表达方式,然后讨论。

对复杂的问题,可多次采用此法循环求索。

14. 功能思考法

该法是以事物的功能要求为出发点广泛进行创新思维,从而产生新产品、新设计。任何产品、工艺或组织形式等,都是为满足某种需要而产生的,而"需要",最根本的是功能。抓住功能即抓住了本质。

为了使旅游时舒适,针对人走路的特点,设计了旅游鞋;为使鞋还具有按摩的功能,又设计出了按摩鞋。纺织女工长期从事行走、站立劳动,容易造成脚部损伤的职业危害。针对这一点,专门设计生产了新型女工健步鞋。用抗菌布作帮里及鞋垫,有杀菌、除臭、去湿作用。设计上对保护脚部免受损伤还有新突破,具有柔软、轻便、耐磨、防滑等特点的鞋,纺织女工用后普遍反映舒适、无疲劳感。

在寒冷地区,冬天常需铲雪。铁锹设计的关键,应在"铲"字上做文章。虽然以往的铁锹,在重量、握柄、锹面形状等方面,作了功能性的考虑,但人铲雪时不断弯腰和雪粘附在锹面上的问题仍未解决。目前,人们针对铁锹的功能,将锹柄做成很大的弯度,又在锹面上涂上硅有机涂层,从而解决了上面的问题。

热水瓶塞的主要功能应是保温。但以往的瓶塞只能在 24 h 后保温在 69 ℃ 上下,最高才 72.5 ℃。而沏茶、冲咖啡、冲牛奶需有 80 ℃ 的温度。从瓶塞保温功能出发,深圳生产了高效保温瓶塞,在一般的软木塞下增设塑料紧封环。使用这种瓶塞,开水在 24 h 后还能在瓶内保温达 80 ℃,使我国保温瓶的保温度处于领先水平。

15. 灵感法

灵感法是靠激发灵感,使创新中久久得不到解决的关键问题获得解决的创新技法。其特征是:突发性、突变性、突破性。是突然闪出的领悟,是一种认识上质的飞跃。

A·G·贝尔发明电话的试验是从 1873 年夏天开始的。但日复一日,过了两年,无数个方案均遭失败。后来,贝尔的助手沃特森受到窗外隐隐传来的吉他弹奏声的启发,找到了失败的原因是以往设计的送话、受话器灵敏度太低,声音微弱得难以听到。经过三天的改进,在 1875 年 6 月 2 日傍晚,试验终于获得成功,电话由此诞生。

平板玻璃出厂后,由于包装运输问题,有 20% 以上遭破损,已成世界一大难题。全国生产的平板玻璃,每年运输中的破损量,相当于 5 个秦皇岛耀华玻璃厂的年产量,保险公司每年赔偿损失费 1 亿元。为了解决这个包装技术难题,从玻璃破碎的原因,对装卸、起吊、落地、运输进行了全过程分析,得出结论是:归根结底是要减少玻璃所受到的冲击力。因此,必须设计出稳定性好、防振性好的包装架,以满足装卸、运输要求。但究竟如何能设计出这样的装置呢?设计者从过去买鸡蛋放在塑料袋里挂在自行车车把上,鸡蛋会破损,而拎在手上骑自行车,未发现鸡蛋破损,产生了灵感。这是因为对鸡蛋来说,直接振动变成了有弹性的间接振动。那么,玻璃在运输中的破损与否,原因何尝不是这样呢？于是，设计出了平板玻璃"双重隔振包装架"，使玻璃在运输中的振动通过两次缓冲才能传到玻璃本身。而且，玻璃本身脆性大，如单片受力则不堪一击。若将 80 cm 左右厚度的一箱玻璃捆成一体，则可大大提高玻璃本身的抗振能力。这样经严格的静载、动载测试以及碰撞、跌落等试验，证明破损率仅为 1% 左右。

16. 机遇发明法

机遇，被称为"发明家的上帝"。重大的设计、创造，有时需"运气"，靠"机遇"。当然，机遇只投向寻找它的人的怀抱，即靠创造性的艰苦的劳动。"机遇"是指由意外事件导致的科学发现、艺术创造、产品设计。它的基本特征是非预测性、非意料性。人不能预知机遇，但可及时抓住机遇，解决设计、创造问题。

橡胶硫化法的发明就是十分偶然的。固特异不小心将做试验用的橡胶掉到实验室桌下的硫黄上。他本来想将粘在橡胶上的硫黄清除，但已渗入，难以除去，心里真不痛快。但他却无意中发现粘过硫黄的橡胶却有了前所未有的优异弹性，不像原先那样，冷时硬，热时粘。一种橡胶硫化的新方法就此产生，奠定了橡胶工业的基础。

一位东北的科学工作者，有一次将洗洁精剩液倒入了牛粪。这纯粹是无意识的偶然行为，但结果发现牛粪不臭了。由此，发明了一种治狐臭的药水。一位饲养生猪的农户不小心将 2 kg 废沼气液错倒入猪食槽，结果猪却很爱吃。在作了吃与不吃废沼气液的对比实验后，发现吃沼气液的猪两个月多长了 15 kg。这一"机遇"，利用废沼气液养猪的方法产生了。

17. 逆向发明法

逆向发明法又称"负乘法"、"反面求索法"等。是从常规的反面；从构成成分的对立面；从事物相反的功能等考虑，寻找设计、创新的办法。即：原型→反向思考→设计新的形式。

金属腐蚀本是坏事，但利用腐蚀原理却发明了刻蚀、电化学加工工艺等，也产生了不锈钢。驾驶员的眼睛如一会向前看，一会向后看，容易疲劳、出事故。用反光镜解决了看后面东西的矛盾。电冰箱有了冷冻室确实很实用，但如果突然来了客人想做菜，化冻来不及。利用逆向发明法，设计出了带有化冻室的电冰箱。

1885 年，斯塔利发明了链条传动自行车——"安全漫游者"，至今 100 多年过去了。自行车的造型、结构基本上是链条传动、带钢丝的圆形车轮及充气轮胎。近年来，逆向发明法指导着自行车新的设计。不用链条传动的、不需充气的、无钢丝的自行车，相继问世。

石油输油管的管接头，一向是焊接方式连接的。但在南极极低气温时，管接头经常冻裂而漏油，无法解决输油的这一关键问题。反其道而行之，干脆用湿布将管接头处包住，冰冻后则大功告成，再冷也不怕了。

18. 模仿创造技法

人的创造源于模仿。大自然是物质的世界、形状的天地。自然界的无穷信息传递给人类，启发了人的智慧和才能。高楼大厦源于"鸟巢"、"洞穴"；飞机的原型是天空的飞鸟……。从人造物的最基本功能来看，都源于自然界的原型。超音速飞机高速飞行时，机翼产生有害振动甚至会使其折断。设计师为此绞尽脑汁，最后终于在机翼前缘设置了一个加强装置才有效地解决了问题。令人吃惊的是，早在3亿年前，蜻蜓翅膀的构造就解决了这个难题——在翅膀前缘上有一翅膀较厚的翅痣区。

模仿创造技法是指人们对自然界各种事物、过程、现象等进行模拟、科学类比（相似、相关性）而得到新成果的方法。所谓"模拟"，就是异类事物间某些相似的恰当比拟，是动词性的词，所谓"相似"，是指各类事物间某些共性的客观存在，是名词性的词。

人们自觉地把生物界作为各种技术思想、设计原理和创造发明的源泉，产生了新兴的科学——仿生学。J·E·斯蒂尔博士给仿生学定义为："仿生学是模仿生物系统的原理来建造技术系统，或者使人造技术系统具有或类似于生物系统特征的种子。"其研究范围为机械仿生、物理仿生、化学仿生、人体仿生、智能仿生、宇宙仿生等。有的是功能的仿生，有的是形态的仿生，而其中又有抽象、具象仿生之分。

模仿苍蝇眼睛制成的摄影机，一次能拍上千张照片，分辨率达4 000条/cm，可用于复制显微线路。目前银行用的点钞机，就是对人手快速点钞的机械仿生。瑞士人斯美托拉打猎时常看到牛蒡子牢牢地附着在猎狗身上。有一次他用放大镜观察，原来是牛蒡子上长的小钩钩把种子挂在了卷曲的狗毛上，而且既可拿下，还可再钩住。于是他想："能不能把这种结构派上用场呢？"经研究，粘合自如的尼龙搭扣发明了。

国际市场上蛇皮、鳄鱼皮、玳瑁壳制造的拎包、票夹、皮带等产品很畅销。但一则价格贵，二来受动物保护法律的限制，不可多得。利用模仿创造技法，发明了表面镀饰新工艺，使产品酷如天然，美观而价廉。该项技术是先用塑料覆于真皮上印出天然纹理，制成"塑料模"。在其上喷银浆使其能导电。然后用适当的电镀液进行电铸，得到坚硬的"电铸模"。在其上镀一层薄金，就成为压铸人造花纹的模具。

人类废弃的有机物不断污染海洋，但海洋却有一定的自身净化能力。经研究发现海洋中生长着净化细菌，有机物经其消化后变成水和二氧化碳。于是，模仿这一机理设计了净化池。池中放入含有净化细菌的物质，再输入氧气，使之大量繁殖，使废水变成无污染的净水。

由此可见，仿生学不是纯生物科学，它是把研究生物作为向生物体索取技术设计蓝图的第一步。每当我们发现一种生物奥秘，就可能变为新的设计；就可能带来一种新的生活方式。仿生学也不是纯技术科学。它是开辟一条发展科学技术、工业设计的新途径、新源泉。其主要原理如图2-19所示。当然，模拟、仿生不是原封不动地抄袭原型，而是以原型为楷模，通过创造性思维再造的、创新的二次甚至多次元的形态，反复思维以达到"异化"的程度，这可用图2-20简单表示。

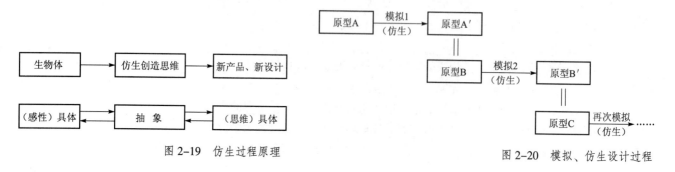

图 2-19　仿生过程原理

图 2-20　模拟、仿生设计过程

在工业产品外观设计时,仿生造型常采用直感象征手法和含蓄、隐喻的手法。前一种手法是一种较直观的创造方法;后一种则形态概念隐而不显,使人产生更多的联想而耐人寻味,如图 2-21、图 2-22 所示。

图 2-21　工业产品设计中的直感象征手法

图 2-22　工业产品设计中的含蓄、隐喻手法

图 2-22 中勒·柯布西埃设计的朗香教堂（左上），让人联想成一位虔诚信徒向上苍顶礼膜拜的双手、一只善良的鸽子安祥地伏卧在大地上,或一只鸭子静静在水面上浮游,它也像一艘轮船或古代法国人所戴的帽子。埃洛·萨里宁设计的纽约 TWA 候机楼（右图），可喻为展翅欲飞的大鹏,可比拟为从天而降的雄鹰,也象征飞机航班。科拉尼设计的"奥珀"型茶具（左下），则是以"卵"为原型,经倾斜、平底、凹腹等一系列造型艺术处理,成为模拟设计的优秀范例。

除了上面介绍的 18 种创造技法外,还有如特性列举法、OCU 法、NM 法、组合法、演绎法、驱虫法、TCT 法、ARIZ 法、变害为益法、自我服务法等。种类虽然很多,但其原理大致可归结为以下五大类:

(1) 强化创造动因的群体激智方法，如头脑风暴法、635法、德尔菲法、CBS法、KJ法、OCU法等。

(2) 扩展思路的广角发散技法，如设问法、特性列举法、缺点列举法、希望点列举法、形态分析法、检核目录法、逆向发明法、专利利用法等。

(3) 非推理因素的直觉灵感方法，如综摄法、灵感法、机遇发明法等。

(4) 思维为主的一般定性创造技法，如联想法、类比法、模仿创造技法、移植法、功能思考法、演绎法、组合法等。

(5) 定量的现代设计科学方法学，即信息论方法学、系统论方法学、对应论方法学、突变论方法学等。

应注意，不要机械地使用某种创造技法。许多方法有其内在的相似性及联系。在创造过程中，一种技法可以重复使用几次；也可以同时使用几种方法。

这种种技法，是前人经验总结的，实践证明是行之有效的方法。学习与掌握这些技法，无疑可取得一些创新的手段和途径。然而，作为一个优秀的创新者或设计师，最基本的是要具备较强的创新能力和创造性人才的品质。

构成一个人的创新能力的因素是多方面的，如创新思维的能力，知识和经验，品德与修养，自然素质与精神素质，创造技法的熟练程度等。其中十分主要的是以下7条。

(1) 觉察能力，即人们对客观事物的感觉和观察能力。

(2) 记忆能力，即对经验过的事物能记住、再现、再认识的能力。这对学习知识、创新活动有相当重要的意义。

(3) 联想能力，即由一事物想到另一事物并能从中引出新事物的综合能力。

(4) 分析与综合能力。分析就是在思维中把事物分解成各部分、阶段、方面，将事物的特性、联系加以区分，获得对事物某些侧面或联系的正确认识。综合就是在思维中把事物的各部分、阶段、方面及个别特性结合起来，把握整个事物的复杂联系和规律。所以，分析与综合是有机联系、相互转化的。

(5) 想象能力，即在过去经验、知识基础上，通过思维产生新形象、新设想的能力。

(6) 直觉能力，一般指不经过逻辑推理，在信息不甚丰富、时间尚不充裕等情况下，就直接认识真理、抓住本质、进行决策的能力。

(7) 完成能力，指不畏艰辛、一丝不苟地使创新设想得以实现的能力。如设计能力、绘图能力、工艺制作能力、实验能力、语言和写作能力、外语能力、计算机应用能力、转移经验能力、组织能力、评价能力、自学能力、总结宣传推广能力等。

对创新者、设计师来说，必须通过不断学习、训练、实践，逐渐培养，才会具有这些创新能力。

第三章 功能论设计思想及方法

§3-1 设计过程

一个产品的设计开发过程通常可分为产品规划、方案设计、深入设计、施工设计和市场开发等阶段。

一、产品规划阶段（计划）

这一阶段要进行需求分析、市场预测、可行性分析，确定关键性设计参数及制约条件，最后给出设计任务书（或要求表），作为设计、评价和决策的依据。

产品开发是以需求识别开始的。优秀的设计师应该有敏锐的预见和感悟能力。从生活研究和市场竞争环境中分析出社会需求及发展趋势。需求分析包括对生活研究和市场的分析，如时尚趋势、消费需求及消费者对产品功能和性能质量的具体要求；竞争者的状况；现有类似产品的特点；主要原料、配件的供应状况及产品的变化趋势等。

对产品开发中的重大问题，经过技术、经济和社会文化各方面的细致分析及开发可行性研究，提出产品开发可行性报告，一般是十分必要的。可行性报告的内容包括开发的必要性；市场调查及预测情况；相关产品的国内外水平；发展趋势；技术上预期达到的水平；经济效益和社会效益的分析；设计、工艺等方面需要解决的关键问题；投资费用及时间进度；现有条件下开发的可能性及需采取的措施等。

对拟开发的产品，要通过调研分析，提出合理的设计要求，以用来指导设计的展开。一个产品只有在技术性能、质量指标、经济指标、整体造型、宜人性以及环境等方面得到统筹兼顾、协调一致的满足，这种设计才是合理的。因此，拟定设计要求是设计规划（计划）阶段的重要内容。主要的设计要求有：

1. 功能要求

这是指产品的实用功能，美学功能和象征功能。功能要求应是合理可行的，可以从三方面加以分析。其一，按人-机系统进行功能分析，以便充分利用人、机各自的特点，发挥效率、方便使用等。其二，按价值工程原理来分析，如果为了实现某种功能需要过多的成本费用时应该进一步分析其必要性。其三，从技术可行性上进行分析。

2. 适应性要求

这是指情况（工作状况、环境条件等）发生变化时，产品适应的程度。在设计前应该分析各种变化因素以及由此带来的后果，对设计提出什么要求以适应这种变化。

3. 性能要求

产品所具有的工作特性。

4. 人机关系要求

人机关系的协调是技术要求也是美学的要求，包括方便而舒适，调节控制有效、可靠，符合人的习惯，造型和谐，操作宜人、高效等。

5. 可靠性要求

这是指系统、产品、部件、零件在规定的使用条件下，在预期的使用寿命内正常工作的概率，是一项重要的质量指标。

6. 使用寿命要求

这是一项重要的技术指标，又具有重要的经济意义。产品不同，对其使用寿命要求亦不同，有的为一次性使用寿命，有的是半耐久性产品，有的是耐久性的。设计中理想的情况是所有零部件为等寿命，但事实上不可能，应对易损件寿命与部件或产品寿命的倍数关系加以研究和确定。

7. 效率要求

这是指系统的输入量和输出量的有效利用程度，如灯的发光效率。从节约能源，提高系统经济性考虑，希望有尽可能高的效率，然而技术、成本等的制约，应提出适应于当前技术水平的，较为经济的、适度的效率指标。

8. 使用经济性要求

这是指产品在使用时支付的成本费用与获得价值的差值，如同类车辆的百公里耗油量。

9. 成本要求

产品成本一般在 70%~80% 是在设计过程中决定的。成本是一项重要的经济指标，关系到产品的竞争力及利润水平。就设计而言，设计的简化、合理的精度和安全系数要求，零件结构和加工制造方法的优化等都可以降低成本。

10. 安全防护要求

产品应有必要的安全防护功能，确保人身及产品本身的安全，如过载保护、触电保护、防止误操作装置等。

11. 与环境适应的要求

任何系统均在一定的环境中工作，环境对系统有各种干扰，系统对环境也会产生各种物理的、视觉的等等作用，因此二者要达到一定的协调、适应水平。

12. 储运包装的要求

产品要经过一系列环节才能到达用户手上，因此要考虑产品的储存码放、运输方法、产品总体尺寸、重量等因素，提出相应的要求。包装既有保护产品的作用，也具宣传展示功能，还会在废弃时对环境造成影响，因此也需有相应要求。

产品规划（计划）阶段的最终目标是明确设计任务和要求，确定产品开发的具体方向，并以设计任务书（要求表）的方式加以归纳，不同的产品应根据自身特点确定其项目内容。

二、方案设计阶段

原理方案的拟订从质的方面决定了设计水平，关系到产品性能、成本和竞争力。如何从包括近代最新成就的自然科学原理及技术效应出发，通过优化筛选，找出最适宜于实现预定设计目标的原理方案，无疑是一件复杂的和困难的事情。为此要运用创新思维方法并借鉴前人经验，采用一些普遍适用的原理方案构思方法。功能论设计方法就是一种较为有效的手段，其基点在于把复杂的设计通过功能关系抽象化和功能分解，使问题简单化，便于寻找能满足设计对象主要功能关系的技术原理。通过功能分析，认清设计对象的实质和层次，在此基础上通过创新构思、搜索探求、优化筛选取得较理想的功能原理方案，即是该阶段的主要任务。

三、深入设计阶段

该阶段是将功能原理方案具体化为零部件及产品合理结构的过程。相对于方案设计阶段的创新要求，本阶段要更多反映设计规律的合理化要求。该阶段工作内容较广，工作量较大，需要有关专业的工程技术人员协作进行。有两个核心问题需要在这一阶段完成，其一是"定形"，即确定各零件的形态、结构并符合加工工艺性要求，其二是"方案"，即确定构成产品系统的元件（或组件）的数目及相互配置关系。这两个问题紧密相关，在解决时也是交错进行的。

深入设计阶段进一步划分，大致包括四个方面。

1. 总体设计

解决总体布置、运动配置、人机关系等。作出预想图（效果图）。

2. 结构设计

设计结构、选择材料、确定尺寸等。

3. 商品化设计

从技术、经济、审美等各方面提升产品的市场竞争力。如用价值工程方法降低成本、提高性能；用造型设计方法对产品的形态、色彩、风格式样等加以研究，在保证功能、便于加工的前提下，充分创造美观、新颖、有亲和力的造型形象，提高产品的附加价值。

4. 模型或样机试验

除外观模型外，有时还需制作功能模型或样机以供对产品有关技术性能的测试分析，及时修正设计。

四、施工设计阶段

该阶段要进行零件工作图、部件装配图设计、完成全部生产图纸并编制设计说明书、工艺文件、使用说明书等有关技术文件。

设计过程的示意如图3-1所示。若有需要时还应做出市场的开发设计。

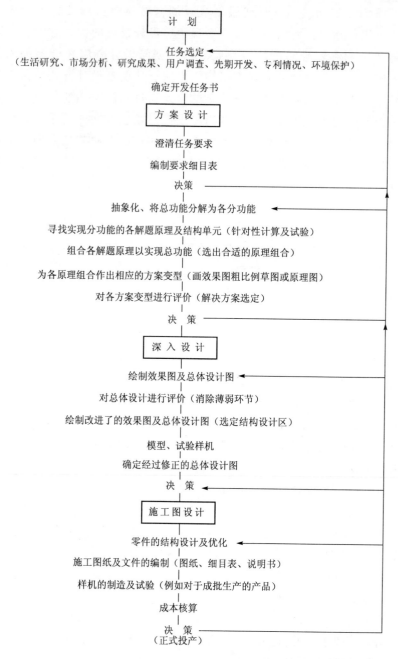

图 3-1 设计过程示意图

§3-2 功能论设计思想及方法概述

无论何种设计对象（产品），都是由各种构成单元结合而成的。这些构成单元之间相互区别又相互联系，彼此制约地组成产品的结构系统。另外，产品的各构成要素都有其各自的功能，发挥着不同的作用，并相互联系、相互制约地实现设计对象的总体功能，从而形成产品的功能系统。结构系统与功能系统共存于设计对象这一共同体中，缺一不可，但它们的确有着本质的区别。结构系统是设计对象的硬件，反映了设计对象是由什么零部件构成和怎样构成的；功能系统是设计对象的软件，通过使用才能体现出来，而这正是设计对象最本质的东西，也是设计者和用户所最终追求的目标。

以系统工程的观点来看设计对象，可以将其视为一个技术系统，其处理对象是能量、物料和信号三类，其功能就是将输入的能量、物料和信号进行有目的的转换或变化后输出。在输入/输出过程中，随时间变化的能量、物料、信号就形成能量流、物料流和信号流。能量包括机械能、热能、电能、光能、核能、化学能、生物能等；物料可以是材料、毛坯、物件、气体、液体、颗粒、物体等；信号（信息载体的物理形式）体现为测量值、显示值、控制信号、通信、数据、情报等。技术系统及其处理对象可用图3-2所示的示意图表示。

电机和车床的技术系统示意图如图3-3和图3-4所示。由系统的输入和输出的内容分析可知，电机系统的功能是能量变换，而车床系统的功能是切削物料。由于此时技术系统的内部构造尚未清楚，只是一个抽象的概念，这种示意方法也称为"黑箱"。每个功能，尤其是总功能都可以用这种"黑箱"的形式来抽象地表达。通过这种方式来抽象设计对象便于抓住其本质，摆脱具体东西的干扰，利于启发设计者寻找新的更好的解决方案。

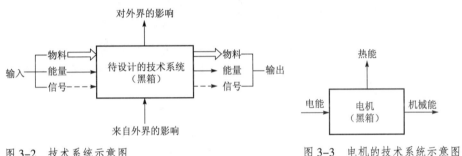

图3-2 技术系统示意图　　　　　　图3-3 电机的技术系统示意图

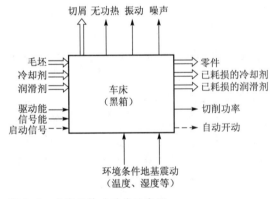

图3-4 车床的技术系统示意图

功能论设计思想与方法的实质就是把设计对象视为一个技术系统，用抽象的方法分析其总的功能，并把实现总功能的低一级功能（分功能）加以分析，进而寻求实现各分功能的技术途径（或称技术效应、技术原理等）。由此逐步达到技术系统内部构造关系明确化，使"黑箱"成为内部构造和相互关系比较明确的"玻璃箱"。

功能论设计方法是从设计对象的总功能的认识开始的。产品规划阶段（计划）所确定的设计任务书（或要求表）已定性或定量地描述了设计对象的特点，因此应充分地分析设计任务书的各项要求，明确设计目标。其次，要对总功能进行分解，把总功能分解为若干分功能，分功能还可进一部分解。因为，一般说来不可能用某种简单的结构或技术原理一下子来满足总功能，总功能的分解是十分必要的。功能分解的程度以其各分功能容易找到实现的技术途径为度，过细会增加工作量。这些功能之间按照一定的逻辑关系连接起来以满足总功能的要求，这就形成了所谓的功能结构或功能系统。按照要对实现每个分功能的技术途径加以研究探索，设计者可根据相关的专业技术知识和经验，充分利用各种技术资料（如手册、设计解法目录等）寻找出各分功能的多种实现途径。在寻找功能实现的技术途径时，要根据约束条件加以判断、选择，不能盲目搜索以减少复杂性、提高效率。各种技术途径的组合，其实质就是抽象的技术原理方案。这种组合方案的数量可能会很多，通过可行性、相容性以及技术经济标准的分析评价，加上根据经验的直觉思维判断，可以从众多可能的方案组合中挑选出几种比较好方案并进一步深入探讨和优化。

因为能够在较大范围内进行方案的组合、比较和选优，功能论设计方法有利于设计者克服成见和惯例的约束，冲破一些已有设计方案的框框，更好地发挥自己的创造性，得到经验性设计方式可能想不到的好方案。

根据前面选定的原理方案，还要进行方案具体化工作，这需要相关的专业技术知识和技能，需要各方面设计师的配合，最终使原理方案向结构化、定量化、细致化等方向推进。具体化的内容包括两个方面：一是从定性到定量，从一般到具体，从原理到材料选择、零件形状和尺寸；二是从局部到整体，把相关的零部件连接成有机的产品系统。

以往的设计方法，主要从设计对象的实体结构系统出发，注意力集中在结构的合理性和可行性上，着重构思设计对象的硬件，所设计出的产品往往存在很多功能上的问题。现在用系统工程和价值工程的一些概念和方法为基础，从设计对象的功能系统出发，着重研究设计对象的软件，通过功能系统的分析，找出相应的各种技术途径。这样有利于发挥各种不同技术途径组合间的创造性潜力，为达到完美的设计目标打下科学的基础。因此，功能论方法有助于克服片面地仅从产品造型形态和结构上进行设计构思的不足，而把它们作为产品总体因素的一个部分或一个方面（有时甚至可以不是最主要的方面）来认识，以便避免形式主义或功能主义两个极端。

此外，设计对象的某些构成要素常常有几种功能，所以，构成因素越多，功能数目越大，功能之间的相互联系也就越复杂。此时，如不从功能系统的角度分析问题，就难以真正把握设计对象的必要功能，发现和消除不必要功能，弄清功能之间的内在联系和相对重要程度，也就不利于设计出高质量的功能系统、结构系统和外观造型。

功能论方法的指导思想是系统论，即从系统的整体性、可分性、相关性、功能性、统一性和动态性去研究设计对象的功能系统全貌，按功能逻辑体系而不是按结构实体体系去构造"功能技术矩阵"，从而使"功能技术矩阵"的构成模式具有普遍性，对各种类别的产品都适用，甚至可用于解决设计中的计划管理、评价、决策等问题。功能论设计方法的程序如图3-5所示。

由此可见，功能论观念及方法具有以下特点：

(1) 它始终把产品的功能问题放在设计分析的核心地位，设计构思以功能系统为主线索；

(2) 它有助于克服思维定势和传统观念束缚，因而是一种推陈出新的设计思路；

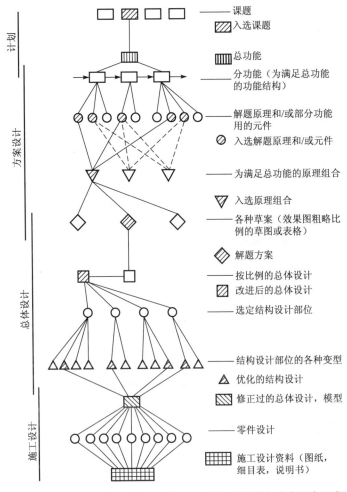

图 3-5 功能论设计方法的程序示意

（3）由于在产品功能分析中能有效地排除产品的不必要功能，这就可能降低产品成本，经济地实现产品的价值；

（4）以功能为中心的设计方法有助于实现产品良好的实用性及可靠性；

（5）把功能分解与造型单元的构造结合起来，提供了一种产品造型设计的思路；

（6）突出系统化的思想。

§3-3 功能分析

功能论设计方法的主要特征就是从系统的观念出发弄清设计对象的实用功能以及其系统结构，对设计对象的功能进行抽象和分析。无论是产品或部件，从现象来说，它具有作为一种物品所具有的形态和材质，但在现象的背后还存在着这种物品的一种本质的东西，这就是其功能（功用、效用）。如果不具备功能，那它就失去了存在的理由。我们应该透过产品或零部件的物理特性找出它本质的东西，或者说要突破现有产品的框框，透过现象而找出其隐藏着的一种特性，即功能。直观地认识设计对象及其构成内容（零部件及结构等）一般来说比较容易，但要认清和理解其背后的功能，因较抽象往往就显得困难些。但如果不对设计对象进行抽象分析就难以摆脱以物为中心的经验性设计方式的约束，不利于设计方案的搜寻和构思。为此要对设计对象功能的层面上加以分析，抽象出设计对象的功能系统结构。这是一个按照逻辑关系把设计对象各组成要素的功能互相联系起来，从局部功能与整体功能的相互关系上研究系统功能的过程，具体方法包括功能定义、功能分类和功能整理等。

一、功能定义

功能定义，就是给设计对象及其组成部分的功能下定义，以限定每一功能的内容，明确其本质。

任何设计对象，通常都是由许多构成要素组成的。这些构成要素在所设计对象的体系中相互作用而完成一定的功能。因此，在给功能下定义时，不仅要给设计对象的总体功能下定义，而且要给各构成要素的具体功能下定义。例如，一台电冰箱的总体功能是保存食品，但怎样才能实现这个总体功能呢？为此需要有储放食品、制冷食品、隔热食品、保冷和温度控制等具体功能。只有把功能定义划细，才能使我们既抓住设计对象的整体，又把握住设计对象的局部和细节，使设计不至于漫无头绪、无所适从。

由于功能是从设计对象中抽象出来的概念，缺乏直观性，设计者往往不易注意仔细分析，从而使许多设计存在着不必要功能或者功能不能可靠地满足使用要求。因此，功能定义的第一个目的，就是要把隐藏在产品及其零部件（构成要素）背后的功能揭示出来，以便根据使用要求确定产品的必要功能，明确产品设计的依据。

不论是设计全新的产品，还是改造已有的产品，都要求设计者跳出已有产品结构原理的框框，去探索、开拓实现新产品功能的新思路、新方法和新结构。但是，由于思维定势，设计者的思路易被已有产品的结构、选材、形式、原理等所局限，在旧的思路里兜圈子。要改变这种状况，就应通过功能定义，将注意力集中到产品的功能系统上。以钟表为例，如果不跳出机械结构的框框去研究设计，就会觉得任何一个齿轮和轴承都是难以改变的。若要改进，充其量也只能在选材和加工方法以及造型形式上进行某些变化。但如果从功能分析的角度，把钟表的功能定义明确为"指示时间"，这时再去探寻"指示时间"的技术途径，思路就会开阔多了。于是，就可能想到电动的方法、电子振荡的方法等，最后就可能设计出功能高、成本低的新一代钟表，其造型也将随之发生本质的变革。所以，功能定义的第二个目的，就是开阔设计思路，克服思维定势。

功能定义的第三个目的，是为了便于进行功能评价和分析。因为没有功能定义，就无法构造"功能技术矩阵"，也就无法由此进行各种分析研究。

怎样给功能下定义呢？下面将从五个方面加以阐述。

1. 功能定义要简洁、明了、准确

功能定义是对功能本质进行研究的基础。当功能定义表达得复杂、含意不清时，容易使人产生误解，因而可能会作出各种各样的理解，以致无从定出实现该功能的技术途径。因此功能定义必须做到简洁、明了、准确。一般说，尽可能用一个动词和一个名词来表达，如温度计的功能定义是"测量温度"，电风扇的功能定义是"降低温度"等。

功能定义的动词部分决定着实现这一功能的方法和手段；功能定义的名词部分则决定该功能的大致属性。一般说，动词部分要准确，要有利于打开设计思路，找出尽可能多的技术途径；名词部分则要求是便于测量的，能进行定量分析的，因为在利用"功能技术矩阵"（见§3-4）进行设计分析时，往往要有一些定量数据处理。

当然，给功能下定义也不必完全拘泥于形式，为说明问题，有时也可以加形容词或其他词类，但也要以简明扼要为原则。对于复合的功能，可分别表达，以免混淆。为理解方便，现举几例如表3-1所列。

表3-1 产品功能定义示例

产品（或构成要素）	功能定义（动词部分）	功能定义（名词部分）
千斤顶	顶起	重物
干电池	储存	电能
钻床	加工	孔
载重汽车	运输	货物
手电筒	提供	照明
杯子	饮	水
桌腿	支承	重量
反光镜	反射	光线

2. 功能定义尽可能做到定量化

功能定义的定量化，是指尽可能用可测定数值的语言来给功能下定义。如前所述，只要功能定义的名词部分使用可定量分析的名词就可以了。

3. 功能定义的表达要适当抽象

利用"功能技术矩阵"进行产品设计，就是要鼓励人们打破传统设计模式的束缚，从创新的角度出发，运用各种先进的技术途径创造出符合所需功能要求的最佳设计方案来。因此功能定义的表达应有利于这一要求，尽量避免实现功能的具体技术途径的写实化，即要有所抽象。例如，要设计一种夹紧装置，可以有许多方案。如果在给功能下定义时，把夹紧装置的功能定义表达为"螺旋夹紧"，就会使人想到"丝杠"、"螺母"夹紧这种技术途径，由此使思路受到很大限制。如果定义得抽象一些，表达为"机械夹紧"，就会使人想到"平面凸轮夹紧"或"偏心夹紧"等技术途径，思路较前开阔了一些。如果再抽象一点，定义为"压力夹紧"，就会使人联想到液压、气动和电气夹紧等，思路进一步开阔，所用技术手段也更多、更先进、更具选择性，因而设计方案也就更加丰富，创造出更新更优的设计方案的可能性也就会更大。

4. 必须了解可靠地实现功能的制约条件

在给功能下定义时，还必须了解可靠地实现功能所需的条件。虽然在功能定义中，这些制约条件并不显示出来，只着眼于承担这些条件的本质——功能，但绝不能忘却这些条件。一般可用5W2H提问法帮助明确有关制约条件，以利于根据功能定义所应满足的制约条件，据此找出多种技术途径，增强设计方案组合的多重性，便于设计方案的评优。

用5W2H提问的内容大致如下：
What? 这事物的功能是什么？
Why? 为什么需要这个功能？

Where? 在何处、什么环境下使用？
When? 什么时候使用？
Who? 它的功能如何实现？采用什么方式，通过什么手段实现？
How Much? 它的功能有多少？功能有哪些技术、经济指标要求？有哪些技术手段可完成所需功能？
How? 如何实现？

5. 必须以事实为基础

为了正确地对功能下定义，就必须广泛收集国内外各方面的情报，熟悉设计对象的各个细节，特别要重视对先进科学技术手段的研究，使功能定义有利于将各种先进的技术途径引入到实现设计对象各功能的过程中去。在给功能下定义时，必须坚持以事实为基础，防止主观、想当然地设想一个功能，或草率地对功能下定义。同时还要注意，设计对象及其构成要素的名称，常常并不能代表其功能，绝不能只看设计对象及其构成要素的名称而不弄清它们的实际效用，就给功能下定义。我们要从设计对象的本质研究中，找出内在的实际效用，给功能下定义，打破旧有设计方法的束缚，创造出具有现代科学水平的设计方法体系。

功能定义是否恰当，是否有利于把现有的各种技术途径都考虑在内，并充分利用现代科学技术成果，还可通过以下检查提问加以核实。

（1）是否用一个动词和一个名词简明扼要地给功能下定义？
（2）功能的表达是否完整和一致？
（3）对功能的理解是否正确和一致？
（4）功能定义有没有遗漏？
（5）功能的表达是否都能定量化？
（6）是否有无法下定义的功能？
（7）给功能定义时，是否考虑了扩大思路？是否有利于引进各种先进的技术途径？
（8）是否有凭主观推断的功能定义？
（9）为什么要实现这个功能？能否取消这个功能？
（10）这个功能有多少种技术途径可以实现？是否把所有的技术途径都考虑到了？

二、功能分类

在各种设计对象中，有的可能只有几种功能，有的则可能具有更多种功能。为了更好地分析设计对象，确定功能的性质及其重要程度，应排出功能重要性序列，给实现各功能的具体技术途径赋"权"，就必须对功能进行区别和分类。功能的分类可以从不同的角度出发，为说明问题，现分别加以介绍。

1. 按功能的重要程度分类

按功能的重要程度，功能可分为基本功能和辅助功能。基本功能是指为达到设计对象的目的，发挥设计对象的效用所必不可少的功能，它是设计对象赖以存在的条件，也是我们对设计对象进行分析、研究的基础。如果设计对象失去了基本功能，也就失去了对它继续研究的价值，失去了它存在的意义。基本功能不同，设计对象的用途也就不同。辅助功能是为了更好地实现基本功能而添加上去的功能。它的作用相对于基本功能来说是次要的、辅助性的，但同时，它也是实现基本功能的手段。例如，手表的基本功能是显示时间，而防水、防震、防磁、夜光等则是手表的辅助功能。这些辅助功能相对于基本功能来说是次要的，可是它们能有助基本功能的实现，使手表在水、震、磁、黑暗的环境中也能准确地显示时间，实现基本功能。

对于任何设计对象而言，其基本功能是不能改变的，但辅助功能则可由设计者添加或删减。所以，添加必要的辅助功能，帮助基本功能更完善地实现，同时，将不必要的辅助功能剔除掉也是十分必要的。

我们一般可用以下提问来进行基本功能和辅助功能的判别：

(1) 在确定是否是基本功能时，可提问：

① 它的作用是必不可少的吗？

② 是主要目的吗？

③ 如果它的作用改变了，它的制造、生产工艺和构成要素是否全部改变？

如果以上问题的回答是肯定的，则这个功能就是基本功能。

(2) 在确定是否是辅助功能时，可提问：

① 它是不是对基本功能起辅助作用？

② 它是不是次要的？

如果以上问题的回答是肯定的，则它就是辅助功能。

基本功能是设计对象最重要的功能，也是用户所最关心的功能，在产品设计中要牢牢把握住产品的基本功能，把主要力量集中到基本功能上。应注意的是，一个设计对象可以有一个基本功能，也可以有数个基本功能。例如万能铣床，既能进行卧铣，又能进行立铣或其他铣削加工。故在设计中要正确理解产品目的要求，以保证同时实现产品所应具有的基本功能。

2. 按功能的性质分类

按功能的性质，功能可分为物质功能与精神功能。物质功能指设计对象的实际用途或使用价值，它是设计者和使用者最关心的东西，一般包括设计对象的适用性、可靠性、安全性和维修性等。精神功能则是指产品的外观造型及产品的物质功能本身所表现出的审美、象征、教育等效果。精神功能的创造与表现是工业设计的目的之一，如图3-6所示。

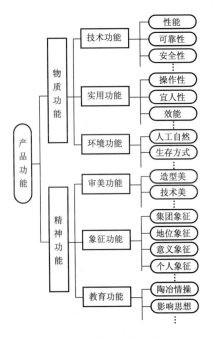

图3-6 产品功能按性质分类

设计对象的物质功能和精神功能是通过基本功能和辅助功能来实现的。不同的设计对象，对物质功能和精神功能要求的程度是不同的。手表、汽车、家电等产品，物质功能显然十分重要，因为设计和制造这些产品的主要目的是满足人们使用的需要，人们去购买和使用这些产品，首先是为了获得相应的物质功能。但是，人们在使用这些产品的同时，也希望它们具有精神审美等功能，即式样要美观别致，能体现自己的身份，能美化环境等。由于这些产品与人们的生活密切相关，因此其精神功能占有十分重要的地位，而且有些产品的审美等精神功能还会直接影响到使用功能等物质功能的发挥。所以在进行这类产品设计时，不仅要满足用户的物质功能要求，还要根据不同的产品的具体情况，切实考虑其精神功能的体现。

对于如农业机具等产品，其精神功能相对来说是比较次要的，一些与人的行为和视觉关系不密切的化工生产设备、工程机械等产品也一样。对于这类产品的设计，物质功能应是考虑的主要问题，精神功能一般不予过多重视。

3. 按用户的要求分类

按用户的要求，功能可分为必要功能和不必要功能。必要功能是指用户所需要并承认的功能。如果产品满足不了用户的需求，则说它的功能不足；反之，如果产品的功能中有些不是用户需要并承认的，则说它是不必要功能；如果有些功能超过了用户需要的范围，则说它是多余功能。我们进行功能分析的目的，就是要保证设计对象的必要功能，排除不必要功能和多余功能。

例如，目前大多数自行车上的车灯座，其功能是安放车灯，以供夜间骑驶照明之用。由于城市都有了路灯，交通管理部门早已取消了夜间骑驶要有车灯照明的规定，因此已无人再在自行车上安放车灯了。可是现在生产的供城市使用的自行车却仍然保留这个零件，这显然是不必要的。又如北京汽车厂生产的BJ212吉普车，如果在战场上使用，前后轴都能驱动便是必要的。但这种车现在多数是在城市公路上行驶，没有越野的需要，前轴的驱动功能就成了过剩功能，如果取消这个功能，既不影响使用，每辆车还可降低成本约2 000元。

产品设计中，过剩的功能较之不必要的功能存在的更为普遍，其表现有以下几个方面，应引起设计者的注意：

（1）不适当地加大安全系数；
（2）一般用途的产品采用承受高负荷的元件；
（3）采用的公差、粗糙度超过了产品适用性要求；
（4）在用户看不见的表面上，不惜工本地来提高表面质量；
（5）采用过高的寿命指标，导致机器构件尚未磨损到极限公差，而产品按其品种却已被淘汰；
（6）采用过分贵重的材料；
（7）坚持不合理的工艺要求，而不考虑产品的适用性。

产生不必要功能出现的原因是多方面的：片面追求尽善尽美，不惜工本；对用户的需要不完全了解；由于设计任务紧迫而未进行必要的计算和分析，以致采用了超过必要限度的设计规范；由于缺乏信息，未能充分利用已有的技术成就，技术标准，过分依靠了个人的经验；没有处理好形式与内容的关系，二者不够协调合理等。当然，有些消费者购买产品不精打细算，甚至宁要功能过剩的产品而不要功能适度的产品，这也助长了不必要功能的产生。

值得注意的是，从工业设计的角度来看，有些功能如果具有良好的精神审美以及象征、教育价值，对整个产品的基本功能的发挥具有重要作用，或者其体现出的精神功能是产品的重要要求时，我们就认为这是必要的，而不能仅仅从物质技术的角度来看待。

4. 按功能的内在联系分类

按功能的内在联系分类，可分为目的功能和手段功能（或者说是上位功能和下位功能）。目的功能表示任一功能的存在都有其特定目的。例如，洗衣机中洗衣系统的电动机，它的目的功能是为洗衣机提供动力。如果追问下去，可以发现，"提供动力"的目的是为了"传递力矩"，"传递力矩"的目的是为了"形成涡流"，"形成涡流"的目的是为了"洗净衣物"，而"洗净衣物"就是洗衣机存在的最终目的，即基本功能了。洗衣机中甩干系统的电动机的目的功能也是为了"提供动力"，"提供动力"的目的是为了"传递力矩"，"传递力矩"的目的是为了"甩去水分"，"甩去水分"的目的是为了"甩干衣物"，这就是洗衣机的辅助功能了。从这此例可以看出，产品中任何子功能的存在都有其特定目的，即目的功能，而最终的目的功能则是产品的基本功能或辅助功能。

但是，任何目的功能的实现都必须通过一定的手段，对实现目的功能起手段作用的功能称为手段功能。在上例中，"洗净衣物"是洗衣机的最终目的功能（也是基本功能），而"形成涡流"、"传递力矩"、"提供动力"均为各级的手段功能。因此，目的功能和手段功能是一种相对的概念，其关系可通过图3-7 清楚地表示出来。

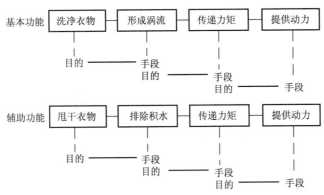

图 3-7 洗衣机的目的功能与手段功能

总之，在产品设计中，我们应该以基本功能为基础，满足必要功能的要求，达到物质功能的目标，同时把精神功能和辅助功能放在重要地位上加以充分研究，尤其是审美功能，它作为产品设计的重要目标，应给予足够的重视。

三、功能整理

所谓功能整理，是指用系统的思想，分析各功能间的内在联系，按照功能的逻辑体系编制功能关系图（关联树图），以掌握必要功能，发现和消除不必要功能，并为"功能技术矩阵"的构造提供功能组成链。

如前所述，在设计对象的许多功能之间，存在着上下关系和并列关系。功能的上下关系是指在一个功能系统中，功能之间是目的与手段的关系（即目的功能与手段功能）。任何一个功能都有它的目的，也有为实现这个目的所采用的手段。而且功能之间的目的与手段的关系只是相对而言的。A 功能是 B 功能的目的，B 功能是实现 A 功能的手段，但 B 功能又可能是 C 功能的目的，C 功能又是实现 B 功能的手段。我们把目的功能称为上位功能，把手段功能称为下位功能。对于一个功能提问"它的目的是什么"时，就可以找出它的上位功能；提问"实现它的手段是什么"时，就可以找出它的下位功能。

功能的并列关系是指在复杂的功能系统中，为了实现同一目的功能，需要有两个以上的手段功能，即对于同一上位功能，存在着两个以上并列的下位功能。这样的两个以上的功能之间，就是并列关系。这些并列的功能各自形成一个子系统，构成一个功能区域，称之为"功能领域"。

按照上述目的与手段，上位与下位的功能关系，以及功能之间的并列关系建立起的设计对象的功能体系，就是所谓的逻辑功能体系，用图形表示，就成为"功能系统图"。这如图 3-8 所示，其中 G_0 为设计对象的最上位功能，可称为一级功能；G_1、G_2、G_3 是 G_0 的下位功能，是并列的二级功能；G_{11}~G_{32} 等是并列的三级功能。同时 G_1 与 G_{11}、G_{12}、G_{13} 组成一个功能领域，G_2 和 G_3 也与其相应的下位功能组成各自的功能领域。

在现代设计中，设计对象及其构成要素所定义的功能数很多，尤其是复杂

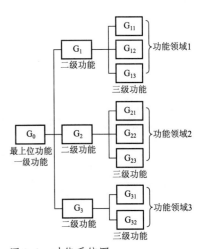

图 3-8 功能系统图

的大系统设计，其功能数目更为可观，因而进行功能整理是比较困难的。为了能应付广泛的设计问题，就必须有功能整理的良好方法。目前国内外对功能整理已研究出一种普遍的方法，称为功能分析系统技术，现对其基本步骤加以介绍。

1. 编制功能卡片

把设计对象及其构成要素的所有功能一一编制成卡片，每张卡片记载一个功能。功能卡片的形式如表3-2所示。

表3-2 功能卡片

要素名称		备注
功　　能		

2. 选出基本功能和辅助功能

当功能卡片数量很大时，为方便起见，首先抽出基本功能，只连接基本功能的相互关系，由此搭成功能系统图的主要骨架，然后再连接辅助功能的系统图。

3. 明确功能间的上下、并列关系

第一步，可以从已抽出的基本功能卡片中任取一张，通过提问："它的目的是什么"、"实现它的手段是什么"，来找出它们的上下位功能，并将其上位功能摆放在它的左面，下位功能摆放在它的右面。这样继续分别向左和向右提问，并摆设下去，就能找到最终的目的功能和最终的手段功能，从而形成功能系统的骨架。在这个过程中，可能会发现功能定义遗漏或表达不当的功能，此时应追加或修改功能卡片。第二步，对剩下的辅助功能的卡片提问"它的目的是什么"、"实现它的手段是什么"，进而明确它的上、下位功能，并分别排列在相应的位置上。

4. 作功能系统图（关联树图）

根据以上确定的功能之间的上下、并列关系，把上位功能画在左边、下位功能画在右边，并列关系的功能并列排放，从而就可画出如图3-8所示的功能系统图（关联树图）。

以上就是功能整理的基本过程。但在功能整理之前，首先是要明确设计对象的总体功能及各构成要素（零部件等）的功能，否则，功能整理就成了无米之炊。而要解决这个问题却不是一件简单的事情。发现或创造一种功能本身也是一种设计过程，为此，往往要用到创造性方法及一些其他方法。也可以通过追寻最上位功能的下位功能的方法把整个功能系统的内容罗列出来，并在随后的功能整理过程中不断加以充实来完成。

功能系统图是设计对象抽象化的表述，实现了从以设计对象具体结构为中心的构思，转变为以功能为中心的思考，为功能论方法的展开创造了条件。为了作出准确无误的功能系统图，以便建立"功能技术矩阵"，我们可从以下几方面提问检核：

（1）是否把所下定义的功能都进行了分类？是否区分出基本功能和辅助功能？

（2）每个功能的目的是否明确？

（3）各功能用什么手段来实现？

（4）是否有相互不明确的功能？

(5) 是否有因遗漏了某功能，而找不到目的功能或手段功能的情况？
(6) 是否有不必要的功能？
(7) 有没有受到已下定义的功能的束缚而勉强与其他功能相联系的情况？

图 3-9 是洗衣机的功能系统图（关联树图）它是按上述方法定义和整理而得到的（限于篇幅详细过程略）。如果进一步用"黑箱"的方法解析，可得到如图 3-10 所示的功能结构关系，这里考虑了物料流、能量流和信号流的情况。但在功能论设计方法的实际应用上一般可以先不必考虑物料流、能量流和信号流的结合，而把重点放在总功能与分功能的逻辑关系及总功能分解的合理性上，此外，这么做的结果也意味着简化和形象化。

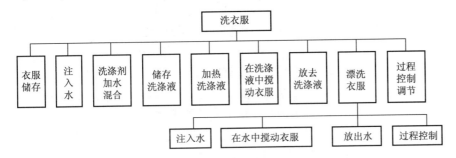

图 3-9 洗衣机的功能系统图（关联树图）

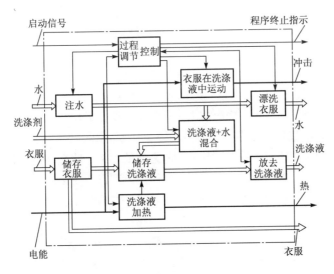

图 3-10 洗衣机的功能结构

§3-4 方案设计

通过前面的功能分析，我们对设计对象的总功能及分解后的分功能有了较深入的认识，其功能系统的基本构造和特点已经明确，亦即使我们已抽象化、概念化地把握了设计对象。接下来的工作是按照一定方法寻找实现每个分功能的技术途径。如果功能分解的程度合适，其实现的技术途径是不难找到的。各分功能解法的组合就是设计的原理方案。

一、分功能求解

分功能的求解是功能论设计方法的关键问题。如果对于每个分功能已经有诸如增速器、减速器、功率放大器、电器开关元件等之类的通用的、常用的或标准化的元部件可供选用，那就是最简单的情况。但是大多数情况是这样的，虽然一部分分功能已有现成可选用的元部件，而其余的分功能则还需要探索解决办法的原理。这些原理通常为物理作用原理，具有将给定的输入量转变为所属的输出量的特性，如能量类型、运动型式的转换、物态、材料性质的转变、信号种类的转换等。可用的物理原理（效应）很多，如力学原理（重力、弹性力、惯性力、摩擦力、离心力等）、流体效应（流体动压、毛细管效应、虹吸效应、负压效应等）、电力效应（电动力学、静电、电感、电容、压电等）、磁效应、光效应（反射、衍射、干涉、偏振、激光等）、热力学效应（膨胀、传导、储存等）、核效应（辐射、同位素等）等。物理学中的原理是一种抽象的普遍的现象及其规律。将物理学原理通过一定的结构方式在工程技术上加以利用，就是所谓的技术物理效应。例如，力平衡是物理原理，而根据力平衡原理所导出的杠杆、滑轮等就属于技术物理效应。

同一种技术物理效应可以实现多种功能，例如杠杆效应可实现力的放大、缩小及换向。同一种功能有时也可能由几种技术物理效应来实现，如移动液体，可利用重力、离心力、压缩、脉冲等多种效应来实现。通常的情况是，能满足功能要求的原理方案（技术物理效应，物理原理等）是很多的，有些是设计者所熟悉的，有些则不为设计者所熟悉。为了开阔思路，以便选择出最佳的原理方案，借鉴汇集前人经验的设计手册、设计原理方案目录一类的技术资料是十分有益的，尤其是在有特别要求或复杂的设计对象的情况下，凭经验和一般的知识不能解决问题时。

在探寻解决各项分功能的解法方案（技术物理效应）时，应注意：

（1）充分考虑设计任务要求的有关要求，如已要求采用机械传动，就不必考虑液压、电磁等方面的技术物理效应，这是显而易见的。

（2）不仅针对某项具体的分功能，还要兼顾到设计的全局，充分考虑到该分功能在总功能中的作用及分功能之间的关系。若有可能，应考虑将几个分功能用同一技术物理效应来实现，从而使原理方案简化。

（3）对一种分功能相应地提出多种技术物理效应，以便在方案构思和评价筛选时有较大的选择余地，同时也应注意其先进性。

分功能的求解属于技术探索的范畴，不同的问题需要不同的专业技术知识和经验，需要相关专业的技术人员的协调配合，这点是非常重要的。虽然有设计目录之类的工具可以借鉴，但更需要设计者充分发挥创造性思维，利用一些创新技法来提高设计水平和工作效率，如头脑风暴法、联想法、类比法、检核目录法等。

二、建立功能技术矩阵

当设计对象的每项分功能都找到一定数量的、较为有效的解决途径（技术物理效应等）之后，就可以组合各种途径来形成实现总功能的原理方案了。功能技术途径（或称形态学矩阵、形态学箱、模幅箱等）是一种简便有效的工具，有利于直观、系统地进行方案组合。所谓的功能技术矩阵实际上就是一种表格，如表3-3所示。其中，功能栏内的$G(1)$、$G(2)$…$G(I)$…$G(M)$分别代表各项分功能；技术途径栏内$J_1(1)$、$J_2(2)$…$J_1(N)$则代表功能$G(1)$的实现途径，以此类推。当某项分功能实现的技术途径数不足N时以0

代之。

表3-3 功能技术矩阵

功能	技术途径					
G(1)	$J_1(1)$	$J_1(2)$	...	$J_1(J)$	...	$J_1(N)$
G(2)	$J_2(1)$	$J_2(2)$	...	$J_2(J)$	...	$J_2(N)$
...	...	...	⋮	...		...
G(I)	$J_I(1)$	$J_I(2)$	...	$J_I(J)$		$J_I(N)$
...	...	...	⋮	...	⋮	⋮
G(M)	$J_M(1)$	$J_M(2)$	...	$J_M(J)$	...	$J_M(N)$

三、原理方案的组合和选择

显然，从功能技术矩阵中，针对每个分功能的技术途径，任选其一，组合在一起就是总功能的原理方案，如表3-4所示。这样的组合方案的数量是比较大的，其可能的数量数为N^m。当然，事实上没有必要对其逐一进行检验，对于复杂的设计由于方案数巨大，也不可能逐一检验。因此，在总的原理方案的组合筛选过程中要加以分析判断，可主要考虑两方面的问题：

（1）各分功能的原理方案之间在物理原理上的相容性鉴别，这可以从功能结构中的能量流、物料流、信号流能否不受干扰地连续流过以及分功能原理方案在几何学、运动学上是否有矛盾来进行直觉判断，从而剔除那些不相容的组合方案。

表3-4 用功能技术矩阵组合方案

功能	技术途径					
G(1)	$J_1(1)$	$J_1(2)$	...	$J_1(J)$	...	$J_1(N)$
G(2)	$J_2(1)$	$J_2(2)$	...	$J_2(J)$	...	$J_2(N)$
⋮	⋮	⋮	⋮	⋮	⋮	⋮
G(I)	$J_I(1)$	$J_I(2)$	...	$J_I(J)$	...	$J_I(N)$
⋮	⋮	⋮	⋮	⋮	⋮	⋮
G(M)	$J_M(1)$	$J_M(2)$	...	$J_M(J)$	...	$J_M(N)$
		原理方案1				原理方案2

（2）从技术、经济的角度，剔除显然有问题的方案，初步挑选出若干较有希望的方案。

把握住以上两个方面，设计者可以凭借自己的经验，借鉴现有类似设计和前期工作中的一些分析、判断等，用直觉思维的方法，在为数众多的可能的原理方案组合中挑选出一些较好的组合。通过功能技术矩阵可方便地得到许多方案组合，这是系统化方法的优点，它给设计者展现了广阔的选择范围。但同时也提出了新的问题，即如何既避免遗漏较好的方案，又便于方案的检验和判别。常用的方法是相容性矩阵法和选择表法。表3-5为一个相容性矩阵的示例。其中的行与列代表功能G(1)和G(2)的技术物理效应，由表可知A3、B1、D1是相容的，A1、B3、C1、C3是有条件的相容，其余组合为不相容。选择表法就是按以下标准对每个组合方案加以判定，都能满足则可行，否则就应剔除：

表 3-5 功能 1 和功能 2 的相容性分析

功能 2 \ 功能 1		电动机	摆动油缸	热水中双金属螺旋管	液力活塞
		1	2	3	4
四杆机构	A	可以（当四杆机构可回转时）	否 运动过缓	可以	否
圆柱齿轮传动	B	可以	否 运动过缓 反向转动困难	可以（转角要与齿节相应）	否
槽轮机构	C	可以（在普通槽轮机构中考虑了返回时）	否 同上	可以（间歇转角较小时）	否
盘形摩擦轮传动	D	可以	否 同上	否 传动扭矩所需力过大	否

(1) 能否满足技术指标要求？
(2) 技术上是否先进？有否前途？
(3) 技术上能否容易实现？
(4) 是否较现有同类产品更有特点和创造性？
(5) 成本上是否可行？
(6) 宜人性上有无问题？是否优异？
(7) 原理是否可靠、简明？
(8) 在材料供应、制造方法、专利和标准方面是否可行？
(9) 如采用此方案，产品在重量、体积、外观、维修、使用成本等方面是否有较好的结果？
(10) 安装、运输方面有无问题？
(11) 社会效益如何？
(12) 其他。

当然为简明起见可以用表格的形式以记号来记录判断的结果，如符号要求记为"+"，不符合要求记为"-"，由于信息量不足无法判定记为"?"，等等。

此外，利用功能技术矩阵，我们还可以进一步研究、分析相关问题，如功能序列重要性系数评定、技术途径的综合分析（工期优异性系数、寿命优异性系数、适应性优异性系数、成本优异性系数等）。分析的方法有直接评分法；0，1 评分法；0，4 评分法和多比列评分法等（参考 §9-3 设计评价方法），一般需多位相关专家参与。这些分析有助于系统比较各方案的优劣，适于较复杂的设计对象。

四、结构方案的变型

功能原理方案，只是各分功能技术物理效应的抽象组合，其具体化程度很低，暂时还只能定性地概括其相互联系。因此，必须把原理方案落实到功能载体上。功能载体是实体，是能起某种功能作用的零件、部件、机构等。

在功能载体的具体设计中，结构设计是重要内容之一，并可按系统化方法变型,探求多种结构方案。结构方案设计的思路是:从定性到定量:定性构形、选材料,再定量确定零件尺寸;从局部到整体:功能面构形后组合为零件,通过零件间的连接或相对运动构成部件。结构设计的变型方法有功能面变型、连接变型、功能运动变型及材料变型等。

1. 功能面变型

功能面是零件中完成主要功能作用的面,如传递力或扭矩的传力面,相对运动面等。

功能面可按其形状、大小、数目、位置等要素加以变型。如曲柄、连杆之间的铰销连接,当销孔尺寸由小变大,即可形成许多不同的形式,直至变为偏心轮机构。图3-11是由功能面变型得到的不同轴毂连接方案的示例。

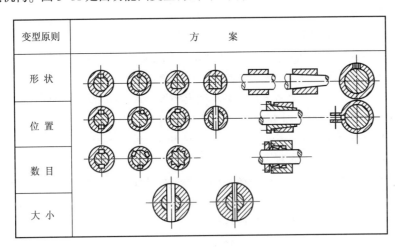

图3-11 轴毂连接变型

2. 连接变型

相对静止零件之间传递力的形式称为连接。可按拆卸特点(可拆或不可拆)及锁合原理对连接进行分类和变型,如表3-6所示。

表3-6 连接的变型

拆卸特点 \ 锁合原理	形锁合	力锁合	材料锁合
可 拆	螺纹连接 销连接 平键连接 成形连接	紧螺栓连接 斜键连接 楔连接 紧固螺钉	(粘接)
不可拆	铆 接 塑变连接	过盈配合连接	焊 接 粘 接

根据受力时维持零件间相对静止的锁合原理,可分为形锁合、力锁合和材料锁合三类。形锁合是利用零件间的形状关系产生锁合力;力锁合是利用零件间的相互作用力(摩擦力、磁力等)产生锁合力;材料锁合是利用附加材料产生的锁合力。

3. 功能运动变型

在实现功能的过程中,功能面或功能体之间有功能运动。功能运动可按其类型（移动、转动、复杂运动）、性质（均匀、不均匀、连续、断续）、方向（单向、往复）、数目（一个运动或多个运动合成）、大小（速度高低）等加以变型。

4. 材料变型

根据工作要求，可选用各种金属、非金属材料，固体、液体或气体材料。不同的材料将影响结构方案的形成，如铸钢、铸铁、铸铝同为铸件，但其结构各有特点。

通过以上几类变型可拓展我们在原理方案具体化、结构化时的思路，形成多种结构方案以供选择。

五、造型设计

1. 功能结构的整合

产品各功能的实现途径结构化或实体化之后，就得到一系列的零件和部件。这些零件和部件又可根据需要和有关条件而结合成更大的部件，直至构成整个产品。此时，产品各分功能在空间上集聚，形成一个个功能集合；实现各分功能的零件和部件也因此形成空间上的聚拢和体积上的结合，形成一个功能载体的集合。这种汇聚过程称之为功能和结构的"整合"，即功能及其载体向整体化方向发展的过程。

功能和结构的整合一般是产品形成的必然过程，其主要原因是功能联结的需要和节省空间的需要，也包括控制、操作、维护等使用的需要。如洗衣机的电路控制器件和操作件大都集中在面板上，这种聚拢就是为了功能联结，节省空间，方便制造与便于操作等需要。总之，功能结构的整合是产品设计中应注意到的基本规律。

对于设计师来说，为适应这种要求，要与有关人员密切合作，积极探索各功能载体整合的特点，按可行、有利的原则，把整个产品在空间实体上作适宜的划分，并明确各部分之间相对位置和方向变化的限制条件，为确定造型单元做准备。

2. 造型单元的确定

通过功能结构的整合，产品被划分成若干相对独立的部分，即整合部分及其联结结构。通过包容性的分析，可以把这些部分确定为若干造型单元。

包容是指整合部分或其联结结构成为更大的整合部分的一个内部元素，或被产品的壳体或其他实体结构所包围。也就是说，被包容的部分是隐结构，在产品的外观形体上不显示其存在。反之，未被包容的或包容其他部分的整体，就是显结构，它的存在在产品上通过其空间或体积表现出来，成为视觉对象。

当然，显隐之分对于整合体来说也不是确定不变的。通过技术的或造型的手段，有时可以使显结构变为隐结构，反之亦然，关键是设计的需要和技术的要求。例如，机床的丝杆，即可以在某产品上是"显"的，也可以在另一种产品设计中为"隐"的，即如采用遮护装置后。又如，手表的齿轮系统一般都是隐结构，但有一种设计却把其变为显结构，作为手表造型的重点。因此，确定整合体及结构元素的隐或显，也是产品设计构思的重要组成部分。

显结构能对人的视觉起作用，是造型构思的素材。所有显结构的集合就构成了产品的造型单元。图 3-12 是真空吸尘器的造型单元及造型单元的组合变化方案的示意图。

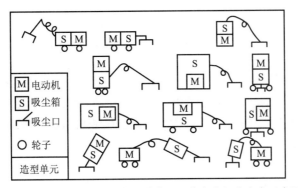

图 3-12　真空吸尘器的造型单元及其变化组合方案示意图

3. 造型单元的变化与组合

造型单元其实是形状和体积等形式因素尚未完全确定的一种模糊实体，具有很大的可塑性。在产品造型设计阶段，要对造型单元进行配置组合和形体变化，按照一定的设计思想和意图，逐渐地把造型单元的形态及其相互配置关系，以及一些其他造型因素确定下来，形成产品外观造型设计方案。

一般说，对产品造型单元加以变化可从以下几方面进行。

(1) 造型单元数目的变化；
(2) 体量大小的变化；
(3) 表面肌理及装饰、分割的变化；
(4) 方向和位置的变化；
(5) 比例和形态的变化；
(6) 表面曲率的变化；
(7) 形体线型的变化；
(8) 形体分割和添加的变化；
(9) 材质及色彩的变化，等等。

造型单元的变化是产品造型设计存在的条件，没有变化的可能，也就没有造型设计构思的发挥。因此，要充分掌握对造型单元进行系统地变化的方法。

各造型单元，除了在形态、色彩、装饰等方面可以无限地变化以外，各造型单元间的结合形式与组合配置方式也是千变万化的，可以在一维、二维及三维的空间上形成无数种排列组合方案。造型单元的组合一般方式有四种。

(1) 一维空间上的组合变化；
(2) 二维空间上的组合变化；
(3) 三维空间上的组合变化；
(4) 四维空间（加上一个时间坐标）上的组合变化。

利用造型单元变化与组合的系统化展开方法，可构思出产品造型设计的一系列初步方案，通过多方面的综合评价，选择若干较有前途的构思再进行深入细致的研究，就能从中确定出优秀的造型设计方案来。在造型单元的变化与组合时，应该注意各种约束条件和实际要求，如哪些造型单元在体积、位置上有所限制，哪些造型单元间是固定的搭配方式或相对的配置形式等，不能是漫无目标地随意展开。设计中根据一般的技术要求和有关知识，明确有哪些限制，在合乎要求的范围内进行变化和组合的构思，既现实可行又能节省设计工作量，以有利于精力集中地进行创造构思。

§3-5 功能价值分析

功能价值分析，实质上就是价值工程。价值工程（Value Engineering）是一门相对独立的学科，我们在此并不是要全面介绍这一学科，而只是从产品设计的角度，介绍有关的概念和方法，讨论其在产品设计中的应用，由此来完善和丰富有关功能论的内容。

一、价值工程简介

价值工程是一种技术和经济相结合的分析方法。这种方法起源于20世纪40年代的美国，是由美国通用电气公司设计工程师 L·D 麦尔斯（Lawrence.D.Miles）在实践中总结出来的。它研究功能与成本之间的关系，寻找功能与成本之间最佳的对应配比，以尽量小的代价取得尽可能大的经济效益和社会效益。提高设计对象的价值，这是价值工程的根本任务和最终目的。因此，价值工程可定义为以提高实用价值为目的，以功能分析为核心，以开发集体智力资源为基础，以科学的分析方法为工具，用最少的成本去实现必要的功能的一种设计分析方法，它是功能论方法的重要一环。

价值工程既是一种设计方法，又是一门管理技术，因此在与设计有关的许多方面，都有其重要的用途。价值工程不仅可用于新产品的创造，也可用于对已有产品和现有设计方案的分析和评价。在创造性设计中应用时，人们常称之为价值工程，而在分析、评估中应用时，人们常称之为价值分析。

二、国家标准"价值工程基本术语和一般工作程序"（摘录于 GB 8223—1987）

1. 主题内容与适用范围

本标准规定了价值工程的基本术语、定义和一般工作程序。

本标准适用于价值工程活动。

2. 总则

2.1 价值工程

价值工程是通过各相关领域的协作，对所研究对象的功能与费用进行系统分析，不断创新，旨在提高所研究对象价值的思想方法和管理技术。

2.2 价值工程的目的

价值工程的目的是以对象的最低寿命周期成本可靠地实现使用者所需功能，以获取最佳的综合效益。

2.3 价值工程的对象

凡为获取功能而发生费用的事物，均可作为价值工程的对象，如产品、工艺、工程、服务或它们的组成部分等。

2.4 价值工程的主要特点

价值工程的主要特点是：

a 以使用者的功能需求为出发点；

b 对所研究对象进行功能分析，并系统研究功能与成本之间的关系；

c 致力于提高价值的创造性活动；

d 应有组织有计划地按一定的工作程序进行。

3. 术语

3.1 价值工程 Value engineering

见2.1条。

3.2 功能 Function

3.2.1 功能 Function

对象能够满足某种需求的一种属性。

3.2.1.1 使用功能 Use function

对象所具有的与技术经济用途直接有关的功能。

3.2.1.2 品位功能 Esteem function

与使用者的精神感觉、主观意识有关的功能。如贵重功能、美学功能、外观功能、欣赏功能等。

3.2.1.3 基本功能 Basic function

与对象的主要目的直接有关的功能，是对象存在的主要理由。

3.2.1.4 辅助功能 Supporting function

为更好实现基本功能服务的功能。

3.2.1.5 必要功能 Necessary function

为满足使用者的需求而必须具备的功能。

3.2.1.6 不必要功能 Unnecessary function

对象所具有的、与满足使用者的需求无关的功能。

3.2.1.7 不足功能 Insufficient function

对象尚未满足使用者的需求的必要功能。

3.2.1.8 过剩功能 Plethoric function

对象所具有的、超过使用者的需求的必要功能。

3.2.2 功能特性 Function characteristics

对功能的定性定量的描述。

3.2.3 功能系统图（功能分析系统图） Functional analysis systems technique diagram

3.2.3.1 功能系统图（功能分析系统图） Functional analysis systems technique diagram

表示对象功能得以实现的功能逻辑关系的图。

3.2.3.2 上位功能和下位功能 Higher level function and lower level function

功能系统图中，两个功能直接相连时，如果一个功能是另一个功能的目的，并且另一个功能是这个功能的手段，则把作为目的的功能称为上位功能，作为手段的功能称为下位功能。

3.2.3.3 同位功能 Same lever function

功能系统图中，与同一上位功能相连的若干下位功能。

3.2.3.4 总功能 General function

功能系统图中，仅为上位功能的功能。

3.2.3.5 末位功能 Lowest level function

功能系统图中，仅为下位功能的功能。

3.2.3.6 功能区域 Function area

功能系统图中，任何一个功能及其各级下位功能的组合。

3.3 成本 Cost

3.3.1 寿命周期成本 Life cycle cost

从对象的研究、形成到退出使用所需的全部费用。

3.3.2 功能成本 Function cost

按功能计算的全部费用。

3.3.2.1 功能目前成本 Functional present cost

对象现有的功能成本。

3.3.2.2 功能目标成本 Target cost of function

为功能设立的成本的目标值。

3.4 价值 Value

对象所具有的功能与获得该功能的全部费用之比。

4. 一般工作程序

价值工程的一般工作程序见表3-7所列。

表3-7 价值工程的一般工作程序

阶 段	步 骤	说 明
准备阶段	1. 对象选择	见 4.1.1
	2. 组成价值工程工作小组	见 4.1.2
	3. 制订工作计划	见 4.1.3
分析阶段	4. 收集整理信息资料	见 4.2.1
	5. 功能系统分析	见 4.2.2
	6. 功能评价	见 4.2.3
创新阶段	7. 方案创新	见 4.3.1
	8. 方案评价	见 4.3.2
	9. 提案编写	见 4.3.3
实施阶段	10. 审批	见 4.4.1
	11. 实施与检查	见 4.4.2
	12. 成果鉴定	见 4.4.3

4.1 准备阶段

4.1.1 对象选择

根据客观需要，选择价值工程的对象并明确目标、限制条件和分析范围。

4.1.2 组成价值工程工作小组

根据不同的价值工程对象，确定工作人数，组成工作小组。

价值工程工作小组的构成应考虑：

a 工作小组的负责人应由能对项目负责的人员担任；

b 工作小组的成员应当是各有关方面熟悉所研究对象的专业人员；

c 工作小组的成员应该思想活跃，具有创造精神；

d 工作小组的成员应该熟悉价值工程；

e 工作小组的成员一般在十人左右。

4.1.3 制订工作计划

工作小组应制订具体的工作计划，包括具体执行人、执行日期、工作目标等。

4.2 分析阶段

4.2.1 收集整理信息资料

由工作小组负责收集整理与对象有关的一切信息资料，收集整理信息资料的工作贯穿于价值工程的全过程。

4.2.2 功能系统分析

通过分析信息资料，用动词和名词的组合简明正确地表述各对象的功能，明确功能特性要求，并绘制功能系统图。

4.2.3 功能评价

4.2.3.1 改进原有对象，需做如下工作：

a 用某种数量形式表述原有对象各功能的大小；

b 求出原有对象的各功能目前成本；

c 依据对功能大小与功能目前成本之间关系的研究，确定应当在哪些功能区域改进原有对象，并确定功能目标成本。

4.2.3.2 创造新对象，应确定功能的功能目标成本，作为创新、设计的评价依据。

4.3 创新阶段

4.3.1 方案创新

针对应改进的具体目标，依据已建立的功能系统图、功能特性和功能目标成本，通过创造性的思维和活动，提出各种不同的实现功能的方案。

4.3.2 方案评价

从技术、经济和社会等方面评价所提出的各种方案，看其是否能实现规定的目标，然后从中选择最佳方案。

4.3.3 提案编写

将选出的方案及有关的技术经济资料和预测的效益编写成正式的提案。

4.4 实施阶段

4.4.1 审批

主管部门应对提案组织审查，并由负责人根据审查结果签署是否实施的意见。

4.4.2 实施与检查

根据具体条件及提案内容，制订实施计划，组织实施，并指定专人在实施过程中跟踪检查，记录全过程的有关数据资料。必要时，可再次召集价值工程工作小组提出新的方案。

4.4.3 成果鉴定

根据提案实施后的技术经济效果，进行成果鉴定。

三、价值分析

在价值工程中，产品的价值是指产品所具有的功能与取得该功能所需成本的比值，即

$$V = F/C$$

式中，V——产品的价值；

F——产品具有的功能；

C——取得产品功能所耗费的成本。

由此定义可见，价值的概念实际上与我们常说的经济效果的概念是近义

的。经济效果和价值均是比较的概念,所表示的意思都是衡量付出的代价与获得的效果是"值得"还是"不值得"。"值得"表示产品的价值高或者经济效果好,"不值得"表示产品的价值低,或者经济效果差。

在上述价值公式中,分子 F(功能)是个使用价值的概念,而分母 C(成本)则是可用货币量表示的,因此二者不能直接进行计算。为了解决这个矛盾,必须使 F 也能用货币表示。通常的做法是,用实现 F 的理想最小费用,或者社会最小成本来代表 F 的数值。这样,分子 F 表示为最小理想成本,或者表示为采用最新技术及其他改进措施后可能达到的最低成本。分母 C 是改进前实现该功能的现状(实际)成本。于是,V 就可以计算出来了。

V 值的大小可以作为衡量功能与成本关系的标准。当 $V=1$ 时,表示以最低成本实现了相应的功能,两者的比例是合适的。当 $V<1$ 时,表示实现相应的功能付出了较大或过大的成本,两者的比例是不合适的,应该改进。

根据产品价值公式,可以推断,在产品设计中提高产品价值的途径有如表3-8 所列的 5 种原型和 7 种变型。从表中可见,价值分析既不能只顾提高产品的功能,也不能单纯降低产品的成本,而是应把功能与成本即技术与经济作为一个系统来加以研究,以求实现系统的最优组合。因此,最好的方法应是系统分析,综合考虑,辩证优选。

表 3-8 提高产品价值的途径

序号	类 型	序号	变 型
1	$\dfrac{F\uparrow}{C\rightarrow}=V\uparrow$	①	$\dfrac{F\uparrow\uparrow}{C\rightarrow}=V\uparrow\uparrow$
2	$\dfrac{F\rightarrow}{C\downarrow}=V\uparrow$	②	$\dfrac{F\uparrow}{C\rightarrow}=V\uparrow$
3	$\dfrac{F\uparrow}{C\downarrow}=V\uparrow$	③	$\dfrac{F\rightarrow}{C\downarrow\downarrow}=V\uparrow\uparrow$
4	$\dfrac{F\uparrow\uparrow}{C\uparrow}=V\uparrow$	④	$\dfrac{F\rightarrow}{C\downarrow}=V\uparrow$
5	$\dfrac{F\downarrow}{C\downarrow\downarrow}=V\uparrow$	⑤	$\dfrac{F\uparrow\uparrow}{C\downarrow}=V\uparrow\uparrow$
		⑥	$\dfrac{F\uparrow}{C\downarrow}=V\uparrow$
		⑦	$\dfrac{F\uparrow\uparrow}{C\downarrow\downarrow}=V\uparrow\uparrow\uparrow$

注:↑表示增大,↑↑表示增大较多,→表示不变,↑↑↑表示增大很多,↓表示减小,↓↓表示减小较多

四、价值分析对象的选择

凡为获取功能而发生费用的事物,均可作为价值分析的对象,如产品、工艺、工程、服务或它们的组成部分。但在设计实践中,由于受到时间和精力等的限制,不可能也没有必要对所有设计对象或一个设计对象的所有零部件都进行价值分析。因此,在进行价值分析之前,首先要选择好分析的对象,以保证以最小的投入获得最大的效果,这本身也是符合价值分析原则的。当然,这并不是说价值分析的基本思想不贯穿在所有的设计工作中,在任何设计中,都应牢固树立提高功能成本比的思想。选择价值分析对象的原则和范围大致有以下

十多个方面。

(1) 从投资大、涉及面广的重大科技开发项目中去选择；
(2) 从量大面广、耗能大、能量转换效率低的科技开发项目中去选择；
(3) 从污染严重、威胁人民生命安全、严重破坏生态平衡的科技开发项目中去选择；
(4) 从改革出口商品结构中能推向国际市场，而不影响本国民生的产品中去选择，为逐步占领国际市场创造条件；
(5) 从国内实际情况出发，发展一批以劳力密集为基础的科技开发项目中去选择；
(6) 从满足人民日益增长的物质和文化生活水平的需要的科技开发项目中去选择；
(7) 从各种新设计、新工艺、新材料、新技术的科技开发项目中去选择；
(8) 从使用频繁，与人们生活关系密切的项目中去选择；
(9) 从设计质量差，改进余地大的老产品入手，创新设计，提高效果；
(10) 从结构复杂、零部件多、体积大、分量重、安全系数过大的产品中选择；
(11) 从成本高的现有产品中选择；
(12) 从用户反映差的产品中选择；
(13) 从销售量大，影响广的产品中选择，等等。

五、其他国家的价值分析的工作程序

表3-9和表3-10列出了日本某大学和英国提出的标准程序。

表3-9　日本某大学提出的价值分析程序

决策程序	设计程序	价值分析实施步骤		价值分析提问
		麦尔斯步骤	产业能率大学程序	
分析	对功能的要求事项下定义	功能定义	1. 选定项目	这是什么？
			2. 收集情报	
			3. 功能定义	功能是什么？（干什么的？）
			4. 功能整理	
	规定评价标准（功能要求的实现程度）	功能分析	5. 分析功能成本	功能成本是什么？
			6. 功能评价	它的价值是多少？
			7. 选定对象范围	
综合		制定改进方案	8. 创造	有无更好的功能方式？
评介	评价各方案，确定最优方案		9. 初步评价	新方案的成本是多少？
			10. 具体化调查验证	新方案能否满足功能要求？
			11. 详细评价	
	书面化		12. 制定改进方案	新方案能否满足功能要求？

表 3-10 英国的价值分析工作程序

开展价值工程的 12 个步骤	价值分析使用的 12 个问题
1. 选择要分析的产品	1. 它是什么
2. 计算出产品的成本	2. 它值多少钱
3. 记录零部件的数目	3. 零件有多少个
4. 记录全部功能（功能定义）	4. 它能做什么（功能是什么）
5. 记录目前和预计以后要投入的力量	5. 还需什么功能？投入多少费用
6. 确定主要功能	6. 哪个是它的主要功能
7. 列出能实现主要功能的各种方案	7. 客观上还存在什么功能
8. 估算可供选择方案的成本	8. 那要花多少钱
9. 考察其中 3 个成本最低的方案	9. 3 个方案的"使用价值"和"成本"的差别在哪里
10. 决定哪个方案值得继续发展	10. 哪些方案应当继续发展
11. 看看还应该增加哪些功能检查第 4 步并制定检核表	11. 还必须增加哪些功能与规格
12. 确保通过价值工程设计的新产品能被接受	12. 为推行这个提案，并排除现时的障碍应怎么办

六、价值工程在产品设计中的应用概述

在产品设计中，由于缺乏对产品的功能价值分析，往往使产品存在许多明显的或潜在的问题，这会影响产品功能的正常发挥，也使设计水平难以真正全面地提高。概括地说，在产品设计中常会出现的问题有 4 个方面。

（1）对用户需要哪些功能研究不够，使产品或者功能过剩，或者不足。

（2）对产品的制造成本关心不够，使产品价格过高，失去消费者。

（3）对用户使用产品过程中所花费的使用成本重视不够。

（4）对产品设计方案的评价没能从技术、经济、社会、人因、审美等多方面综合进行，常常造成大方向上的失误。

因此，加强在产品设计时的功能价值分析是十分必要的。下面简要讨论价值工程在产品设计应用中的一些问题。

1. 价值工程在产品设计中的应用范围

概括地说，功能价值分析在产品设计中的应用主要是两个方面。

（1）对老产品的改革和挖潜：对于一些老产品，由于历史等原因，在设计时没有充分考虑产品的功能成本比，设计上可能也存在一些已经发现的失误，其价值数不高，即具有一定的改造潜力。运用价值工程的基本思想和方法，对老产品进行全面的分析、评价，从结构、材料、工艺、造型、管理等多方面探讨降低成本的途径，并注意对其功能系统加以分析和整理，克服功能不足或功能过剩两种错误，从而使产品的价值达到理想水平。同时，还要十分注意不受纯技术、经济观点的束缚，通过对产品造型审美及社会效益的分析，在不过多增加成本的前提下（甚至保持或降低现有成本值）实现产品造型的改良，提高产品的水平，并适应时代发展的要求。

（2）新产品的创造：产品的开发，涉及的是一些新的问题和新的情况。对待新的条件和要求，产品设计若仅依靠传统的、主观性的设计思想和方法，往往难以避免各种失误，使设计水平难以提高。因此，必须用现代的科学的设计方法指导设计过程，有目的、有系统地达到设计的高标准。价值工程是一种有效的设计分析方法，运用它对新产品的设计开发进行全面的指导，将十分有助

于提高产品的生命力和竞争力，使产品设计真正适应社会的需要和时代特点，增加产品设计的成功率，提高设计的理性水平。

2. 价值工程在产品设计中应用的一般步骤

除了应用前面介绍的程序对产品设计方案进行全面系统的综合分析之外，在实际设计中，设计者有意识地注意功能价值问题，并按以下的步骤进行检核和改进设计方案，一般来说也能有效地提高设计水平，减少设计在功能价值方面的失误和不足。

（1）选择分析对象（既可以是局部，也可以是整体性的，视具体产品和时间、精力、财力等条件而定）。

（2）收集与设计有关的资料（包括用户要求方面的、销售方面的、设计技术方面的、加工制造方面的、国家政策、法令方面的等）。

（3）功能类比分析（比照优秀设计进行功能、成本、造型、效益等方面的类比，找出设计的关键问题）。

（4）分析评价（对重要的零部件等进行功能价值的基本分析，不断改进设计方案）。

（5）提出若干设计方案供评价选择。

（6）择优（与有关专家一起综合评价，选择有前途的方案）。

（7）必要的试验验证（制作关键零部件的模型；对有关问题进行技术试验，检查总成本的可行性等）。

（8）确定设计方案并进一步具体化。

§3-6 设计中附加价值的探讨

20世纪80年代后期以来，一些国家已进入了设计时代。设计时代的到来意味着世界经济由"物的经济"向"知的经济"发展。从某种意义上说，设计时代意味着附加价值的时代，意味着更高层次的价值社会的到来。

一、附加价值概述

附加价值是一个经济学的概念。要了解这一概念，首先要了解"价值"的概念。

价值一般有两个含义，一指事物的用途或积极作用；另一是指凝结在商品中的一般的、无差别的人类劳动。价值是互相交换的各种商品间的可比较的共同基础，是商品生产者之间交换产品的社会联系的反映，是商品的基本属性之一。它不是物的自然属性。未经劳动加工的东西或仅满足自己需要而不当做商品出卖的产品均不具有价值。

商品的附加价值，是指企业得到劳动者的协作而创造出来的新的价值。它由从销售金额中扣除了原材料费、劳力费、设备折旧费等后剩余费用及人工费、利息、税金和利润等组成。

附加价值问题在我们日常生活中随处可见。例如，同一商品，名牌与一般厂家的产品的差价很大；包装质量优或劣的产品其价格也相差悬殊；国产的一些商品到了国外贴上名牌商标或换了包装就身价猛增等。

附加价值的高低只是个相对的、比较的概念。同一商品随着时间、地点、人文等种种条件的变化而发生变化。因此附加价值是个可变因素，有时难以量化。这也是研究高附加价值的关键所在。

回顾历史可见，一些发达国家和世界著名企业无不在附加价值问题上有过自觉或不自觉的研究和应用。以日本为例，日本是个资源贫乏的国家，其战后30年间平均每年达10%的经济增长率是人类历史前所未有的。当然，这种发展有多种因素，但从其国策来看，引进发展尖端技术，大力开展设计，研究运用高技术的新产品也是重要原因之一。日本的电子工业、家用电器、计算机、光学仪器、宇宙工业、汽车工业、医疗健康用品、信息工程等都是高附加值领域。在两次石油危机后出现的省能源、省材料、多功能、轻薄短小等现代产品都是高附加值的。

二、高附加价值商品的特点

一般来说，高附加价值的商品都是具有其独特的优势，其特点有以下几种表现形式。

（1）大多是名牌商品，质量上乘，享有信誉，多标有名牌商标或国际行业信誉标记（如全羊毛标记等）。

（2）是运用高科技的新产品，如太阳能电池产品、手表式电视机、收音机、高精度仪器、仪表及各种尖端电子产品等。

（3）用特殊或稀有材料制成，如记忆金属玩具、记忆纤维绸制成的织物等。又如美国有一种最畅销商品——"伊丽莎白一世"号船上的铜制品，这是在"伊丽莎白一世"号船在香港海面因火灾而沉没后，潜水员潜入海底，收集了船上所有的铜。然后用于制成装饰品、圆珠笔等在市场抛售，且在每一件制品上都刻有订货人的名字，并加上标记，注上是用"伊丽莎白一世"号船上的铜所制，所以其价格昂贵，附加价值很高。

（4）具有功能上的奇特新颖，即意外性、趣味性和便利性的产品，如会讲话的闹钟等。

（5）大多为知识密集型（高层次产出）新产品，如电脑、CAD软件、激光唱片等。

（6）具有特殊意义或功能价值。例如奥运会、国际博览会等用品、庆典用品、特种用品、各种高级礼品，及具有很高信誉的奖赏品等。

（7）是少量的。随着数量的增加，附加价值逐步降低，这也是新产品开发中的基本原则，如高档首饰、名人字画及文物等。

（8）一般是设计优秀之作。设计新颖，价值则高，反之则低。优秀设计的产品一般有较高的附加价值。

（9）具有鲜明的历史、文化特点的产品，如中药、少数民族特需品、宗教用品等。

（10）具有特效的商品，如生发精、去痣霜、防止打呼的枕头、减肥茶、儿童智能产品及老年保健长寿商品等。

三、提高附加价值的方法

1. 生活必需品、实用商品与F.M.S商品

为了更好地开发高附加价值商品，这里先对商品作一简略区分和认识。

在我们生活中充满着各种商品。从人的使用角度来分可将其分为个人用品（如手表）、家庭用品（如家具、家用电器等）、公共设施（如体育馆等）及产业机器（如机床、印刷机械等）。但就其商品在人们生活中的价值来分，可分

为生活必需品、实用商品与 F.M.S 商品[①]。

从消费层次来看，人的消费需求大体有三类。第一类层次主要是解决吃穿用等基本问题，满足人的生存需求；第二类层次是追求共性，即流行、模仿，满足安全感和社会需要。这两个层次上的产品主要是大批量生产的生活必需品和实用商品，以物的满足和低附加值商品为主。第三类层次是追求个性，要求小批量多品种，以满足不同消费者的需求，不像前两个层次是解决人有我有的问题，而是满足人无我有、人有我优、人优我特的愿望。这时，必然会出现高附加价值的商品。

随着消费的多层次，要求同一类商品有不同的附加价值。高附加价值首先是适应满足各种消费层次的心理要求的必然结果。

由此，我们把人类生存所必不可少的商品称为生活必需品，如柴、米、油、盐、衣等，把生活中以实用价值为主的商品称为实用商品，如自行车、缝纫机、洗衣机、手表等。F.M.S 商品则是高档商品。一般来说，只有生活必需品得到满足后才能普及实用商品，进而发展 F.M.S 商品。

实际上，物的贵贱是人们以某一基准进行比较而来判断决定价值的。商品价值有多种，如使用价值，当新产品刚出来很少时，有"稀有价值"，此外还有"心理价值"、"设计价值"、"信息价值"等。价值分析从理论上讲应对各种价值进行分析评价。仅从机能方面来考虑高附加价值是很不全面的，也不易取得理想的结果，而必须将机能（Function）、材料（Material）和感性（Sensitivity）三者统一考虑才行。一般说，F.M.S 值越高则附加价值越高。

2. 创造高附加价值商品的方法

创造高附加价值商品的方法很多，但一般可采用如下的方法和措施。

（1）正确把握市场的现状和发展趋势，科学地分析各消费层的消费心理和经济状况，开发适合不同消费者的商品。正确的决策和论证是成功的基础。

（2）要运用最新的科技成果，如应用新材料、新工艺、新技术，来开发新产品。未来社会，商品竞争的胜负并非完全取决于一个企业的历史、固定资本的多少，而取决于是否拥有一流人才、一流的科技成果及最有效的信息等。

（3）树立名地、名牌、名人、名品并采用 CI 方法开展全球战略，利用无形资产开发有中国特色的 F.M.S 商品。

（4）要采用优秀设计。低劣的设计不能制造附加价值，因此要在设计上下大工夫。

（5）提高信息的价值，利用最新信息，立足于开发全新的商品。

（6）抓住有特点的机会、场合，开发适销对路产品，如奥运会、亚运会等的纪念品。

（7）运用创造技法和先进的设计方法不断开发或改良产品。可以利用名牌商品和著名企业开发配套系列新产品，这比独树一帜，更易成功。

（8）将传统技术与现代文化相结合，将现代科技与文化相结合，开发出高附加价值产品。

以上只是提高附加价值的大致方向，要具体去做则是比较复杂的。但是，提高商品的附加价值的途径归根结蒂是在于提高设计的水平。设计是问题的关键。此外，前面所述的具有高附加价值商品的若干特点，实际上也为提高商品的附加价值，开发、创造新产品提供了线索。

[①] F.M.S 即 Function、Material、Sensitivity 的缩写。

第四章 系统论设计思想及方法

§4-1 系统论与现代设计

系统论形成于1948年，随后为了转化为生产力，相应产生了系统工程。20世纪60年代末，耗资300亿美元，有42万人、120所大学和研究所、2万家企业参加的美国阿波罗登月计划的成功，可谓是系统工程的杰作。该计划中共制作了近700万个零件，动用了600台计算机，是一个庞大的系统工程项目。

系统论和系统工程具有综合性、交叉性、边缘性等特点，对各种领域的研究都有一定方法论的指导意义和解决具体问题的实际意义。现代工业设计的环境已发生了巨大的变化，影响设计的因素更为复杂，以往那种凭借设计师的直觉和经验开展设计的方法受到了很大挑战。在复杂的设计对象，复杂的制约因素面前，如果没有系统的整体性、综合性、最优化的观念，没有系统分析的方法，往往不易迅速、全面、准确地把握设计对象及设计目标，容易存在设计上的偏差，造成不可弥补的损失。设计的实质是创造，而创造的前提是对目标的把握和对相关要素的认识，否则便会是盲目的。系统论的思想及方法，一方面对我们分析认识与设计有关的各种因素有很好的指导意义，另一方面也强调综合与创新是其根本目标。创新与知识水平、认识水平是成正比的。设计必须要把理性、系统的方法与感性、直觉的思维有机结合起来，才能相得益彰、互为促进。

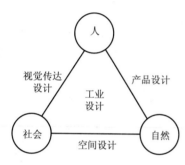

图 4-1 工业设计的系统论

若以人、自然、社会作为构成工业设计系统的三个要素，则可以三个边将设计分成三个分系统形成三个设计领域（图4-1）。

(1) 产品设计：制造适当的产品作为人与自然间的媒介。

(2) 视觉传达设计：制作良好的信息，作为人与社会间的精神媒介。

(3) 空间设计：规划和谐的空间，以作为自然与社会间的物质媒介。产品设计、视觉传达设计、空间设计是工业设计的三个范畴。

显然产品设计是工业设计的核心。

系统论与系统工程的理论与方法已被各学科、各行业用来解决日益复杂的问题，如生态系统、城市交通系统、城市区域规划、电力供应系统等。现代设计领域中，小区规划、建筑设计、产品规划设计、视觉传达等都有许多问题需要用系统的观点和方法加以解决，如建筑设计如不放在小区以至整个城市的大系统中考虑，不与水、电、气、暖、交通、通信、环境等相关系统相联系地考虑，简直无法进行。同样、产品设计应从人-机-环境系统的角度，在与社会生产、生活形态、生产、生活方式以及生产制造技术，审美及时尚，生产、使用、废弃过程等方面的联系中展开才是恰当的。视觉传达设计（或传播设计）在一定的时空中，从相关因素的联系中加以展开，也是十分必要的。总之，学习和运用系统论、系统工程的基本观点和思想方法，树立系统观点，了解系统分析和综合的特点，针对设计过程中遇到的问题加以有效分析，这对工业设计而言是十分有益的。

§4-2　系统的概念

"系统"是一个外延甚广的概念。一切相互影响或联系的事物（物体、法则、事件等）的集合都可以视为系统。对于工业设计而言，关键的问题不在于对系统作出严密的定义，而在于对系统内涵及特性的理解，以利于正确掌握和领会系统论设计思想和方法，指导设计实践。一般而言，我们可以把系统理解为：由相互有机联系且相互作用的事物构成，具有特定功能的一种有序的集合体。关于系统的内涵可从以下几个方面来理解。

(1) 系统是由多个事物构成的，是一种有序的集合体。单一的事物元素，是不能作为系统来看待的，如一个零件、一个方法、一个步骤等。

(2) 系统中的各个构成元素是相互作用、相互依存的。无关事物的总合不能算作系统。

(3) 某事物，是否是系统并不是绝对的，这要从看待该事物的角度而定。如从生产线的观点看，某生产线的一部机器不是系统，而只是该生产线系统中的一个元素。但从这台机器的角度看，该机器的各零部件则构成了该机器系统。

(4) 从层次的观点看，一个系统可以包含若干子系统，子系统也可以包含若干子系统等。所以关键的问题在于看待事物的角度。

总之，系统的内涵是明确的，并不是任一事物都能称为系统。同时，系统的概念也是相对的，它取决于人们看事物的方法。从这种意义让说系统的概念不是告诉我们世界本身是什么，而是要告诉我们应该怎样看世界。

从系统的内涵中，已大致能了解到系统的特性。系统的特性可概括为5点。

(1) 整体性：即系统是二元素以上的集合。

(2) 目的性：即系统必须完成一种特定的功能，各元素、各子系统既相互协同又制约地达到系统的目的。

(3) 有序性：即系统中各种多层次结构应有秩序地工作。

(4) 反馈性：即根据系统输出功能的情况，系统有从内部机制或外部因素改变控制过程，以改善系统输入等状态的品质。

(5) 动态性：即系统总是处于相对的稳定状态，而绝对地处于运动状态，随时随地在各种正常或不正常输入与干扰信号下运动。

系统的种类很多，对其进行详尽的分类比较困难。目前多依其用途、大小、内在特性、目的，或按能表现系统特点的数学模式来分类。依据系统的某种特殊性质而得的分类，可以提供设计者一种层次的概念，以利于对各种问题之间的关系加以留意。从工业设计的角度来说，把系统大致可分为自然系统、人工系统或二者之间的混合系统，然后再可从某系统的特性上进一步细分，如机械系统、电路系统、液压系统、控制系统、操作系统、人机系统等。

另外，根据系统的反馈性，可把系统分为开放系统和闭式系统（即开环系统和闭环系统），见图4-2所示，其中图4-2 (a) 为开环系统，图4-2 (b) 为闭环系统。为了理解开放系统和闭式系统，应了解系统的三要素，即输入、输出和转换。系统通过边界与周围环境相分离，而成为一种特定的集合，又通过输入和输出信息与周围环境相联系。在输入与输出之间有一个转换的过程，系统的作用也就在此。因此，一个系统不是孤立地存在的，它总要与周围的其他事物发生关系。使物质、能量或信息有序地在系统中流动、转换，系统接受环境的影响（输入），同时又对环境施以影响（输出）。系统的这种特性可用图4-3加以表示。

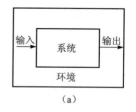
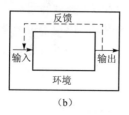

图 4-2 系统的反馈性——开放系统和闭式系统
(a) 开环系统；(b) 闭环系统

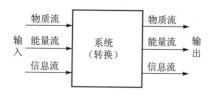

图 4-3 系统的三要素——输入、输出、转换

§4-3 系统论设计思想与方法概述

虽然当今科学技术的发展已使产品中许多相关的技术问题变得较容易解决，但是，新产品的发明、创造和开发是与应用的科学基础强弱成正比的。由于在产品设计上可利用的生产设备、方法、技术、材料和加工方法等日渐繁多，工业社会组织与产品形态亦渐趋复杂，而产品在市场上的需求趋势还随着人们生活水平的提高而变化。因此，当今已不像从前设计一件产品来得那么单纯。总之，现代设计的环境复杂化了，应考虑的问题和涉及的因素越来越多，设计师如欲在产品开发设计的全过程中，充分掌握其全盘性和相互联系及制约的细部各问题，一定要有系统的观念，这样才能更好地控制各设计因素，提纲挈领地解决问题。

系统论的设计思想，其核心是把工业设计对象以及有关的设计问题，如设计程序和管理、设计信息资料的分类整理、设计目标的拟定、人-机-环境系统的功能分配与动作协调规划等，视为系统，然后用系统论和系统分析概念和方法加以处理和解决。所谓系统的方法，即从系统的观点出现，始终着重于从整体与部分之间；整体对象与外部环境之间的相互联系、相互作用、相互制约的关系中综合地、精确地考查对象，以达到最佳处理问题的一种方法。其显著特点是整体性、综合性、最优化。

1. 整体性

整体性是系统论思想的基本出发点，即把事物整体作为研究对象。各种对象、事件、过程等都不是杂乱无章的偶然堆积，而是一个合乎规律的，由各种要素组成的有机整体。这是与马克思主义哲学中关于事物是普遍联系、相互作用的观点相一致的。构成系统的各层子系统都各具特定的功能和目标，它们彼此分工协作，才能实现系统整体功能和目标。构成整体的所有要素都是有机整体的一部分，它们不能脱离整体而独立存在；系统整体的功能和性质又是其各个组成部分或要素所不具备的。因此，如果只研究改善某些局部问题，而其他子系统被忽略或不健全，则系统整体的效益将受到不利的影响。整体性就是从事物（系统）的整体出发，着眼于系统总体的最高效益，而不只局限于个别子系统，以免顾此失彼，因小失大。

2. 综合性

系统论方法是通过辩证分析和高度综合，使各种要素相互渗透、协调而达到整个系统的最优化。综合性有两方面含义，一是任何系统都是一些要素为特定目的而组成的综合体，如建筑就是功能、环境、技术、人文、艺术等组成的综合体；二是对任何事物的研究，都必须从它的成分、结构、功能、相互联系方式等方面进行综合地系统考察。

3. 最优化

所谓最优化就是取得最好的功能效果，即达到选择出解决问题的最好方案。最优化是系统论思想和方法的最终目标。根据需要和可能，在一定的约束条件下，为系统确定最优目标，运用一定的数学方法等获得最佳解决方案。

由此可见系统论的设计思想主要表现在解决设计问题的指导思想和原则上，就是要从整体上、全局上、相互联系上来研究设计对象及有关问题，从而达到设计总体目标的最优和实现这个目标的过程和方式的最优。产品设计要在技术与艺术、功能与形式、宏观与微观等等联系之中寻求一种适宜的平衡和优化，片面地研究某一侧面并加以过分的强调都必然导致设计的偏差。孤立地追求造型形式或技术功能的最优并不一定能保证产品整体的最优。产品的设计、生产、管理，产品的经济性、维护性、包装运输、安全性、可靠性等方面都应从系统的高度加以具体分析，确定其各自的地位，在有序和谐调的状态下发挥作用。系统论的次优化原理告诉我们：整体大于部分之和，一个产品及其有关问题并不是相关要素的简单相加，只有协调好各元素的关系才能充分发挥其作用。

一个产品系统的设计，包括系统分析与系统综合两个方面。系统分析是系统综合的前提，通过分析，为设计提供解决问题的依据，加深对设计问题的认识，启发设计构思。没有分析就没有设计，但分析只是手段，对分析的结果加以归纳、整理、完善和改进，在新的起点上达到系统的综合，这才是目的。系统分析和综合是系统论的基本方法，它不要求像以前那样，事先把对象分成几部分，然后再进行综合。而是将对象作为整体对待，其基本的原则是局部与整体相结合，从整体和全局上把握系统分析和系统综合的方向，以实现整体系统的和谐高效为总目标。

系统是一系列有序要素的集合，各要素之间具有一定的层次关系和逻辑联系。揭示系统要素之间的关系是系统分析的主要任务。系统分析除了整体化原则之外，也还要遵循辩证性原则，把内部、外部的各种问题结合起来，局部效益与整体效益结合起来。产品设计具有特定的目标和使命，与此有关的各个子系统，如功能系统、人-机-环境系统等，均以整体的全系统的目的与使命作为确定自身目标的依据。没有达到整体目标的设计，无论其各个局部或子系统的经济性、审美性、技术功能等多么优秀，从系统论的观点看则是失败的。产品设计的完善，一般需要有一个发展过程，整个设计过程是一个动态的过程，并通过设计因素间的信息传递而相互调整和修正。因此，对整个产品设计过程而言，在安排进程和其他设计管理时，也要应用系统的思想和方法加以处理，使设计进程高效、合理、科学。

在学习和应用系统论时，应克服一种错误的思想，即认为系统论的理论和方法是一种科学的手段，因而会排除知觉和直觉。其实，系统论所强调的观念并不排斥创造性的思考和直觉的判断，而是十分需要发挥直觉和感性的思维方式的优点以丰富和完善系统论的实用价值，使理性与直觉判断相结合、相促进，由此推动设计的进步。科学的、系统的设计方法与直觉的、感性的构思方法在产品设计中可以而且应该是共存互促、融合汇流的。在一定的情况下，一个优秀的设计师的直觉往往比理性的分析更准确和快捷，更能产生充满创造性的设计。靠直觉思维达到设计的成功的例子是很多的。但这正是设计师个人依靠他的知识和经验，从整体上把握设计对象的综合呈现，当然，这需要一定的条件。直觉与感性思维既有理性的成分，又有非理性的成分，如果设计的要求及有关设计问题的构成简单，设计师凭感性、直觉和经验就能把握有关因素，设计出优秀的产品。但仅以个人的经验与感性判断来解决问题的方法在复杂情况下常会失之偏颇。例如，虽然在产品的造型形态及色彩等的设计构思上，形象思维与直觉感悟起着决定性的作用，但其构思的基础与限定条件仍然需靠系统方法与其他理性方法所得到的结论。因此，系统化设计思想与方法和感性、直觉的思维方法是相辅相成的。对于一些涉及面广、情况复杂的问题，可用系统化的方法或其他理性的方法加以分析、归纳，不能仅凭感觉而只是解决表层上的问题。

从根本上说，系统论主要是一种观念，一种看问题的立场和观点，它要告诉我们的并不着重于说明事物本身是什么，而是强调我们应该如何认识和创造事物。因此，系统论具有方法论的意义，是一种设计哲学观。对于这一点，应引起足够的注意，不能把系统论的设计思想和方法理解为设计的技术。

系统的分析和综合，是系统论的基本方法。分析和综合只是相对来说的。一般来讲，"分析"先于"综合"，对现有系统可在分析后加以改善，达到新的综合；对于尚未存在的系统可收集其他类似系统的资料通过分析后进行创造性设计，达到综合。对于系统分析和系统综合而言，要求把分析和综合的方法和系统联系起来，要从系统的观点出发，用分析和综合的方法解决设计中的有关问题，为产品设计提供依据。图4-4表示了系统分析和系统综合的基本过程。我们把设计对象及有关问题看作为是系统，对这些系统的构成元素的联结关系进行认识和解析，在此基础上进行设计构思，经过反复的分析、综合和评价，直到得到满意的结果。

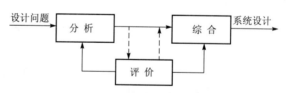

图4-4 系统分析和系统综合的基本过程

系统分析就是为使设计问题的构成要素和有关因素能够清晰地显现而对系统的结构和层次关系进行分解，从而明确系统的特点，取得必要的设计信息和线索。系统综合是根据系统分析的结果，在经评价、整理、改善后，决定事物的构成和特点，确定设计对象的基本方面。此时应尽可能地作出多种综合方案，并按一定的标准和方法加以评价（见第九章）、择优，选出最佳的综合方案。总之，系统分析和综合就是一个扩散和整合交织的过程。图4-5是系统分析和系统综合的示意。

一个产品的设计，涉及功能、经济性、审美性等很多方面（图4-6），采用系统分析和综合的方法进行产品设计，就是把诸因素的层次关系及相互联系等了解清楚，发现问题，解决问题，按预定的系统目标综合整理出对设计问题的解答。图4-7所示是系统分析和综合设计方法的一般程序。

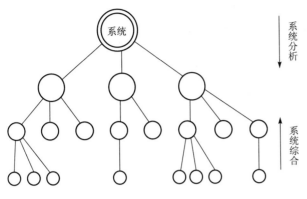

图 4-5　系统分析与系统综合

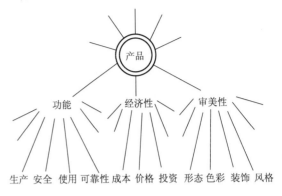

图 4-6　产品分解

在实际设计中，进行系统分析和综合时要注意以下原则：
(1) 必须把内部、外部各种影响因素结合起来进行综合分析。
(2) 必须把局部效益与整体效益结合起来考虑，而最终是追求最佳的整体效益。
(3) 依据目标的性质和特性采取相应的定量或定性的分析方法。
(4) 必须遵循系统与子系统或构成要素间协调性的原则，使总体性能最佳。
(5) 必须遵循辩证法的观点，从客观实际出发，对客观情况作出周密调查，考虑到各种因素，准确反映客观现实。

在按图 4-7 所示的程序进行系统（产品）的设计分析时，具体的步骤有 8 项。

(1) 总体分析：这一步主要是确定系统的总目标及客观条件的限制。
(2) 任务与要求的分析：确定为实现总目标需要完成哪些任务以及满足哪些要求。
(3) 功能分析：根据任务与要求，对整个系统及各子系统的功能和相互关系进行分析。
(4) 指标分配：在功能分析的基础上确定对各子系统的要求及指标分配。
(5) 方案研究：为了完成预定的任务和各子系统的指标要求，需要制定出各种可能实现的方案。
(6) 分析模拟：由于一个大系统往往受许多因素的影响，因此当某个因素发生变化时，系统指标也随之发生变化，这种因果关系的变化通常要经过模拟和实验来确定。
(7) 系统优化：在方案研究和分析模拟的基础上，从可行方案中选出最优方案。
(8) 系统综合：选定的最佳方案至此还只是原则上的东西，欲使其付诸实现，还要进行理论上的论证和实际设计，也就是方案具体化，以使各子系统在规定的范围和程度上达到明确的结果。

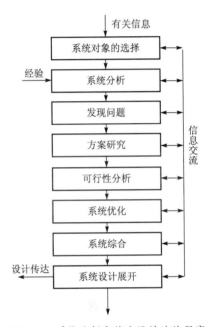

图 4-7　系统分析和综合设计法的程序

综上所述，系统论的设计思想和方法的目的是使整个设计过程易于控制，把多种相关因素纳入考虑的范围，以便使产品的品质得以保证。同时，提倡利用多数人的智慧，为了共同的系统目标发挥创造力，应克服简单、草率的工作作风。图 4-8 是一种典型的设计开发流程图，其中体现了组织各方面人员的智能，从而保证产品设计质量的系统化思想。

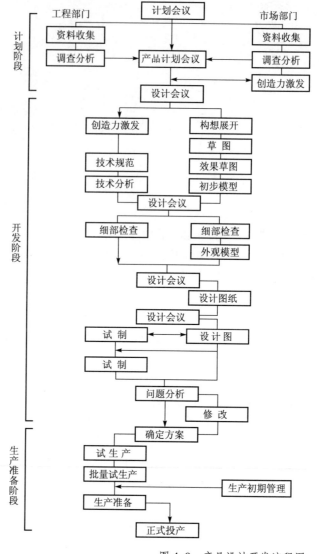

图 4-8 产品设计开发流程图

§4-4 系统分析

　　系统分析是一种有目的、有步骤的探索与分析过程。在这个过程中，设计、分析人员从系统长远的和总体最优出发，确定系统目标与准则，分析构成系统的各层次子系统的功能及相互关系，以及系统同环境的相互影响。然后在调查研究、收集资料和系统思维推理的基础上，产生对系统的输入、输出及转换过程的种种设想，探索若干可能的方案。系统分析是系统工程方法的一个重要组成部分，是系统设计与系统决策的基础。

一、系统分析的方法

　　对于存在着不确定的相互矛盾因素和技术比较复杂、投资费用大、建设周期长的系统，系统分析便是必不可少的一环。只有做好了系统分析工作，才能保证获得良好的系统设计方案，才不至于造成技术上的大量返工和经济上的重大损失。而对于一般的系统，用系统分析的方法对系统的功能、环境、条件、可行性、费用、效果等方面进行分析、认识，无疑也有益于设计的展开。

系统作为许多分系统和组成要素的集合，常常是较为复杂的。除了在整体上把握系统的特性外，还应对其进行解析，把大系统分解为若干分系统，分系统也可进一步分解。这样就有利于对分系统用以往的经验和知识来分析和处理，把复杂问题条理化、简单化。最简单的系统分解是结构要素的分解，如把电冰箱分解为压缩机、冷凝器、蒸发器、箱体、温控器等。分解不只适用于设计对象本身，设计中的许多方面都可以用系统的观点来认识和解析，比如系统目的的明确化、系统的评价、系统研制进程的安排等，不管多么复杂的问题，都可以通过分解达到条理化。这种情况的分解，如同结构上的分解一样，不仅是平面的，立体的分解也很多。比如系统的目的包括多种时，就要进行按级分解，分为大目的、中目的、小目的各级，如再将各级项目细分，内容就清楚了。在分解时，有两点显然是应该注意的。一是分解的程度应适当，过细不仅花费精力，也使系统综合变得困难，过于粗略则不利于分析，因此，分解为分系统的数目问题值得注意；二是选择好分解的位置，应在分系统间联系最少处，以免各分系统分析时的干涉过多。在系统论中，分解的概念是十分重要的，分解也是一种分析方法。

系统分析所涉及的范围十分广泛，涉及问题的性质也差异很大，既有宏观的，也有微观的；既有定性的，也有定量性的。不同的系统有不同的问题，相同的系统所要解决的问题也需要用不同的方法加以分析。因此，系统分析没有特定的技术方法，它随分析对象和问题的不同而不同，各学科的定量、定性的分析方法原则上都可以为系统分析所借用。系统分析时，定量分析与定性分析应是相互结合的。

在系统工程中，系统分析的概念涵盖了包括调查研究、总目标确定、系统总体分析、系统宏观、微观模型建立、系统优化、系统方案综合、系统评价等内容在内的完整工作过程。在此，我们仅简要介绍系统分析中常用的一些分析方法。

1. 投入产出法

投入产出法（Input-Output Technique），又称"入出法"、"输入输出法"等，是美国通用电器公司发明的用于探求设想而发明的一种分析方法。本方法先确定所期望的产出（结果和目标），然后决定投入，利用智力激励的方法寻求投入产出关系的设想。如以天黑灯自亮问题为例：

入：天黑下来——最初状态

出：灯自亮——最后状态

"入"和"出"两者间的联系尚不清楚。同时需要确定一些限制条件，如成本要不超过某允许值、坚固耐用等。根据"入"、"出"和限制条件，考虑其间的相互关系，运用创造性思维和逐步推敲的方法明确"入"和"出"之间的联系，分析出解决问题的方案。具体过程见图4-9。

2. 相关表法

相关表是探讨设计问题中相关要素间的关系为目的而展开构想的分析方法。其方法是对设计问题进行分解。然后进行分析比较，排出主次要问题，按关系最重要的、希望产生关系和无关系三类分类。图4-10为街道清扫系统的要素相关表。

3. PERT法

PERT法（Program Evaluation and Review Technique）也称为"计划协调技

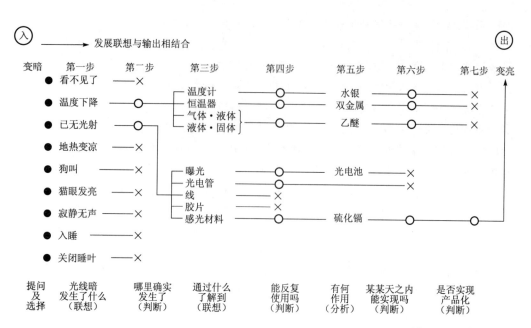

图 4-9 入出法示例

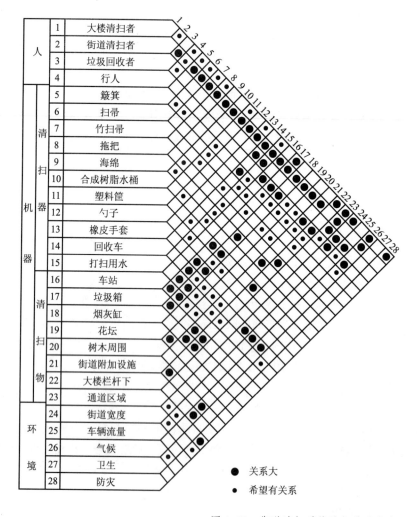

图 4-10 街道清扫系统的相关元素表

术"、"计划评审法"或"网络计划技术"等。此法是在苏联发射人造地球卫星后的第二年,即 1958 年发明的。当时自认为在军事上占绝对优势的美国在苏联人造地球卫星发射的重大冲击下,为迅速恢复优势,加速了新式武器的开发。根据需要,以美国海军特殊设计局(Special Project Office,SPO)为中心,在不到两个月内的时间内发明了 PERT 法,开始应用于波拉里斯舰队计划,即原子能潜艇和中距离导弹的开发上。由于运用了 PERT 法,使工期比预定的时间缩短了两年。由此,美国国防部规定,所有的设计项目都采用 PERT 法。随后 PERT 法逐步在军工和民间企业中推广开来。

PERT 法可分为三种:PERT/TIME、PERT/MAN-POWER 和 PERT/COST。

利用 PERT 法制订计划的方法:

(1) 基本图示符号:

圆圈:表示前一个事件终了和后一个事件开始的结点,这不需要花费时间和资源。圆圈内可以是作业的名称,也可用数字表示。

箭头线:表示作业的开始和终了,表示作业的过程,它需要花费时间和资源。

虚箭头线:在二结点之间,如有几条箭头线(即有并行作业时),除一条箭头线(一个作业)外,其余箭头线(作业)均以增加结点方法将其分开,新增结点与后继结点的虚箭头线连接,表示该两结点间并无实际作业,仅表示先后顺序的关系,如图 4-11 所示。

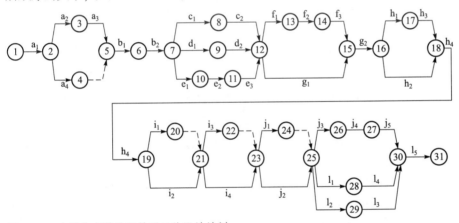

图 4-11 大型儿童游乐玩具项目的设计计划

(2) 规则:

a. 箭头线由左向右。

b. 结点编号自左向右逐渐增大,可以跳号以便补充修改作业,不可重复编号。

c. 符合实际工作程序。

(3) PERT 法的基本步骤:

a. 制订设计项目的整体计划(包括时间、人、物与资金)。

b. 分析确定所需的全部作业项目。

c. 构造网络。

d. 计算日程。

e. 配置资源。

f. 预算费用。

在估计时间、资源等问题时，可由有关人员按乐观情况、悲观情况、最可能情况加以估算，最后取其平均值。

图 4-11 为一大型儿童游乐玩具项目的设计计划示例，其中：

a：调查准备。

a_1：准备调查记录本卡； a_2：研究调查场所；

a_3：确定调查人员； a_4：准备调查用具。

b：实地调查。

b_1：现状调查； b_2：资料整理。

c：收集有关大型游乐玩具资料。

c_1：杂志、商品选购指南； c_2：市场上的有关玩具。

d：有关儿童身体发育资料。

d_1：图表化处理； d_2：按年龄等分类处理。

e：活动分析。

e_1：活动的种类； e_2：动作分析；

e_3：把握活动的意义。

f：分析进行游乐时使用的物品。

f_1：分析物品； f_2：物品特征；

f_3：分析游戏与物品的关联性。

g：综合化。

g_1：d、e、f 的关系明确化； g_2：图形化。

h：展开。

h_1：意念性草图； h_2：比较 c、g；

h_3：设计定位； h_4：草模。

i：基本设计。

i_1：基本形态、结构的确定； i_2：预想图绘制；

i_3：细部的审核； i_4：修正。

j：制作模型。

j_1：绘制模型工程图纸； j_2：选择模型材料；

j_3：模型制作完成； j_4：拍摄模型照片；

j_5：对模型的审核。

k：评价。

l：试销准备。

l_1：创意和设想； l_2：调查；

l_3：根据调查结果修改设计预想图； l_4：修改或重新制作模型；

l_5：信息整理。

此例只是一个简单示意，在实际应用中应视需要将时间、人员、费用，以及资源配置等因素估计或计算进去，以使系统开发工作过程得到有效控制。

4.因果分析图法

因果分析图法（Cause and Effect Diagram）是以图示方法揭示关系而认清相关因素间的影响等的分析方法。该法着眼于问题的结果和对问题结果产生影响的原因两个方面。"因果分析图"又称为"鱼骨图"。图中箭头顶端表示设计问题或其他问题等的要点，所谓骨是指对问题要点的影响原因，大骨、中骨和小骨分别表示大原因、中原因和小原因，如图 4-12 所示。

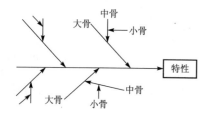

图 4-12 因果分析图（鱼骨图）

绘制鱼骨图的方法是：

(1) 确定问题的要点，即要分析的项目，如图 4-13 中的"机械加工为什么出现废品"。

(2) 确定出大的原因，如图 4-13 中的机床、方法、操作者等。

(3) 继续找出中原因和小原因，以及更细小的原因。

(4) 对关键性的原因作出标记以便进一步研究。

5. 关联图法

关联图就是通过分析事物的"原因—结果"、"目的—手段"等各种因素之间互相影响、互相制约关系的关联图，根据逻辑联系，寻求最有效的解决措施的一种方法。关联图，是把表达问题和因素的文字用框线框起来，并用箭头线表示其因果关系的图（图 4-14）。图中箭头是由原因指向结果，或者由手段指向目的，或者由因素指向问题等。重点项目可用双框加以强调。

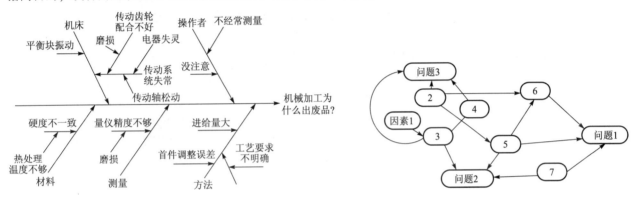

图 4-13　机械加工废品的因果分析图　　　　图 4-14　关联图

6. 矩阵图法

矩阵图法就是运用矩阵形式进行多维分析的一种方法。具体说，就是将问题进行分解，找出全部因素并进行分类，把属于因素群 R 的因素 R_1、R_2、…、R_n 和属于因素群 L 的因素 L_1、L_2、…、L_m 分别排成行和列，在行和列的交点 (R_iR_i) 处表示出 R 与 L 各因素关系的设想点，据以探求关键问题的所在及解决问题的方法。图 4-15 为矩阵图法的示意。

	R	R					
L			R_2	R_3	…	R_i	…	R_u
	L_1							
	L_2							
	L_3							
L	⋮							
	L_i					○		
	⋮							
	L_m							

图 4-15　矩阵图

二、设计资料分类

1. 概述

资料的整理及分类，在产品设计中是十分重要的一环。要想得到理想的设计构想，必需有足够的设计资料。正如电脑的工作需要有输入一样，如果资料不全，或没有经过必要的分类整理，将会对设计造成障碍。一个有经验的设计师之所以能成功，乃是由于他能以最短的时间收集到有关的资料，以获得能解决设计问题的实际依据，再加上他本人的创造能力，使得对于设计问题能有效解决。显然，任何一位设计师都可以从资料的收集及分析上获益。

由于设计者具有知识的不同，纵使是同一设计课题也会产生多种的设计结果。这主要是由设计者在设计前所获得可供参考的资料与具备的知识多少而定。各种资料和信息是设计师构想衍生的宝贵资源。设计者应在资料的收集、分析、整理、归纳上建立一个合理的分类系统。系统的观念在设计资料的分类问题上是有帮助的。

在设计之前，首先应将问题分析清楚后，再根据分析的结果，按一定方向收集一切有关的资料。收集资料必须要明确目标，否则将造成不必要的浪费，同时也难以真正把所需资料收集全面。对于不同的设计对象或不同的设计问题，应收集不同的有关资料，四面出击、漫无目标的方法是不可取的。一般来说，大体有以下几个方面的设计资料。

(1) 使用环境的类别，以及环境对产品的不同使用方式要求等。
(2) 使用者的类别，包括性别、年龄、受教育程序、职业背景、经济情况等因素。一般说，不同消费者对于产品的要求是不同的。
(3) 市场、地区性、区域性的生产习惯及使用产品的方式，会对产品设计有特殊要求。
(4) 不同场合与不同消费者相互间的人体工学关系。
(5) 使用者的动机。
(6) 产品的机构与结构、表面处理等技术信息。
(7) 产品外观造型。
(8) 市场的环境。
(9) 竞争者产品的现状、优缺点及动向。
(10) 产品发展的沿革。
(11) 企业过去产品的特征，现在的风格。
(12) 同类产品的市场价格和成本。
(13) 可供利用的生产设备。
(14) 材料供应与限制。
(15) 其他。

如概括起来，设计资料包括设计环境、科学技术发展、消费者、市场、企业生产制造等多方面的内容。

在获取有关的资料以后，就要按课题需要，选择适当的系统分类方法，将信息分类整理出来。工业设计中，最适用的是表格和图像等视觉化处理的方法。这将有利于表达一些语言难以说明的因素，同时又能使参与设计的有关人员有效地理解和记忆有关信息。

2. 分类方法

分类方法大体有两类，即演绎方法和归纳方法。

(1) 演绎方法：按二分法逐层推进，每次推进分一大类，两小类，在一群资料中，先找寻一个重要的性质作为分类的基础。一类为具有此性质者，一类为不具备此性质者，如此不断分类就能得到一个资料系统，如图4-16所示。

(2) 归纳方法：演绎分类的情况是比较特殊的，即各资料的性质分明。但实际的情况并不总是这样简单，其性质并不明显，而且互有交叉，如一资料含有 A、B、C 三种性质，当这三种性质并不好判断何者最为主要时，就不能用演绎的方法了。此时，应采用归纳的方法。假设现有资料七项，资料 1 中含有 A、B、E 性质，资料 2 中含性质 A、D、H、M 等等，则按图 4-17 所示的方法可得到一个资料分类系统。

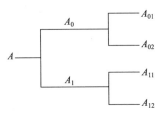

图 4-16　演绎分类方法示意

3. 分类的程序

分类是同中看异，异中取同的过程，因此分类时的程序应该是：

(1) 分析事物的性质，比较异同，看哪些是相同或相似的，哪些是不同的。

(2) 研究它们的关系，确定分类的标准，看根据哪一点或哪一性质来划分，把资料分为几类才合适。

(3) 将相同的归纳起来，相似的放在一起，逐一分成许多门类，依次序整理成为资料系统。

在分类完成以后，要采取适当的形式把分类情况表达出来，以便于查找。同时尽可能把分类后得到的信息情况用视觉化的方法表现出来，达到资料的整理和提炼。

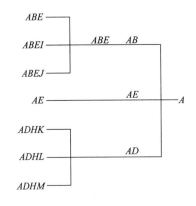

图 4-17　归纳分类方法示意

三、系统目标的拟定

通常，在经研究分析之后，必须为设计确定出一个较为明确化的设计目标，以便所有参与设计的人员能有一个设计基准。系统的思想和方法有助于协助设计者做出正确的判断选择，其实施的程序如图 4-18 所示，其中的具体步骤有 6 项。

(1) 确认问题构成的主要部分（设计变量）：

① 为可由设计师来控制的变量；② 为由设计来控制的变量；③ 为设计中特殊问题的独立变量。

(2) 确定变量间的关系。

(3) 预估设计中的变量值。

(4) 确认变量的限制条件。

(5) 调整每一变量的值。

(6) 选择最佳的设计组合。

现举喷水器设计的情况为例加以简要说明：

1. 确认问题构成的主要部分（设计变量）

这个设计问题中的变量有：

(1) 能为设计师所控制的变量：这包括出水管道的长度与口径 (a_1)，喷口的口径变化大小范围 (a_2)。

(2) 不能为设计师所控制的变量：这包括使用时欲使用其喷洒的面积 (b_1)，使用者所要使用该喷水器的对象和场合 (b_2)。

(3) 为设计师间接控制的变量：这包括压力大小 (c_1)，喷出水粒大小 (c_2)，调整角度范围 (c_3)，由多大压力喷出多少水量及喷洒的面积 (c_4)。

2. 寻找变量之间的关系

若 d 为喷出距离；A 为喷出水雾的扩散角度；P 为压力；O 为出水口径大小；V 为容量，则 d 与 P、O、V 成正比；A 与 P、O 成正比（见图 4-19）。

据此，寻找变量之间的关系性，由分析可知，b_1 和 b_2 这两个变量是由 a_1、

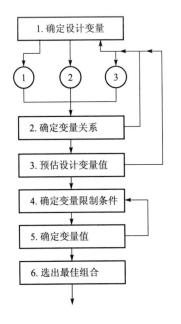

图 4-18　系统化目标拟定法的程序

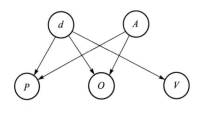

图 4-19　变量间的关系

a_2、c_4 这三个变量决定的,而这三个变量又是由 c_1 和 c_4 决定的……由此可以得到如图 4-20 所示的逻辑关联图。

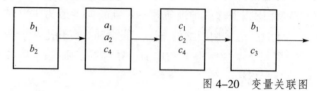

图 4-20 变量关联图

将所有变量间作一评比,可得到相对重要性优先次序如下所列:

最重要的变量:c_1,c_4;

重要的变量:b_1,b_2;

较重要的变量:a_1,a_2;

次重要的变量:c_2,c_3。

3. 预估设计情况下的变量值

b_1(使用者欲喷洒的面积)为:1 m×1 m;8 m×8 m;20 m×20 m

b_2(使用者所欲使用的对象)为:用于交通工具的清洗;一般清洗用;园艺工作中用

a_1(出水管长短及口径)为:出水管道长 400 mm~800 mm;出水管口径 8 mm~12 mm

a_2(喷水口的口径变化范围)为:3 mm~5 mm

c_1(压力大小)为:3×10^5 Pa~6×10^5 Pa

c_2(喷出粒子的大小)为:0.01 mm~0.1 mm

c_3(调整角度范围)为:水平与垂直方向 90°~180°

c_4(由多大压力对应喷出多少水量及喷洒多少面积)为:

3×10^5 Pa 对应于 50 cm³/s; 4×10^5 Pa 对应于 200 cm³/s;

5×10^5 Pa 对应于 400 cm³/s; 6×10^5 Pa 对应于 600 cm³/s

4. 选择最佳设计组合

在调整每个变量值,取得一个合理的区间后即可选择最佳设计组合。

5. 确定设计目标

经最佳组合的分析后,设计师可用以下几个概念作为设计的目标:

(1)设计一个可供控制水量大小的喷水器。

(2)在细长的出水管的造型上适当处理,使其符合人机工程学原理,便于握持。

(3)可调整出水管道长度在 50~60 m。

(4)喷口上加不同的罩头,以扩大或缩小喷洒面积。这种罩头也可设计为可调节式的。

(5)缩小压缩机的体积,必要时可增加出水压力,并达到减轻整个喷水器重量的目的。

上述系统化目标的拟定是在确定性的情况下进行的。

对于另一种不确定的情况下也可以采用系统的概念来分析设计课题,以便在设计之初便能清楚地设定设计原则与目标。进行的方法一般都是把人、产品、环境的关系视为一个完整的系统,在程序上依活动的性质将它分解为三个子系统,如使用前、使用中、使用后三个方面,然后再分析影响这三个子系统的有关因素,综合这些因素,评选重要影响因素,作为设计的目标。

这种在不确定性的情况下，设计者从给予的条件确定设计目标的过程，往往是一项十分重要但却又是不易做得好的工作。尤其工业化的环境日益复杂，如材料来源、技术限制条件、生产设备状况等等的不同，如果不应用系统论的思想方法，恐难以顾及全盘问题，以致产生设计上的偏差。以下举出一个应用系统分析法对露营帐篷设计方向进行分析的典型实例，见表 4-1 所列。

表 4-1 露营帐篷的系统化分析实例

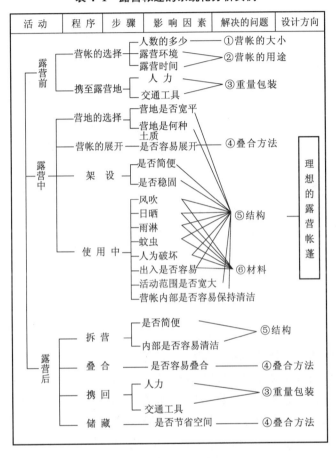

四、优化设计

在各项设计中，迫切要求设计者在满足给定条件的前提下，提出最佳的设计方案，包括最合理的参数、最好的工作性能、最低的成本等。这就提出了设计最优化问题。解决最优化问题所用的方法称为优化方法，又称优化设计。这里所谓的"设计"，实际是指研究和寻求最佳的解决问题的方案。由于最优化涉及的因素很多，"最优"二字应理解为在给定条件下得到的最为满意的、最适宜的结果，是相对而言的。

设计的质量指标主要是稳定性（功能的长期有效性及在下一次的更新换代前保持其先进性与竞争性）、准确性（预期目标与现实状况的近似程度）、快速性（设计速度及由设计到实现的时间），为达到这些指标，设计程式和方法是极为重要的。盲目的照搬照抄的程式，只能达到最低的使用要求，只能达到"快"的指标。事无巨细均按现代科学方法的程式，则周期过长，造成不必要的精力浪费。因此，优化的设计程式是应该：发散（广开思路）、创造（构想各种独创、新颖的方案）、收敛（非主要部分的常规设计与关键部位的现代设计相结合，以便于具体工作的展开）。过分刻板化的程式或过于松散无序的程式都是不优化的，应据实际情况确定出恰当的程式。

优化设计的方法很多。从广义上说，一切科学方法论均在一定程度上具有优化效果。运用现代科学方法比用传统方法优化；创造性方法比一般推理要优化等。但优化设计，作为一项专门技术，尚有其自身的体系，一般可分为：

1. 直觉优化方法

这种方法不需计算，凭直觉和经验加以确定，如造型形态问题等。它取决于设计者知识的广泛性及修养，还要配合一些评价方法。

2. 试验优化方法

在产品设计中，当解决产品本身机制不很清楚，或者对新产品、新系统设计经验不足，各参数对设计指标的影响主次难以分清时，试验优化是一种可行的优化设计方法。

试验优化需要试验模型（样机或者模拟装置等），经过数次试验后根据试验结果的好坏来优选方案。或者也可以根据实验数据，构造一种函数，再求这个函数的极值。

3. 进化优化方法

从生物学可知，进化是由渐变与突变两种方式形成的，产品等的进化也一样，要随时根据市场需求和竞争形势等不断更新换代，也即"自然选择"、"适者生存"的过程。价值工程是从使用寿命期间的功能价值出发一点一滴地分析改进，使工程和产品达到优化。适应性设计、变异性设计也是一种进化优化，而突变的创造性方法则是彻底的优化，所谓开发性设计即属此类。

4. 数学优化方法

这是一种严密、精确的寻优方法，也是优化设计研究、运用的主要内容。数学优化方法有简易优化法（如黄金分割法等）、图解分析法和数学规划法三大类。在解决优化设计问题时，一般经过三个阶段：① 将设计问题转换为一个数学模型，其中包括建立评选设计方案的目标函数，考虑这些设计方案是否适用、可接受的约束条件，以及确定哪些参数参与优化等。② 根据数学模型中的函数性质，选用合适的优化方法，并作出相应的程序设计。③ 用计算机运行程序，求出最优值，然后加以分析判断，得出最优设计方案或参数。数学优化方法的内容如图 4-21 所示。

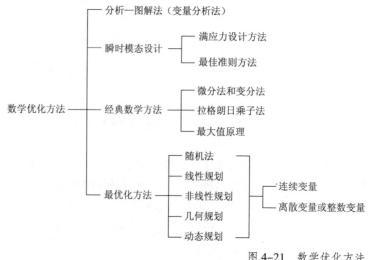

图 4-21 数学优化方法

5. 专家系统（知识库）优化方法

它是将有关专家的知识和经验分类整理后纳入程序中，计算机在输入原始参数后，能模拟专家的推理、判断与决策的过程，以解决实际的问题。由于有一大批这样的专家知识库，所以在某些问题上，可以得到较好的方案。

6. 模糊优化方法

现实生活和系统设计中的许多事物都程度不同地存在着界限不清楚的特点，因此，模糊集合和模糊优化的概念是十分重要的。随着人工智能和科技发展，模糊优化越来越趋于重要，它是在模糊数学的基础上，对在优化设计中考虑种种模糊因素的一种新的优化方法。它能定量地处理影响设计方案的种种模糊因素，使方案更加符合客观实际。它能给出一系列不同安全水平的优化方案，可以使用户有广泛的选择余地。因此，模糊优化的结果更加切合实际和更加合理、科学。

7. 其他优化方法

多维图形法、图论法、准则法，以及大量的创造性方法均可移植到优化设计中来。

现在通用的是以数学规划论为理论基础的优化设计，实质上是在产品原理方案已定的情况下，对其结构参数进行寻优的一种方法。它不涉及更高层次的原理方案优化问题。原理方案优化的难度要大得多，而且难以完全套用数学规划论的现成理论和方法，但终究这是应该解决的优化问题。因此，优化应该是多层次的，在每一个层次中可以采用各类不同的方法和手段。一般可把优化分为两大类优化层次，即方案优化和参数优化。方案优化指的是只有任务要求，或用户要求，或是归结为总功能要求，而没有原理方案的框框。这就需要的功能论方法为指导，在客观约束限制下，利用创造工程和功能形态学矩阵（功能技术矩阵）等手段产生众多的原理方案，再通过各种可行的办法加以评价、筛选和决策。这样可以在更高层次优化，使其在产品开发设计上有可能产生创新和飞跃。参数优化主要指通过数学规划等办法在已有原理方案的情况下，使其参数具体化和进行优化，完成预定总功能的方案设计和参数设计。

优化是应该贯穿于产品的构思、计划、设计、制造、装配、使用、维修、改造直至报废的全过程的一种思想。只要有一个环节没进行优化，那么这个环节里则可能产生某些不合理或不够好的效果。

在实际设计时，所要追求的是多目标的，如在性能、环境、成本、使用经济性等方面的各种要求。为了要协调各方面的因素，必然对有些指标要求高些，有些指标的要求低些，均衡起来达到优化的结果。因此，优化的目标应是广义的，多样的，协调起来达到满意，才是优化的真正含义。否则就会出现畸性结果，或性能很好经济性不佳，或其相反等。按系统的观点看，局部优化的组合并不等于整体优化甚至造成全局劣化。

五、可靠性设计

可靠性是衡量系统或产品等质量的主要因素之一。所谓可靠性是指系统、产品或元件、部件等在规定的条件和规定的时间内完成规定功能的能力。"规定的时间"是可靠性定义中的重要前提。一般说来，系统的可靠性是随时间的延长而逐渐降低的，所以可靠性是对一定的时间而言的。"规定的条件"通常是指使用条件、环境条件和操作技术等。不同的条件下同一系统或产品的可靠性是不一样的。"规定的功能"通常用系统的各种性能指标来描述。一个系统丧失规定功能的状态称为"故障"或"失效"。所谓"能力",只是定性的理解还不够,还必须进行定量的描述,它是具有统计学意义的量,需要进行大量试验和观察后才能确定。这里说的能力通常就是各种可靠性指标,如可靠度、失效率和平均寿命等。

影响系统可靠性的因素很多,主要有:

(1) 系统所能完成的功能容量与精度(主要功能参数变动范围):功能增加,使系统复杂化,导致可靠性下降;功能参数精度要求得高,也将减低系统的可靠性。

(2) 系统工作要求的寿命及外界条件的干扰:可靠性意味着要在全部外界条件变化与干扰下正常工作,完成系统的功能。

(3) 组成系统的结构与元件的质量:系统是由许多分系统、子系统和元件组成的,它们的可靠性以及相互间的构造关系将影响整个系统的可靠性。要保证一定的可靠性往往需要在重量、成本、功率、备份等方面付出一定代价,所以可靠性的问题实际上也须考虑优化。

提高可靠性的途径主要有三个方面,即设计、生产加工和管用养修。从设计方面看:

(1) 人机系统综合考虑:设计时要考虑人与机的特性,搞好功能分配,同时要考虑轻便、灵活、舒适宜人、不易失误等,而且还要考虑环境因素。

(2) 简单性与冗余性辩证分析:一般说,越简单越可靠,但也不尽然,过于简单反而不可靠,如省略了联动、互锁、保险、限位等机构系统就不安全。越复杂当然不是越可靠,只要有必要的冗余性即可,片面追求"复杂新颖"以示"高级水平"是不可取的。

(3) 原材料与零部件有机选配:原材料与零部件也并非一定越高级越好,主要取决于部位的重要性与特性,含油轴承在高速轻便的旋转运动中的可靠度要比滚针轴承高。也不一定寿命越长越好,如果一项产品更新周期为五年,则所有的零部件、原材料的寿命就不应超过这个寿命太多,否则产品已报废许多零部件却完好,造成资源浪费。

可靠性设计的全部工作包括硬件与软件,包括从设计制造到使用维修,还包括进行价值工程的核算等,不能单纯追求可靠性。可靠性设计的步骤如下:

1. 明确可靠性要求的主要指标

(1) 全系统可靠性级别与要求;
(2) 系统的工作环境条件;
(3) 运输、包装、库存等方面的情况;
(4) 易操作性、易维修性、安全性要求;
(5) 高可靠性零件明细及其试验要求;
(6) 薄弱环节的核算;
(7) 制造与装配的要求;
(8) 管理、使用、保养、修理的要求。

2. 可靠性预测

(1) 以往的经验及故障数据;
(2) 今后的发展与评估意图;
(3) 预测值与期望值接近的可能性;

(4) 获得高可靠性的方法；
(5) 薄弱环节的消除及新生薄弱环节；
(6) 提高可靠性的裕度与协调各种参数；
(7) 故障率的预测；
(8) 对维修性与备件的预测。

3. 可靠度的分配

(1) 整系统与分系统可靠性的关系；
(2) 分系统对总系统可靠性的贡献度；
(3) 分系统动作时间表与负载谱；
(4) 满足可靠度的费用；
(5) 可靠性分配到重要零件与组件上；
(6) 修正误动作的方案；
(7) 保证可靠性的试验。

4. 制定设计书

(1) 设计方案的综合权衡因素；
(2) 设计方法自身的可靠性；
(3) 试验方案与计划；
(4) 选择设计方案；
(5) 提出保证可靠性的设计书（包括系统的可靠性设计与重要零件的可靠性设计等）。

六、人机系统的分析设计

当进行人机系统分析设计时，一般要解决四个基本问题：

(1) 人和机之间的合理分工。什么工作适合于人来完成，什么样的工作适合于由机来完成，既人机间的功能分配问题。
(2) 人机结合形式问题。
(3) 人机系统中，人使用什么工具和机械，即机械器具（产品）的设计问题。
(4) 怎样评价人机系统的质量好坏，即系统评价问题。

1. 人机系统的功能分配

人机功能分配是十分重要的一项工作。这需要首先考虑人和机各自的特点，根据二者的长处和短处，确定最佳的功能分配。人机间的特性差异可以从多方面具体分析，表 4-2 列出了人机特性的一些比较。

表 4-2 人机特性对比

	机器的特性	人的特性
1. 检测能力	对物理量的检测能力很宽，而且正确 对电磁波、微波、超声等也能检测，超过人的能力。	感觉器官和辨认结合具有高度的检测能力 基准值不定，易发生偏差 随机应变的能力强 具有嗅觉，味觉和触觉
2. 操作能力	操作速度、精度、功率大小，操作范围大小，耐久性等均比人优越得多 对液体、气体和粉状物的操作能力比人优越，但对柔软物体的操作不如人	人的操作器官特别是手，具有非常多的自由度，能微妙地协调控制，能进行立体的多样运动 人从听觉、视觉、位移、量感等所得到的高级信息，反馈控制操作器官进行高级的运动

续表

	机器的特性	人的特性
3. 信息处理机能	根据预定程序，能进行高度正确地反复数据处理，这一点人是不如机器的 记忆正确，能长时间储存 储存不太多时，可迅速取出信息	人对特征的抽象、归纳能力、识图能力、联想、发明创造等能力强，具有高度的思维判断能力 能高度地储存丰富的经验 学习能力强，课题解决的能力高
4. 耐久性持续性	耐久性高、能耐连续单调的反复作业 耐久性依赖于可靠性高低 需要适当的保养	不能长时间地连续作业，需要适当的休息、休养、保健 长时间维持一定的紧张水平是困难的 对刺激少，或没意思的单调作业适应性差 容易疲劳，其耐久性受年龄、性别和健康情况等影响
5. 可靠性	可靠性与成本有关，但根据适当的设计制成的机器，对于预定的作业可靠性高，但对意外事态无能为力 特性一定，就不太变化	对突然发生的紧急事态，有可能完全失去可靠性 对作业的愿望、责任感、肉体的及精神上的健康状况、意识水平等由于心理、生理条件的变化而变化 人容易发生差错 人的可靠性，不仅个人有差别而根据经验的多少也有变化 如有时间、精力充沛时，能处理意外事态
6. 通信	机器和人之间只能用非常有限的方法	人和人之间的通信很容易 人与人之间的关系管理很重要
7. 效率	具备复杂机能的机器，其质量增大、需要大功率 只把必要的机能，适合于目的设计出来，浪费才可避免 如果是单调作业、机器速度快而准确。用新机器时，从设计、制造直到工作花费时间 能在恶劣环境下工作 可进行高阶运算、多种控制	人是轻量级，功率是 100 W 以下。能量消耗小，每天只需 0.5 kg 左右的食物，就可长时间工作。而机器的燃料消耗比人大得多。人的能量利用率可达 80%，机器只能达到 30% 人需要吃饭 需要教育和训练
8. 柔软性适应能力	是专用机器，不能改变用途 容易进行合理化	根据教育、训练的不同可适应多方面用途 能调整
9. 成本	需要购入费和运行、保养费 机器万一不能使用，失去的只是机器的价值	除了工资之外，对福利优厚、家属等需要考虑 万一情况下失去的是生命
10. 其他		人具有独特的欲望，有情感、意识和个性 人需要在社会中生活，不然就会有孤独感、疏远感，对作业能力有影响。 个性差别很大 人有自尊、人道主义

将人和机器有机地结合起来，可以组成高效的人机系统。但不是简单地把人和机器联到一起就可以的，必须认真分析有关情况，合理分配功能，并根据系统的不同要求加以具体的分析权衡。当进行功能分配时，必须考虑人和机器的基本界限。

人的基本界限有：

(1) 正确度的界限。人进行作业时，总有些误差，不如机器的正确度高。

(2) 体力的界限。体力有限，容易疲劳，不能忍耐长时间的重劳动。

(3) 行动速度的界限。人的运动速度有限，处理信息需要一定的反应时间。

(4) 计算能力和感知能力的界限。计算复杂问题很慢，记忆能力也有限，但人能感知混在杂音中的信号，对状态的综合适应能力具有柔软性，有推理、综合能力。

机器的基本界限有：

(1) 机器性能维持能力的界限。不进行适当的修理养护，机器的性能是不能长久维持的，维修、维护方法要由宜人学原则来定出。

(2) 机器正常动作的界限。有可能突然异常。

(3) 机器判断能力的界限。机器可以设计得具判断性，但很有限。

(4) 费用高。机械化往往需要较高投入。

考虑人的因素，贯穿于机器（产品）设计的全过程。将人看做是系统中的一个要素，设计出以人为主体的最佳人机系统，这是现代设计的重要特征。在人机系统功能分配时，首先要决定人机系统的必要功能，接着对功能进行详细分析，解剖，经分解的各个功能根据人机特性的比较逐一分配。要进行这个功能分配，需要具备有关人和机器方面的专门知识。分配给人和机器的功能，为能充分发挥各自特性，需要在人和机器之间进行协调的界面设计。界面设计要以宜人学的角度考虑，使人机之间能有机结合，机器和人的信息传递要相互适应，使系统达到稳定而高效的目标。

在功能分配时可考虑以下的一般原则：

(1) 利用人的有利条件：

① 判断被噪声阻碍的信息时；

② 在图形变换的情况下，要求辨认图形时；

③ 要求对多种输入信息能辨别时；

④ 对于发生频次非常低的事态，希望能判断时；

⑤ 要解决需要归纳推理的问题时；

⑥ 对意外发生的事态，能预知、探讨它。当要求报告信息状况时。

(2) 分配给机器有利：

① 对决定的工作能反复计算，要储存大量信息时；

② 要迅速地给予很大的物理力时；

③ 整理大量的数据时；

④ 在危险、恶劣环境下作业时；

⑤ 需要精确调整操作速度等时；

⑥ 对控制器施加的力需严密时；

⑦ 需要长时间加力时。

2. 人机系统分析和设计的程序

把复杂的人机系统分析、解剖时应按一定的步骤展开，明确系统的目的、必要条件、控制条件等，然后再综合成系统方案。系统分析包括以下几个方面。

(1) 系统整体的必要条件：

① 系统的使命、完成的目的；

② 系统的使用条件、使用的一般环境条件；

③ 系统的任务；

④ 机动性要求；

⑤ 紧急保护措施。

(2) 系统的外部环境：

① 阻碍系统完成任务的外部环境；

② 外部环境的测定。

(3) 系统的内部环境：

① 照明、采光、振动、噪声等；

② 作业空间；

③ 妨碍完成作业的内部环境。

(4) 系统组成分析。

(5) 记录构成系统各要素的机能特性和限制条件：

① 人的最小作业空间；

② 人的最大用力；

③ 人的作业效率；

④ 疲劳；

⑤ 人的可靠性；

⑥ 费用、输入输出的力量、信号等。

(6) 人和机器的协调和有机结合关系：

① 人和机器的作业分担；

② 共同作业时关系的协调等。

(7) 要素的决定（由人还是由机器完成）。

(8) 选择评价方法和方式。

第五章　商品化设计思想及方法

我们知道，今日的工业设计与往日的产品设计之间的差别是很大的。在工业革命以前，设计者所处的时代与环境均是十分单纯的。当时的设计师就是制造者，他用自己的想法，自己的技能，根据用户的要求做出一个符合特定对象需求的物品，设计者与制造者是统一的。然而今天的环境由于批量生产及工业化的过程，使得各行各业不断的分工，技术也越来越专门化。因此，某产品开发的过程中，就应有各种具备专精知识的人来配合工作，才可能达到目的。

目前从事产品设计工作的设计师大致可分为个人设计师和企业设计师两类。前者如设计大师科拉尼，他的作品十分广泛，无所不包，但他的设计作品多以展览方式待价而估，极少考虑到商品化的可能，而完全以表现其设计哲学为主要目的。他所信奉的设计哲学是"宇宙间没有直线（No Straight Line in the Universe）"，所以他的作品完全是用曲线所组成，设计所表现的是"天人合一"的境界。个人设计师在今天整个设计界所占的比例很小，多数的还是企业设计师。企业设计师顾名思义就是为公司、企业所计划生产的产品而从事设计，目的是产品的商品化。这类设计师又可细分为企业编制内的设计师和编制外的顾问设计师两种。这类设计师中知名度较高的可举德国博朗公司（Braun Co.）的狄特·雷蒙（Diter Rams）为代表。雷蒙自1955年担任博朗公司的主任设计师，对设计的一贯性与企业形象政策有较大的建树。他认为一个公司的产品、广告、建筑等的形象要有一贯性，这种形象要不断地延续下去。他认为博朗公司的产品追求的是以功能为前提的和谐，要符合消费市场和消费者的需求，必须具有人体工学的正确性；每件产品都要有极完整的配置，不论色彩、形态、按钮、装饰等，每一细节均达到高度的和谐。作为企业中的设计师必须研究消费者的心理需求，因为产品不仅是满足物质功能，而且还要具有给人以欣赏、触摸、感觉等精神功能，并对人的生活有着积极的影响。现在，产品在人们生活中扮演着极其重要的角色，与人们朝夕相伴，因此，设计必然与消费者结合，然后才能发挥其影响，即使是个人设计师，也要考虑其构想变成工业化生产的产品的问题，以此将其设计推广到社会中去，否则其设计作品只能作为陈列品。企业设计师在主、客观的限制条件下，也自然要有考虑商品化的问题。总之，今日的产品设计师必须要有商品化的设计思想才能合乎快速发展的工业化社会的要求。

§5-1　商品与产品

设计的目的是满足人类不断增长着的需要，而人们需要的满足是通过企业不断提供的产品来实现的。

通常人们对产品的传统地理解是指具有实体性（或物质性、实质性）的产品。这是对产品的狭义的理解。广义的产品是指为满足人们需求而设计生产的具有一定用途的物质产品和非物质形态的服务的总合。因此产品应当包括以下三个方面的内容。

（1）实体：产品提供给消费者的效用和利益。

(2) 形式：产品质量、品种、花色、款式、规格、商标、包装等。

(3) 延伸：产品的附加部分，如维修、咨询服务、分期付款、交货安排等。

美国市场学家利维特断言："未来竞争的关键，不在于工厂能生产什么产品，而在于其产品所提供的附加价值：如包装、服务、广告、咨询、购买、及时交货和人们以价值来衡量的一切东西。"企业经营战略是企业成败的关键，而制定企业经营战略面临的第一个问题就是企业能提供什么样的产品和服务去满足广大消费者，由此可见：设计的商品化思想对于设计是何等的重要。图5-1表明了产品的生产过程和交换过程。产品一旦在不同的所有者之间交换就转化为商品，因此，优秀的设计师应当树立牢固的商品化观念。

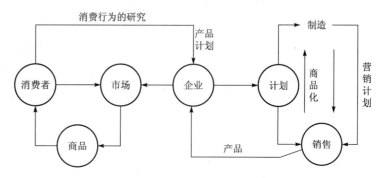

图 5-1　产品的生产过程和交换过程

§5-2　商品化的设计思想

商品市场随着科学技术与社会经济的发展，竞争变得更加激烈。目前，绝大多数的企业都意识到自身存在与发展的关键在于不断地开发设计新产品及改良老产品。

一般说来，一件新产品的发展，其决策过程大都需要有6个步骤：

(1) 产品构思（概念）。

(2) 筛选、评价。

(3) 产品观念的形成与经济分析。

(4) 产品开发（造型设计、工程设计、包装设计等）。

(5) 市场开发（销售渠道、销售促进等）。

(6) 商品销售，实现商品化。

在研究开发的历程中，有许多产品及新产品构想，虽然花费了很多人力、物力及资金，却无法完成市场的开发，这是因为创新过程中出了问题：可能是企业技术问题；或是要花费很大的成本才能开发出来，因而在财力上行不通；或是预测不准，过高估计市场需求等。总之，是没有全面地解决商品化的有关问题。商品化是设计开发的最终环节，它决定着设计的有效性，因此，具有举足轻重的地位。

产品设计并不是把各类工程师、设计师的作用简单相加，而是在整个产品开发中给予产品贯穿以工业设计的思想，并在产品开发中扮演一个重要角色。这不是像以往许多人所认为的那样，即设计师要凌驾各种专业人才之上，统领所有的开发活动。在产品开发中应当贯穿工业设计的思想。设计师是以其固有的能力和知识加入到产品开发工作中去，给产品以妥善的处理，以其敏锐的感受力洞悉问题的症结，预见未来的趋势，以其对色彩、图案、形态的鉴赏力，以及对设备、技术的了解，激发开发工作的展开并与有关人员相互合作，使产品开发取得良好的结果。因此，工业设计师的地位是重要而又确定的，应该而且能够在产品的开发中贯穿商品化的观念和思想，以求取得设计开发的成功。

实现商品化所应做的事情很多。第一，须将产品的特性与包装确定下来，即确定产品观念与包装观念；第二，对新设备进行投资，以便进行大量生产的准备工作；第三，必须与销售人员进行正式磋商，以创造执行此方案所需的技术与热诚；第四，必须与销售部门联系，以便计划一系列的广告促销方案。商品化的工作，虽在开发决策流程中处于较后的阶段，然而它是从开始阶段逐渐累积下来的成果。换言之，在新产品开发过程中，每一阶段均与商品化的可行性有关。因此，在设计开发时应时刻注意商品化的有关事宜。这也是为什么设计师必须有商品化的设计思想的原因所在。

广义地说，所谓商品化是将现代营销学的策略应用于实际的市场活动中。因此，产品商品化所涉及的范围相当繁杂。本章所讨论的只是就商品化对产品设计开发可能产生的影响，以及从设计师的角度来探讨在产品设计上如何使之配合。至于完整的行销观念与活动，则可参阅有关专业书籍。

在现代化企业环境中，产品设计师是企业产销体系中的一员，因此在考虑与设计有关的商品化问题时，其思考的重点，自然是以企业内部与外部的因素为出发点。图 5-2 所示的是以公司内部环境所衍生的生产管理要素和从外在环境所衍生的市场要素为主构成的产品商品化影响因素空间。对新产品开发过程而言，在企业内部环境中必须首先考虑到财务状况和生产制造能力，以此作为决策的基准，它们在生产管理要素轴上因性质不同而各列一端。其次，对外部环境而言，所要注意的问题有：是否进行产品的设计开发，以及有关销售潜力的研究。因此，在外部要素轴上，可以得到产品的设计开发与销售两个基点，在内部要素轴上可得到财务与制造两个基点。由这四个设计中要考虑的基点，可以构成设计开发中商品化问题所涉及的几个层面，如图 5-3 所示。开发与制造间的问题是技术研究的范畴；设计开发与财务间的问题则是属于投资效益分析的范畴；制造与销售间的问题有赖于广告、促销活动；财务与销售间的问题则是销售利润率的考虑内容等。这些都可从图 5-3 中推断出来。

如果把与设计有关的商品化因素一一展开，则可以发现，一件产品的设计首先与商品化中的行销策略有关，如图 5-4 所示。它是由以市场要素为轴，连接设计开发、销售与财务 3 个基点所构成的三角形空间。其次是位于销售策略对应位置的设计策略，如图 5-5 所示，它是由设计开发、制造与销售 3 个基点

图 5-2 商品化影响因素空间

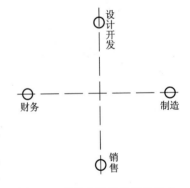

图 5-3 商品化设计思想的基点

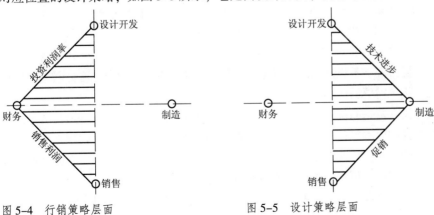

图 5-4 行销策略层面　　图 5-5 设计策略层面

所确定的空间，是商品化的另一个层面。类似的情况，若以生产管理因素为轴，连接制造、设计开发与财务 3 个基点就构成与设计有关的生产计划层面，如图 5-6 所示。对应地，在生产管理要素的另一侧，连接制造、销售与财务所构成的三角形空间，如图 5-7 所示，就是商品化设计的销售计划层面。

图 5-8 是综合了上述几个层面，说明了整个设计开发活动所涉及的范围。至此，我们介绍了商品化设计思想的基本框架，以后各节将较深入地分析商品化设计思想的具体内容。

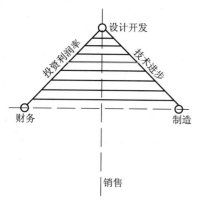

图 5-6 生产计划层面

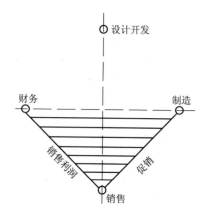

图 5-7 销售计划层面

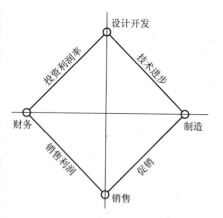

图 5-8 销售商品化设计观念的范围

§5-3 设计与营销策略

产品通过营销为人们所使用之后，其经济的、效益的、机能的以及审美的等目的才能实现，产品设计的目标和使命才可能达到。因此，设计与营销的关系十分密切，应加以研究。

营销是 20 世纪 50 年代在商品经济高度发达的西方国家中首先形成的一种新的市场经营观念。这种观念的核心是"以销定产"。从历史上看，企业经营的传统观念是生产观念及单纯销售观念，两者简称为"以产定销"。营销观念与传统的经营观念之间的区别可见表 5-1 中的简明对比。图 5-9 也表明了二者的区别。

表 5-1 营销观念与传统经营观念的比较

类 别	观 念	中 心	手 段	目 标
以产定销	生产观念 销售观念	生产或产品	推销宣传	以增加销售量来获利
与销定产	营销观念	用户或顾客	营销组合手段	从满足用户需要中获利

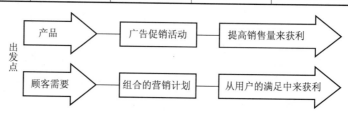

图 5-9 营销观念和销售（生产）观念的比较

从表 5-1 所列可见，"以销定产"的营销观念的特点在于：

（1）它不是以生产或产品为中心，而是以用户或顾客的需要为中心。不是销售从属于生产（即生产什么就销售什么），而是销售指导设计和生产。

（2）它不以推销为主要手段，而是采用综合性的营销组合手段。

（3）它的最终目标虽然仍是获取盈利，但着眼点已扩大到更好地满足用户需要方面，不再是着眼于以增加销售量来获得更多的利润。这是因为，只有符合用户需要的产品才能稳固地增加销售量。

树立营销的观念，对产品设计师是十分重要的。一方面，营销观念符合工业设计的根本宗旨，即设计是为人服务，提高人的生活质量。另一方面，营销观念的树立，有助于克服设计上"闭门造车"的错误倾向，即提示设计师要注重市场调查和预测，注重消费心理的研究等。

产品销售受很多因素的影响。这些因素可分为两类：一类是企业不能控制的因素，如宏观经济环境因素、人口因素、经济因素、政治法律因素、技术因素、竞争机制因素，以及社会文化因素等。这类因素决定了市场需要的性质和容量。另一类是企业能控制的因素，可以归纳为4个方面，即产品、价格、销售渠道和促销，简称4"P"（Product——产品，Price——价格，Place——销售渠道，Promotion——促销）。这4个因素是企业营销活动的主要手段，一般称为营销因素或市场因素。营销因素虽然是企业可以控制的，但如何作出选择，要以企业不能控制的环境条件为依据，才能实现预期目标。这两类因素的关系如图5-10所示。

图 5-10 营销因素

与营销因素相对应，营销策略上也就有产品策略、价格策略、销售渠道策略和销售促进策略（图5-11）。这些策略间应是相互配合的，并根据企业不可控因素（如前所述）等进行营销策略的组合，以综合地使与营销有关的工作顺利进行。下面将从产品设计的角度来讨论营销策略组合的4个组成部分，显然我们讨论的重点是产品策略，其余部分是有关专著的内容，在此仅略加提示。

一、产品策略与设计

企业的市场营销活动以满足用户（顾客）需要为中心，用户需要的满足只能通过向他们提供某种产品来实现。提供什么样的产品去满足市场需求，这就是企业首先要解决的策略问题。因此，产品策略是营销组合策略的基础。

§5-1中讨论过的整体产品概念，是我们讨论产品策略及与设计有关的问题之前首先应明确的。整体产品概念把产品理解为由实质产品、形式产品、延伸产品3个层次所组成的一个整体，如图5-12所示。

图 5-11 营销组合策略的构成

实质产品是指向购买者提供的基本效用或利益，这是产品的核心内容。形式产品是指实质产品借以实现的形式，如质量水平、特色、式样、造型、商标及包装等。延伸产品是指用户获得形式产品时所能得到的全部利益，即随同形式产品而提供的附带服务。

因此，从整体产品概念出发，企业应该提供什么产品而由此能最大限度地满足目标市场的需要，必须在5个方面作出决策，即生命周期策略、产品组合策略、商标（品牌）策略、包装策略和销售服务策略。这5个策略的有机配合，组成企业的产品策略。

1. 产品生命周期策略

（1）产品生命周期的特点。

产品的生命周期是指产品从进入市场开始，直到被市场淘汰为止所经历的全部时间，产品生命周期的4个阶段分为导入期、成长期、成熟期和衰退期（图5-13），每个阶段的特点见表5-2。针对产品生命周期的不同阶段，其营销策略是不同的，所作的设计工作也不同。

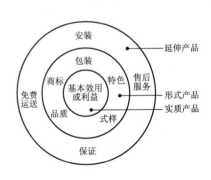

图 5-12 整体产品概念

表 5-2 产品生命周期 4 个阶段的特点

特点	导入期	成长期	成熟期	衰退期
广告费用	大	大为降低	增加（由于竞争）	不断减少
生产批量	小	不断加大	趋于平稳	不断减少
生产成本	高	大幅度下降	趋于平稳	平稳或增加
价格	偏高	下降	持续下降（出于竞争）	降到极低
销售量	小	迅速增加	缓慢增长	迅速下降
销售增长率	小于10%	超过10%	0.1%~10%	负增长
利润	少或没有	迅速增长	稳定且逐步下降	持续下降

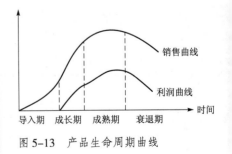

图 5-13 产品生命周期曲线

(2) 产品生命周期策略与设计。

① 导入期的营销策略：导入期的营销策略其最终目标是以最短的时间迅速进入市场和占领市场。缩短导入期的主要途径就是运用四个营销因素，即产品、价格、销售促进和销售渠道，并加以适当的组合。而产品和价格因素都与设计密切相关，同时还要进行大量的广告策划和设计，以建立和提高产品知名度。

② 成长期的营销策略：处于成长期的产品，其销售额和利润都迅速增长，因此成长期的营销策略就是尽可能延长产品的成长期，保持旺销的活力。成长期常采用的营销策略有如下几种。

- 提高产品质量，改进功能，增加花色品种，改进款式、包装以适应市场需要。
- 力争进入新的细分市场。
- 增加和开辟新的销售渠道。
- 广告宣传的目标转为：说服销售者接受和购买该产品。
- 择机降低价格以提高竞争力，并吸引新的购买者。

从成长期开始，设计不仅要关注产品质量，而且更关注产品色彩、形态、包装、广告等的设计。设计工作的好坏直接影响成长期的营销策略，更直接体现在产品的销售业绩上。

③ 成熟期的营销策略：产品进入成熟期后，其销售量已达到最高点，因此成熟期的营销策略，就是尽量延长产品的生命周期。此阶段，企业可采用市场改进、产品改进和营销组合改进等策略。

- 市场改革策略。市场改革的可能方式有两种：发展产品的新用途和开辟新的市场，为产品寻求新顾客。
- 产品改革策略。产品改革就是对产品做某种改进，或者为现有使用者开辟新用途，以期使销售量获得回升。产品改革策略有三种可能的方式。

质量改良：指提高产品质量，增加使用效果；

功能改良：指提高产品的实用性、安全性或使用、操作简便而做出的改进；

形态改良：指产品外形的改进。

- 市场营销组合改革策略。该策略常用的方法为降价、增加广告、改善销售渠道及提供更完善的售后服务等。

为了继续吸引消费者进行购买，成熟期的设计工作变得更重要、更复杂，不仅体现在设计内容的增多——质量、功能、材质和形态的改良，而且更重要的是必须着手进行新产品的开发。若到产品的衰退期再考虑这些设计工作就为时过晚了。

④ 衰退期的营销策略：产品进入衰退期后，基本不能为企业带来利润，企业通常采用如下策略。

- 立刻放弃的策略。采用该策略的原因是多方面的，企业已设计好代替性的新产品，是其中一个重要原因。
- 逐步放弃的策略。为减少企业的损失，制订计划逐步减产，并有秩序地转移有限的资金；同时，设计的替代产品逐步扩大生产。
- 自然淘汰的策略。企业不主动放弃该产品，而是通过完善设计，将其继续留在市场上，或到完全衰竭，或到新生。但采取这种策略的企业必须具有很好的竞争能力，同时也会面临较大风险。

2. 产品组合策略

按照产品生命周期的理论，企业产品的销售量和所能获得的利润量都有从成长至衰减的发展过程。因此，现代企业通常不只经营生产一种产品，而需要同时经营生产多种产品项目。如美国光学公司生产的产品超过 3 万种，美国通用电气公司的产品项目多达 25 万种。企业生产和销售的全部产品项目的结构就称为产品组合。企业根据市场需求、自身的能力和特长、竞争形势等，对产品项目的结构作出决策就称为产品组合策略。产品组合策略大致有如下几种类型。

(1) 全面型：向任何用户提供任何所需产品（如各种服装）。

(2) 市场专业型：即向某类用户提供需要的各种产品（如妇女服装）。

(3) 产品专业型：即专注于某一类产品的生产，将其推销给各类用户（如女西装）。

(4) 有限产品专业型：即集中生产单一或有限的产品，以求在某个特定的细分市场上提高占有率（如老年服装）。

(5) 特殊产品专业型：企业根据自己的特长，生产某些具有优越销路的特殊产品项目。这种策略由于产品的特殊性，所能开拓的市场是有限的，但受到的竞争威胁也相应减小。

产品组合策略只能决定产品的基本形态，由于市场需求和竞争形势的变化，产品组合中每个项目必然会发生分化，一部分产品获得较快的成长，一部分产品继续取得较高的利润，也有一部分产品则趋于衰落。为此，我们应经常分析产品组合中各个产品项目的销售成长率、利润率和市场占有率，判断各产品项目的潜力和趋势，适时开发新产品，并设法停止淘汰产品或衰退产品的生产，即就此作出策略上的选择，以调整产品组合。当然，这一工作并不是设计师本身能完全控制的，而是与企业的领导有极大的关系。但作为设计师，应该有认真的分析和敏锐的判断，不断开发新的设计思路，为领导决策提供依据和信息。因此，产品组合是一个动态的过程，我们所期望的是产品组合总是处于最佳的状态，使产品适时投入或退出市场，使企业不断获取较大的利润。

分析产品组合是否最佳，可用三维坐标的方法进行，如图 5-14 所示。分析各产品项目所处的坐标，就能直观地了解产品组合的状态，从而采取相应的措施，使产品组合处于最佳的状态（即多数产品项目处于图中 1 区）。

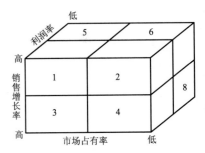

图 5-14　产品组合的三维分析图

产品组合策略与设计的关系是很大的。设计师开发设计新产品时，必须要了解企业的产品组合情况，寻找合乎企业能力和特长的设计开发课题。否则，设计师的设计就难以实现商品化，即使生产了也可能达不到促进企业发展的目的。另外，只有在了解产品组合中各产品的利润率、销售增长率和市场占有率以后，弄清各产品在生命周期中所处位置，才有利于确定新产品开发的目标、时机等问题。新产品的开发和设计要与企业的产品组合有一个和谐互补的关系，既不能延误产品开发的时机而使企业在市场竞争中失利，也不能因不恰当的产品开发和商品化而破坏企业产品组合的合理结构。因此，要注意研究新产品和老产品之间的关系问题，针对不同的具体情况，采取不同的策略。例如，企业即将淘汰的老产品曾获得过普遍的喜爱、信任，则新产品可考虑在造型风格和式样的延续性上提取老产品的成功之处加以发挥。反之，则可考虑在造型风格等方面加以大幅度的改变，以克服老产品的不良影响。对于企业的产品组合，在造型、功能、规格等方面加以适当分组，注意产品的统一形象问题，使产品组合具有系列性或家族感，这也是应该注意的。

3. 商标（品牌）策略

商标（品牌）策略是产品策略的一个重要组成部分。商标和品牌的作用是多方面的，因为它不仅仅是识别标志。商标策略应在以下问题上作出抉择：

（1）商标归属及使用。

① 使用还是不使用商标：采用商标对大部分产品来说可以起积极作用，但是并不是所有产品都必须采用商标。由于商标的采用涉及费用及企业形象等因素，有些情况下就不必采用商标。例如，临时性或一次性生产的商品，试销的某些产品等。当然，此时虽不使用商标，但一般应标明厂名，以示对产品负责。

② 采用制造者商标还是销售者商标：一般说，如果企业需要在一个对本企业的产品不熟悉、不了解的新市场上推销产品，或者在市场上本企业的商誉不及销售者时，可采用销售者的商标。

③ 使用统一商标还是个别商标。

统一商标是指对所有产品使用同一商标。这种策略的好处是：节省商标设计及管理等费用；有利于解除用户对新产品的不信任感，并能提高企业的声誉。采用统一商标策略应具备两个条件：第一，该商标已在市场上赢得信誉；第二，采用统一商标的各种产品具有相同的质量水平。如果各类产品的质量水平不同，使用统一商标就会损害商标的信誉，从而损害具有较高质量水平的产品信誉。

个别商标策略有两种可能的形式：第一种形式是对企业的各项产品分别采用不同的商标；第二种形式是对企业的各类产品分别采用不同的商标。如果企业的产品类型较多，企业的生产条件、技术专长在各产品生产线上有较大差别时，采用个别商标策略比较有利。

统一商标和个别商标并用：如企业拥有多条产品线或者具有多种类型产品，可以考虑采用统一商标和个别商标并行的策略，以兼收二者的优点。例如，美国通用汽车公司生产多种类型的汽车，所有产品都采用 GM 两个字母组成的总商标，而对各类产品又分别使用卡迪拉克、别克、奥兹莫比、庞蒂克和雪佛兰等不同的商标，每个个别商标都表示一种具体特点的产品，如雪佛兰牌表示普及型的大众化轿车，卡迪拉克牌表示豪华型的高级轿车。

（2）品牌策略。

品牌是一种名称、术语、标记、符号或图案，或是他们的相互组合，用以识别企业提供给某个或某群消费者的产品或服务，并使之与竞争对手的产品或服务相区别。从一个品牌能辨别出销售者或制造者，但品牌不等同于商标，商标是经过注册登记，受到法律保护和认可的品牌的部分或全部。

当今，品牌化迅速发展，很少有企业不使用品牌，虽然建立品牌是需要成本的，但品牌化确实给企业带来好处。首先，通过商标注册，企业的产品可以受到法律保护；其次，强有力的品牌不仅有助于建立企业形象，而且有利于企业的管理、生产和销售等一系列活动；最后，品牌化有助于吸引忠实和潜在的消费者，而品牌忠诚不仅使销售者在竞争中得到保护，而且有助于品牌延伸策略的实施和销售者市场的细分。

当进行品牌战略决策时，企业将面临 5 种选择：

① 产品线扩展策略。

产品线扩展是指在同样的品牌名称下面，在相同的产品种类中引进增加的产品项目内容，如增加新口味，增加新成分，改变产品形式、颜色和包装规格等。

产品线扩展的市场存活率明显高于新品牌的成活率。但其也有风险，例如，若原有品牌过于强大，则产品线延伸后的产品就很难在消费者心中定位。

② 品牌延伸策略。

品牌延伸是指利用现有品牌来推出其他产品类别中的新产品。品牌延伸策略有很多优点：借助原有品牌的声望，不仅有利于推出新产品，使其易于迅速得到消费者的认同，而且在原有品牌的盛名下，每种新产品几乎都会被认为是高质量的。如索尼公司把其品牌用于它大多数的电子类产品中，使消费者对这些产品能快速认同。但是，品牌延伸也有缺点，若新产品不被消费者接受，可能就会损坏消费者对该品牌下其他产品的信任度，甚至损坏品牌形象。品牌延伸的滥用，会破坏品牌在消费者心中的特别定位，使其不再将品牌名与其名下的产品联系起来，造成"品牌稀释"。例如，1982年，高档次的"派克"笔因去争夺售价每支3美元以下的低档笔市场，不仅受挫而且使其高档笔市场被冲击，更使其"钢笔之王"的形象和美名受到损害。

③ 多品牌策略。

多品牌是指在相同产品类别中引进其他品牌。多品牌能凸显产品不同的个性，满足不同层次消费者的需求。例如，欧米茄、雷达、浪琴、斯沃琪、天梭等都是全球最具规模的制表集团斯沃琪（Swatch）旗下的手表品牌。Swatch旗下的品牌性格迥异，消费者易于根据自己的身份、职业、收入、社会地位等作出购买选择。据悉，Swatch公司在保持品牌个性的宗旨下，拟再收购或开发一些品牌，填补现有品牌设计和造型上的空白，以满足更多消费者的需求。

但是，引入多品牌战略可能会导致公司将资源分配给过多的品牌，而不是为获取高额利润的少数品牌服务；也可能会造成每种品牌只占有很少的市场份额，使企业几乎没有利润。

④ 合作品牌策略。

合作品牌是指两个或更多的品牌在一个或一类产品上联合起来，这是一种伴随着市场激烈竞争而出现的新型品牌策略，它体现了企业间的相互合作，也是企业品牌相互扩张的结果。例如"一汽大众"、"上海通用"、"松下—小天鹅"等都是合作品牌。合作品牌策略的优点在于：合作双方互相利用对方品牌的优势，提高自己品牌的知名度，可增强产品的竞争力，从而扩大销量额，同时节约了各自产品进入市场的时间和费用。

但是，合作品牌策略也存在很大的风险。在长期的使用中，双方公司可能受益不均，甚至产生危及一方利益的现象。另外，两家合作公司的品牌知名度不同，信誉有高有低，高信誉度的品牌形象有可能在合作中受损降低。

⑤ 新品牌策略。

为新产品设计新品牌的策略称为新品牌策略。当企业推出新产品时，发现现有品牌对新产品并不合适时，就需要采用新的品牌名称。例如，原来生产保健品的养生堂开发饮用水时，使用了更好的品牌名称"农夫山泉"。

建立一个新品牌不仅成本较其他品牌策略高，而且也存在失败的风险。

商标（品牌）策略问题是设计师应该熟悉的，因为产品设计总要涉及这方面的问题。对设计师而言，重要的是根据产品设计开发的具体需要，判断应选择的商标（品牌）策略，使产品在商品化过程中能顺利地发展。值得注意的是商标（品牌）策略问题和产品组合策略有一定的联系，应有统一的考虑。

4. 包装策略

包装策略主要是针对销售包装（内包装）而言的。目前国际市场上商品包装策略主要有以下几种。

（1）类似包装策略：企业所生产的各种不同产品，在包装上采用相同的图案色彩或其他形式特征，使用户极易发现是同一家企业的产品。类似包装和采用统一商标具有相同的好处。

（2）多种包装策略：把使用时互相关联的多种产品纳入一个包装容器中，同时出售。如工具等，既便于使用又扩大了销路。

（3）再使用包装策略：原包装商品的容器使用后还可以作其他用途。这种包装策略能物尽其用，能引起顾客的购买兴趣，同时包装器具更能持续发挥广告的作用。

（4）改变包装策略：商品包装上的改进正如产品本身的改进一样，对销售有重大意义。当企业的某种产品在同类商品中内在质量相似而销路明显逊色时，就应该注意改进包装设计。当一种产品包装沿用已久，跟不上时代审美等要求时，也应考虑推陈出新，变换新颖的包装。

（5）附赠品包装策略：这种策略曾在国际市场上流行一时，大都为中小型企业所采用。这是一种促销手段。

采用何种包装策略才更有利于商品化，这是设计师不能回避的问题。包装设计应是设计师的一项重要任务。上面所介绍的包装策略各有所长，并又各有其适用的条件，设计师必须在充分了解有关情况的基础上，才能慎重选择，否则将损害产品的商品化进程和效益。

5. 销售服务策略

对于销售服务策略，主要包括服务项目、服务水平、服务形式等方面的决策问题。

二、价格策略、销售渠道策略及销售促进策略与设计

1. 价格策略

价格是影响产品销路的重要因素，它对企业收入和利润的影响很大。因此，如何定价是企业经营中的一项重要策略。定价策略一般说来有三类：① 以成本为中心的定价策略；② 以需求为中心的定价策略；③ 以竞争为中心的定价策略。

在产品设计中，考虑定价策略，对于企业的目标是有益的，尤其是对以竞争为中心的定价策略，了解企业的意图之后，在设计中有意识地加以配合，使企业的意图得以实现。对此，设计师是能有所作为的。如进行功能价值分析，降低产品成本，按目标价格精心设计，适当添减附加功能，使价格与价值保持适当的平衡等。当先有目标价格时，就对设计师提出一定的要求，使设计受到现实的控制。设计师根据其经验和直觉判断，也应能对价格策略的选择提出自己的建议。

2. 销售渠道

商品化过程一般离不开销售渠道的决策。产品要经中间商（代理商、批发商等）和零售商等环节才能和消费者见面。因此，如何选择销售渠道对产品的

商品化具有较大的影响。销售渠道策略的核心问题是根据产品本身的特点和市场情况等选择中间商。对设计而言，要根据市场因素（如市场范围的大小、用户集中程度、销售批量、市场竞争等）、企业本身的条件、产品本身的特点、政策法令的限制等情况，预估可能的销售渠道，然后根据这些渠道的特点和要求指导产品设计。对于不同的销售渠道、产品的规格、采用的标准、造型的风格、人机学参数的规定、包装的设计等许多因素都可能有所改变，这应在设计之中就加以注意，从而采取相应的对策。此外，设计本身对销售渠道的选择也是有影响的，设计师可利用这一手段达到疏通销售渠道的目的。

3. 销售促进策略

销售促进策略的目的是将产品的有关信息传递给消费者，激发其购买动机，以达到扩大销售的目的。设计师应在促销策略指导下参与广告等设计工作，使产品的设计思想及目标进一步通过广告加以表达和宣传。

依设计者的立场来看，营销活动本质上是针对不同地区的特殊情况与消费者的嗜好、偏爱与习惯，按不同的市场投入不同的产品。在营销计划与设计间的配合上应同时考虑到：一是要因人、因地制宜，即充分考虑市场与社会文化环境的关系；二是要有利于标准化的商品在各地区销售，并有利于产品开发可行性的发挥。

当今的设计师对消费者的需求、价值观念以及生活方式的变化趋势要有确实的预测，并将其结果与现已开发市场研究的结果，一并运用到设计开发中去，使最终上市的商品符合市场需求，达到设定的营销目标。另外从技术角度来说，为了达到某一产品功能，必须缩小需求与技术之间的差距，在制造上想法予以突破，以产生全新的产品去占领市场，这就是商品开发的推动力。

一个消费市场可依地理、人口、心理及购买者行为等主要因素加以划分。针对不同的市场，可采取不同的策略，选择哪种策略完全依据于企业的资源、产品的特点、产品在生命周期中的位置、竞争的形势等因素而定。在经认真分析、慎重判断后，企业据此制定其营销策略和目标。设计师须以营销目标为指导思想，了解营销策略的具体特点，以自己的工作加以全力配合。可用 5W2H 法明确为谁设计；如何考虑消费者所喜爱的设计风格和造型、材质、色彩、装饰等嗜好；产品在什么场合下使用，何时使用，通过什么渠道使产品到达消费者手中；用何种产品去满足用户的需求；为什么要这么设计等。

一般而言，产品开发的决策是由市场需求和企业的目标这两方面因素所引起的。为在开发过程中配合整体营销计划使产品系列在复杂的市场等条件下不断成长，设计者应充分了解市场等有关问题，依据于营销计划和目标，来拟定各种商品的设计策略。

§5-4 设计与产品定位

在商品化为主旨的设计目标中，除了经以目标市场为重要考虑因素外，还必须明确产品的定位。只有如此才能在现代市场环境中确立自己的位置，保证产品的商品化进程顺畅完成。

一、目标市场

目标市场，其实也是设计定位的一个方面。前面已述及，市场可依地理、

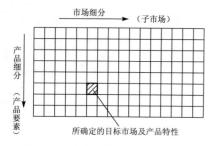

图 5-15 确定目标市场的"市场/目标网络"法

人文、心理及购买者的行为等方面加以细分,划分的精细度可视需要和具体条件而定。把市场细分成若干子市场以后,再根据市场环境、企业的特点等确定所要进入的子市场,即目标市场,这就是设计的市场定位。目标市场的确定可以借助图 5-15 所示的"市场/目标网络"法。图中的产品要素可按类型、形态、色彩、价格、档次、风格、成本等分别展开,从而使未来的产品设计目标清晰化。由于这个过程中,要判断和选择产品要素,所以在市场定位的同时也就基本上实现了产品定位。当然这时的产品定位还只是大方向上的定位,至于细节问题应靠其他方法解决。这种市场细分的方法的好处在于:

(1) 可以仔细地分析市场需求,启发设计思路。

(2) 明确设计的目标,有的放矢、有针对性地展开设计。如为女性消费市场设计办公自动化产品,针对这个子市场,设计的基本特点也就大致限定了,不会造成大方向上的偏差。

(3) 可发现被人们忽略的潜在市场,开发出独树一帜的新产品。

二、产品定位

在确定了目标市场以后,我们还要从更深入的角度解决产品定位的问题。在商品化设计目标中,产品的定位主要是从市场方面进行。

目前,人们对市场中商品的心理需求层次已从"只要有"发展到"必须是"的档次。一件商品在商场中必然是要同中求异、满足特定的需求,在众多的同类商品中脱颖而出,否则就必然会失去市场。总之,人们已从以往普及化的消费形态,走入要求有个性的消费形态,不是仅仅满足于拥有某产品,而且要求该产品满足心理、人文、审美及地位等多方面的需要。这种时代要求,对设计师提出了更高的要求,为了适应这种消费品位增高的潮流,我们就得努力建立产品的"差异性"特质。

在竞争激烈的市场环境下,要想以最小的冒险开发新产品,用定位的方法来强调所欲开发投市的产品的特征,是十分有效的。当今的产品设计师必须要设身处地多为未来的消费者着想,把市场的需求作为设计的重要依据。消费者的购买行为就是在众多的同类产品竞争中作出判断和选择,"适者生存"的道理在这里是十分明显的。

一般而言,产品之间的差异性是绝对的,均质性是相对的。如果一件商品能达到消费者需要的差异性,那么市场销售就有了成功的前提。设计师的任务就是要发现并在设计中强调这种差异性,使产品的商品化过程获得成功。

所谓差异性,一般指不同厂家的产品在造型形态、色彩、功能、价格、质量等内在及外在的特点,以及因设计师强调的不同所造成的差异。这是一个广泛的概念。概括地说,产品的差异性大致可划分为 3 种类型:

(1) 功能上的差异:如有人需要高级音响来满足鉴赏音乐的品质,也有人购买低档品来满足声觉享受。

(2) 心理上的差异:如在 20 世纪 60 年代,日产汽车公司推出 1 L(发动机排放量)的 Sunny 轿车。丰田公司见其销路好,随后推出了 1.1 L 的 Corona 轿车与之竞争。从物理功能上而言,两者相差只不过 0.1 L,但在心理效果上却大异其趣,给人以有 0.1 L 充裕量的感觉。又如,某些音像产品上增加一些发光二极管(LED)等显示装置。虽然这在物理功能及成本等方面都没有大的变化，但在人们心理上却造成较大差异感。

(3) 技术上的差异：用优异的技术使产品发生差异化是较好的竞争策略，如 Sony 公司的 Walkman 设计。但在技术普及化及信息时代的今天，要使消费者了解和实现这种差异性已渐渐困难。不过善用技术而制造出具有差异化的产品，必然在竞争中立于有利的地位，如 Benz 汽车的例子。

不论产品的差异性有多大，关键的问题还在于设计，是设计的差异造成了产品的差异。因此，如何明确设计目标，实现设计定位是个核心问题。在设计定位时，一般可依下面的步骤进行：

① 首先找出产品有异于其他品牌产品的主要特征有哪些，这是一个分析判断的过程，要分析现有产品的特点和市场情况，确定所要设计产品如何在同中求异；② 建立一个产品差异空间；③ 比较分析现有市场中各商品的关系，重新指出一个新的设计方向，即产品概念。下面进一步讨论这些步骤。

(1) 寻找产品特征：产品具有许多特征，例如大小、结构、材料、造型、价格、商标、功能、质量、性能指标等。应从中确定若干个消费者最为关心的特征项目，才能目标明确，提高实效。这些消费者最关心的项目是确认产品主要特征的基础。

(2) 建立产品差异空间：当产品的重点特征确认之后，可以将它展开形成一个产品差异空间，如图 5-16 所示，图中的各比较项目可根据具体需要而有所改变，至于机能、心理、技术等方面的差异，也可细分成更具体的方面，如安全性、可靠性、工艺性、成本等。总之，这是一种直观化的分析手段，可把有关的信息视觉化，以便决策。

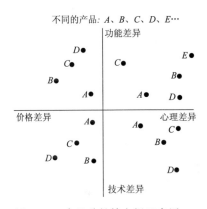

图 5-16　产品差异性空间示意图

(3) 形成产品概念：通过对众多竞争产品特点及差异性空间的分析，可以发现要设计的产品应处于何种位置（在差异性空间中）才是有利的，才能同中求异，并与企业的特点相适应。从而就能形成产品概念，对未来的产品有一初步但确是关键性的想法。有了产品概念，就有了展开设计方案的前提，这之后的工作就是技术性与艺术性相结合的具体工作了，是对确定的产品概念的物化过程。

设计定位，就是要确定所要设计的产品在哪些方面异于其他厂家的同类产品，又在多大程度上造成了这种差异性。选择差异的类别和大小是要经认真分析的，不能闭门造车，有些产品可在价格上形成差异，有些可在功能上造成差异，有些可在质量上造成差异，此外还可在造型形态、色彩、装饰、工艺、质感、风格、尺度等形式要素，以及安全性、可靠性、维护性、技术水平、规格、性能、质量、互换性等功能技术要素上建立具体的差异性。差异可以是一个方面的，也可以是多方面的，应该视需要和能力而定。

§5-5　设计与生产计划

生产计划是企业整个综合生产管理的一部分，如图 5-17 所示。从图中可知，产品设计与生产计划是有确定关系的。所谓的生产计划是指企业为达到其经营目的而建立的一套有组织的策划，以推动生产活动。即在开始生产产品以前，企业先考虑市场、资金来源、生产资料等因素，并据此将所欲生产的产品的种类、品质、生产方式、生产场所、生产进程等做一经济合理的预定计划。生产计划所包括的范围如下：

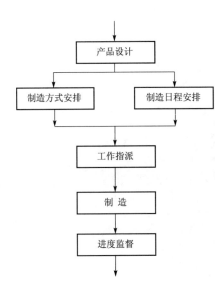

图 5-17　生产计划

1. 产品设计

根据企业目标所要求的产品形式或市场调查的产品构想进行设计。在不影响产品品质的情况下，产品可以重新设计，设法简化生产程序，并尽可能降低制造成本。

2. 制造方式的安排

这指的是：由原料到制成成品，其中所经过的完整制造过程的设计。

3. 制造日程的安排

这指的是把制造过程等的时间进度安排好，以保证在一定的期限内把产品制造出来。

生产管制系根据生产计划所预定的产品设计及制造程序和制造日程的安排，对生产过程给以严格的控制，以期在预定的期限内以最低的成本，制造出合乎品质要求、保证生产数量的产品来。生产管制所包括的内容有：工作指派和工作检查监督等。生产计划与生产管制之间的关系相当密切。生产计划的完整性、合理性越强，生产管制越容易，反之则较困难。

生产计划涉及的因素很多，因而受到各方面的影响。本节仅讨论产品设计对制订生产计划的影响。产品设计对商品化中的生产计划问题的影响包括以下几个方面：

1. 设计品质

经营者决定了产品的某些特性后，设计师的工作就是以此来设计开发符合这种特性的产品。经营者对最终产品的看法构成产品的品质政策或目标。对此经过整理，一旦确定后就成为技术要求而交付设计者执行。

2. 材料的选择

产品设计中，往往有很多材料可供选用，因此材料选择问题也是产品设计的重点之一。在选择材料时，有3个要考虑的因素：产品所应具备的功能、材料的成本和材料的加工处理的成本。一般在材料选择时，要以不损害设计构思为原则，在生产计划上，主要是考虑材料成本或加工处理的成本。例如，冰箱中的制冰盒，可用塑料或铝材来制造。如选用塑料，则材料价格便宜，但模具（射出成型模）成本较高；如选用铝材，模具成本较低，但材料及加工成本则较高。因此，选用材料时，如是大批量生产则应选塑料，若产量不大，则应选用铝材。又如塑料制品，可用PS、PP亦可用FRP制造。若用PS或PP，则必须使用注射成型钢模，若用FRP，则只需采用很便易的木模即可。在材料成本上，FRP略高，但木模的人工成本却贵得多，而且其外观也不好。因此，材料的选择往往要依生产批量的大小而定。

此外，材料价格也不是一成不变的，材料的行情也是设计选材应考虑的因素之一。

3. 设计标准化

设计中遵循标准化原则是十分有益的。由此能降低成本，提高互换性，便于制造，生产管理以及维修等也较为方便。

4. 产品的可靠性

现代化的产品一般都很复杂，每一个零件的可靠性往往决定整个产品的寿命。提高产品可靠性的设计方法有以下几个方面。

（1）设计尽量简化：组件越多，可靠性越低。

（2）使用足够的备用零部件，以形成并联系统，一般较为保险。

(3) 采用冗余性设计：一般可采用超过实际需要的安全系数来增加可靠性。

(4) 方便维护的设计：设计产品时应考虑维护的方便和有效性，也间接使产品的可靠性提高。

5. 模块化的设计

就生产者而言，产品的种类越少，数量越多，则生产成本则越低，利润就越高。但用户的要求则是产品的丰富多样。为解决这一矛盾，近年来人们提出模块化设计的观念，这也可简单地理解为"积木式"或"组合式"的设计观念。

6. 制造流程

在产品设计的后期阶段，应该对生产方式、方法和程序有一个周详的考虑。计划生产方法及程序的方法包括两个方面。

(1) 产品分析：了解产品的结构及零部件间的装配关系。

(2) 确定合理的装配关系：利用剔除、结合、交换、简化等方法，完善零部件的设计和装配关系。最后依装配关系确定生产方法和流程。

产品设计的好坏直接影响产品的商品化过程。因此，处理设计和生产计划之间的关系时，突出的一点就是要使产品设计有利于降低生产制造成本和周期，要有利于生产的计划和管理，使产品的商品化过程和谐、高效。

§5-6　设计与研究开发

现代社会的需求在不断变化之中，企业要想发展，只有采取主动的开发策略才行。企业应依据环境的变化而制定策略，决定开发什么产品以获取市场。图 5-18 是产品开发计划的流程图，图 5-19 所示是商品化的实施过程。

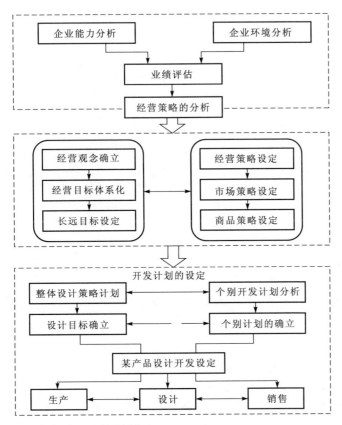

图 5-18　产品开发计划流程

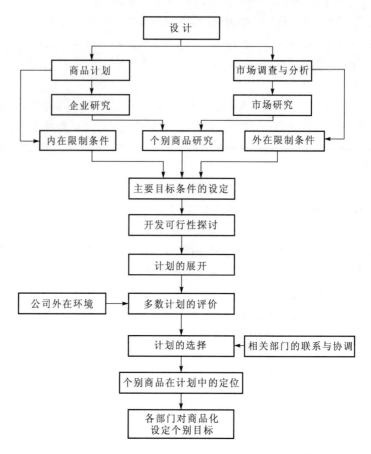

图 5-19 商品化的实施过程

本节主要讨论设计师在研究开发产品过程中的设计原则问题。

一个新产品的诞生,涉及三方面的主要因素:技术的、经济的和人的因素。也就是说,产品的出现可能是技术上的革新所造成,也可能是社会上的需求改变或市场演变的结果,如图 5-20 所示。因此,在产品的研究开发中,设计师应考虑以下几个设计原则,以配合商品化的策略。

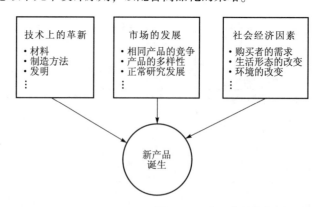

图 5-20 产品革新的主要因素

1. 简洁性设计原则

所谓简洁性,就是指不画蛇添足,不做不必要的设计,以最自然的手法达到解决问题的目的。对于产品革新,不论是原理、结构、外观造型,乃至于使用方式等方面的简单、方便都应在考虑之列。例如造型上的简洁、纯净,这是现代产品设计的一种趋势。产品越是复杂，其人机关系也就越须简化，否则就会造成各种危害或不利，这也是一种公认的原则。总之，简洁化是一种符合商品化要求的、合乎潮流的设计原则。

2. 适切性设计原则

适切性（Appropriate），简单地说，就是解决问题的设计方案与问题之间恰到好处，不牵强，也不过分。例如，回形针的设计巧妙地利用了材料特性，对夹持少量纸张这个问题的解决十分恰当。

3. 功能性设计原则

这一原则的要求是使产品可靠地达到所需的功能，并使产品的造型和功能相谐调、统一。

4. 经济性设计原则

广义地说，就是以最小的消耗达到所需的目的。例如制造上的省工、省料、省时、低成本，加工方法和程序的简易，使用上的省力、方便、低消耗等。一项设计要为大多数消费者所接受，必须在"代价"和"效用"之间谋求一个均衡点，但无论如何，降低成本、薄利多销是经济性设计的基本途径。

5. 美观性设计原则

美的产品能促进商品化的成功，这是十分显然的道理，因此设计师在每设计一件产品时，都应力求达到美的要求。当然，美是一种随时空而变化的概念，而且在产销观点上，或在工业设计的观点上来看待美，其标准和目的也是大不相同的。我们既不能因强调工业设计在文化和社会方面的使命和责任而不顾及商业的特点，也不能把美庸俗化，这需要有一个适当的平衡。

6. 安全性设计原则

产品安全与否，将直接影响其使用，安全性好的产品，能维护消费者的安全利益，并得到信赖。反之，将导致不良的后果。工业设计把人机工程学的研究视为设计的重要内容，目的是为了使使用者在操作时不易发生差错，不发生副作用，不影响身心健康，使人和产品之间有合理的谐调关系，这些都是工业设计以人为出发点的设计观念的具体体现。这一点与一些企业为了不使形象受损而影响经济利益，由此来考虑安全问题，二者出发点显然是不同的，这一点应加以注意。但总的来说，安全性是设计中必须考虑并加以保证的问题，不论其出发点如何。

7. 传达性设计原则

对市场而言，一个好的产品，不管直接的或间接的，势必都会给人一种信息，才能刺激或引导人们去购买。因此，设计的一开始就要考虑该产品所要传达的信息是什么？这是建立市场的基础。传达性设计原则，就是要求设计师在设计产品时，调动视觉的、听觉的、触觉的等各种传达信息的方式，向使用者和消费者传达尽可能多的使用、操作、维护等信息。总的目的是使产品与人之间的亲和力增加，使人用产品时感到可靠、方便。如汽车驾驶室内的操纵件和各种仪表的设计，一方面要用简洁的符号说明使用方法，显示必要信息，另一方面又要考虑在黑夜行车时的要求，而采用夜光或灯光局部照明的显示方式，这样就使产品在传达性上满足了要求。又如某些操纵件，如旋钮、操纵杆、按键、开关等，其外观造型按使用时的特点而设计，使人一目了然，马上就知道如何用力而达到操作的目的。

上述这些原则，是在进行产品商品化设计中必须考虑的众多原则中的重要部分。在不同类别的产品上，考虑以上原则的重点是不同的，从而形成各种不同的产品特色。如卫生设备，其设计一开始就以美的造型为重心，而机床设计考虑的原则就多了，如安全性、传达性、审美性等，都应是考虑的重点。一个商品的存在，一定要有其制胜生存的因素，也许是上述诸原则中的一项或多项，也可能还包含其他因素。在设计上贯彻上述原则越全面、彻底，则越能推进产品的商品化。

  过去，对新产品的开发，总是按照特定的路线和做法，如首先进行市场调查，然后以调查的结果为基础来开发新产品。这就是靠"市场导向"来开发新产品。可是这种常规的市场导向在今天已受到了冲击，因为技术革命的步伐日益加快，市场的变化和商品的淘汰也日益加速，纵使了解到消费者现在需要什么，也没有太大的意义，等产品上市时，需求可能已经改变了。所以，近年来，代之而起的是以寻找未来的需求为热点，开发相适应的新产品。因此，我们不能满足于传统的市场调查观念，而是要把重点放在市场预测上，这种预测也是建立在市场调查的基础上，同时要研究人们的生活形态，倡导"需求创造导向"。而且，最重要的是要学会引导需求、创造需求，采用研究开发的主动出击策略。

第六章 人性化的设计观念

§6-1 概 述

任何一件产品的出现都是为人的需要而设计的。因此，从本质上来说，在产品塑造的过程中，任何观念的形成均需以人为基本的出发点。倘若设计师对于物与物之间的关系过分重视，而忽略了物与人之间的关系，则设计就可能会迷失方向，因而也就抹杀了工业设计与工程设计的区别。当然，工程设计是产品设计中的重要方面，但工业设计师的使命不在于重视和协调工程设计，而在于以人为中心，努力通过设计活动来提高人类生活和工作的质量，设计人类的生活方式，这一点是更为重要的。人性化（Humanization）的设计观念所要强调的正是这种思想，即从工业设计的崇高目标和使命上来理解设计的意义，把人的因素放在首位。

人性化观念的形成可以追溯到很久以前。中国古代的儒家学说中就有人本主义的思想。西方文艺复兴时期，人本主义的思想更是得以发展。随着资产阶级哲学思想在资本主义兴起以来的发展，"人性"、"人本"等主题更加成为重要的内容。从根本上说，资产阶级的"人性化"思想是片面、孤立地看问题的结论，而且他们往往夸大了"人性"的作用和范畴，这与马克思主义的思想原则是大相径庭的。

人性是人的自然性和社会性的统一。我们在设计中使用"人性化"这一概念是有其特定的内涵和外延的，就是在设计文化的范畴中，以提升人的价值，尊重人的自然需要和社会需要，满足人们日益增长的物质和文化的需要为主旨的一种设计观。因此，我们不能把这里所说的"人性化"与社会历史、哲学观点中的"人性化"相比较，以免产生误解。

本章将概略地介绍人性化设计观念的基本方面，并对人性化设计有关的动机因素、人体工学因素、美学因素、环境因素、文化因素等加以讨论。

§6-2 人性化设计观念

人性化的设计观是工业设计经导入期、发展期、成长期发展到现在的成熟期以后而出现的一种新的设计哲学。它反对像过去那样，设计师只重视产品的功能与造型，而是要求设计师积极考虑经过设计的产品将在人们生活过程中发生什么样的作用，以及对周围各种环境的影响程度。人类的生活并不仅仅需要物质上的满足，还有精神文化方面的需求，设计师就是要凭着对生活的敏锐的感受和观察力来为提高人类生活的品质作出贡献。这种设计观较之纯科学技术与商业竞争的设计原则更具有意义。

当今人们清醒地意识到，人、物、环境、社会之间必须是互相依存、互促共生的关系。过去，人们曾夸大地看待物质财富的积聚对人们生活的作用，热衷于自然资源的大量开发和物质财富的创造。这种仅重视物质的价值，而忽略人的价值的做法是不符合人们追求幸福的根本宗旨的。尤其在以科学技术为主的社会里，物质产品的流通更为加快，人们想要保住某些固有价值是很困难的，靠追求金钱与物质财富来达到生活满足是片面的。当然，物质财富的作用是巨大的，是建立美好的生活形态所不可缺少的，但我们还要从更高、更宽的视野里认识人的社会生活，正确了解构成社会的文明、进步和人们生活幸福的主要因素，并用系统的观点来统摄这些因素，指导产品设计沿着正确的方向发展。

一个具有人性化的生活环境，离不开个人的富裕和物质的不断增长。但是对过去以个人物质财富的累积而达到个人安全感的心理必须加以改变。目前，我们越来越认识到，个人对公共资源或技术资源的消耗，若是由适当的社会形态来加以组织和协调，则会得到很大的节省。诸如资源、城镇公共设施、运输系统、传播媒体、通信系统等，只有由全社会共同拥有、共同分享才最为合理。因此，社会中的人都是相互依存的，当今的世界上，没有哪个国家能找到一种新的生活形态而不与世界其他人发生关系。

现在，信息与技术正在改变着人类的生活，这是众所周知的。当代的设计师与其他专业人员都在努力尝试如何将意识性与地域性的距离缩短，而使世界所有的知识成果迅速传播，造成一种新的人群关系的网络，以达到提高人类智慧、提高生产力和维护世界和平的目的。人类社会正向着物质文化极其发达、人与人之间的关系更为和平、消灭剥削的理想形态艰难地发展。这一趋势是必然的，虽然其道路很曲折，但其所揭示或隐含的意义却不能不引起设计师的注意。设计师必须克服功利观念的影响，树立崇高的为全人类服务的思想，把设计的宗旨确立在提高社会的人而不是个体的、抽象的人的生活质量，建立和谐、完美的人类生活环境的原则之上。当然，现阶段，我们必须把立足点放在广大人民之中，树立为全人类服务的思想，站在新的高度来认识设计的意义。人类社会不断进步的客观需求，需要我们设计师主动地提高认识水平，为人类的文明进步贡献力量。

设计是协调自然、社会、科学、文化艺术的一种催化剂。产品不仅仅是作为物质财富而发挥作用，它还具有文化的意义，设计必须注重人的心理及精神文化的因素。我们设计产品的同时，不仅设计了产品本身，而且设计或规划了人与人之间的关系，设计了使用者的情感表现、审美感受和心理反映的基本方面，也即设计了人们的生活方式。我们周围的高技术越多，就越需要人的情感，高技术与高情感的相互平衡，是象征我们需要平衡的物质与精神现实的原则。所以，随着社会的发展，设计所具有的人性的意义就将越来越显示出其重要性，人性化的设计观念是合乎时代要求的。

人性化设计观念的实质，就是在考虑设计问题时以人为轴心展开设计思考。在以人为中心的问题上，人性化的考虑也是有层次的，既要考虑作为社会的人，也要考虑作为群体的人，还要考虑作为个体的人，抽象和具体相结合，整体与局部相结合，根本宗旨与具体目标相结合，社会效益与经济效益相结合，现实利益与长远利益相结合。因此，人性化设计观念是在人性的高度上，把握设计方向的一种综合平衡，以此来谐调产品开发所涉及的深层次问题。在机械的海洋包围之中的人们，都向往着人与人真诚交往的田园式生活。虽然技术的进步使人们的家务劳动和工作劳动减轻了，信息也变得更快捷，衣、食、住、行都比以往更充足和方便，但人们对于由此而构成的生活方式的进步并不那么满意，他们也为此付出了巨大的精神和心理的代价。信息化时代带来巨大物质利益的同时，也带来了许多现实的问题，如人的孤独感、造型的失落感、心理压力的增大、自然资源的枯竭、交通状况的恶化、环境的破坏等。这些问题的产生，其本质原因并不在于物质技术进步本身，而正是由于总体设计上的失衡，没有把人性化的观念系统地贯穿于人类造物活动之中。这些问题的出现，从反面证明了提倡和强调人性化设计观念的重要意义。

概括地说，人性化设计观念的要点及由此而引申的原则大致包括以下几个方面：

(1) 产品设计必须为人类社会的文明、进步作出贡献。

(2) 以人为中心展开各种设计问题，克服形式主义或功能主义错误倾向。设计的目的是为人而不是为物。

(3) 把社会效益放在首位，克服纯经济观点。

(4) 以整体利益为重，克服片面性，为全人类服务，为社会谋利益。

(5) 设计首先是为了提高人民大众的生活品质，而不是为少数人的利益服务。

(6) 注意研究人的生理、心理和精神文化的需求和特点，用设计的手段和产品的形式予以满足。

(7) 设计师应是人类的公仆，要有服务于人类，献身于事业的精神。设计是提升人的生活的手段，其本身不是目的，不能为设计而设计。

(8) 要使设计充分发挥谐调个人与社会、物质与精神、科学与美学、技术与艺术等方面关系的作用。

(9) 充分发挥设计的文化价值，把产品与影响和改善提高人们的精神文化素养、陶冶情操的目标结合起来。

(10) 用丰富的造型和功能满足人们日益增长的物质和文化需要，提高产品的人情味和亲和力，以发挥其更大的作用。

(11) 把设计看成是沟通人与物、物与环境、物与社会等的桥梁和手段，从人–产品–环境–社会的大系统中把握设计的方向，加强人机工程学的研究和应用。

(12) 用主动、积极的方式研究人的需求，探索各种潜在的愿望，去"唤醒"人们美好的追求，而不是充当被唤醒者，不被动地追随潮流和大众趣味。总之，应把设计的创造性、主动性发挥出来。

(13) 人性化的设计观念中，把设计放在改造自然和社会、改造人类生存环境的高度加以认识。因此，要使产品尽可能具备更多的易为人们识别和接受的信息，提高其影响力。

(14) 人民是历史的和社会的主人，超脱一切的人性化从根本上是不存在的。因此在设计中要排除设计思潮中一切愚昧的、落后的、颓废的、不健康不文明的因素。

(15) 注意正确处理设计的民族性问题，继承和发扬民族精神、民族文化的优良传统，从而为人类文明作出贡献。

(16) 人性化的设计观念是一种动态设计哲学，并不是固定不变的，随着时代的发展，人性化设计观念要不断地加以充实和提高。

(17) 设计的重要任务之一是使人类的价值得到发挥和延伸。

(18) 时时处处为消费者着想，为其需求和利益服务，并谐调好消费者、生产者、经营者相互之间的关系等。

§6-3 人性化设计观念应考虑的主要因素

在用人性化设计观念探讨人、产品与环境的关系时,影响一件产品在富有人性化的设计创造上所考虑的因素是很多的。概括起来说,有以下几个方面的因素应加以重点考虑:动机因素、人机工程学因素、美学因素、环境因素、文化因素等。

一、动机因素

产品设计的出发点是满足人的需要,即问题在先,解决问题的设计在后。人类要生存就必然会遇到各种各样的问题,就有许多需求,产品设计就是为满足某种需要而产生的。因此,产品设计的动机就是为了满足人们的物质或精神享受的各种需求。图 6-1 所示为产品与人的需求之间的关系,由此可明确:设计所要探讨的范围及需创造的价值类型。因此,人的需求问题是设计动机的主要成分。

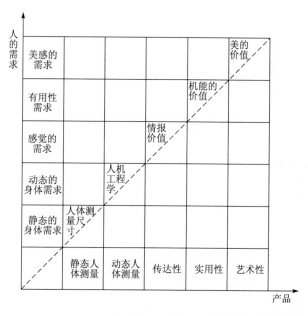

图 6-1　产品与人的需求之间的关系

人的需求是有层次的,一般说是在满足了较低层次的需求之后才会有更高层次的需求。人的需求层次,按美国著名心理学家马斯洛的观点简单地分为以下 7 个方面。

(1) 生理的需求:这主要是指人类免于饥饿、口渴、寒冷等的基本要求。

(2) 安全的需求:这是指使人免于危险,使人感到安全的要求。

(3) 归属需求:这指人免于孤独、疏离而加入集体和团体,接受别人的爱和爱别人的需求。

(4) 尊严的要求:这指要求受人尊敬,有成就感等需求。

(5) 认知需求:即人有要求知晓、了解、探索的需求。

(6) 审美需求:即人们追求秩序和真善美的需求。

(7) 自我实现的需求:这指人要求发挥自己的潜能,发展自己的个性,要求表现自己的特点和性格等需求。

以上这种分类并不是十分科学的，但至少能提供关于人的需求的大致情况，使设计者能方便地对人的需求有一个基本了解。在上述需求中，生理需求最为基本，位于最低层次；自我实现的需求最为复杂，位于最高层次。这是纯心理学的分类，在产品设计上并不能完全以此为依据，而是要综合分析产品所要满足的最主要需求和有影响的需求，不能囿于上述的分类。一般而言，与设计关系最为密切的需求因素可归纳为3个方面：生理性需求、心理性需求、智性的需求。

1. 生理性需求

对待这种类型的需求，最重要的观念就是借助产品功能来弥补人们无法达到或不方便完成的许多工作。这种为满足基本生理需求所作的设计，不外乎就是把设计看成是人类本身系统的再延伸。例如，电话的设计就是听觉能力的再延伸，计算机是人脑的延伸。又如各类椅子、床等的设计，就是弥补人们自身所能承担的支撑能力范围的不足而产生的。

2. 心理性需求

审美需求、归属需求、认知需求或自我实现的需求（马斯洛的分类）都是属于心理性的需求范围。产品设计中的造型美观、精致等一些使人赏心悦目的要求，就是出于这方面的考虑。为满足这种需求，对设计的要求是很高的。例如，要求产品能适合宜人性要求，要体现某种使用者的身份、地位、个性，要满足使用者的成就感和归属要求等。

3. 智性的需求

这类需求一般是指所设计的产品对人有一种特别的意义，例如具有开拓智慧、智力的意义。智性上的需求大致包括人们提高智能水平、解决问题的能力、效益、速度等方面。如现代计算机代替算盘的设计，现代电子衡器代替以前机械衡具，现代办公系统等的设计，都是为了满足人们的这种需求。广义上讲，现代的符号语言设计也是为了提高信息传递高效、简便、可靠的要求而设计的，也是为了满足人们的智性上的需求。产品造型上强调信息传达性也是如此。

二、人机工程学因素

人性化设计观念首先考虑的是人们需求的动机因素，其次便是人与产品之间的关系因素。这方面的因素就是人体工学因素。无论是工程设计或是工业设计，都必须研究人体工学，它可以帮助工程师选择最好的机械装置和结构，同时可以影响产品设计师的设计观点。设计离不开人机工程学的指导。对产品设计来说，必须应用这一学科的原则和方法，以使富于人性化的设计成为可能，显然我们研究这一内容广泛的学科的重点是明确的，即在于追求人与产品间的合理化问题。也就是说，主要重点放在人的知觉信息的安排和人对产品操作的合理性上，在以人为主的前提下如何使产品适合人的使用，而不是要人去适应产品。现在发达的科学技术更使得人性化要求的满足具有可靠的物质技术条件，而不必像以前那样人们不得不去做一些不适宜人去完成的工作，因而使设计受到许多现实的限制。在设计上重视人的要素，使整体的设计有新的秩序、安全及舒适感，通过对人的生理、心理等的正确认识，使产品符合生存的需要，达到人性化的设计目标，既是必要的，也是现实可行的。关键问题在于我们要树立人性化的观念,加强人机工程学的研究和应用。

产品的设计重点一般是放在操作者方面。一般来说,有反复性或持久性的使用动作,都会受到人体尺寸的影响,这包括静态和动态两种人体测量尺寸数据的影响。设计时要考虑产品能满足大多数使用者的操作适宜性要求,这是人机工程学对设计的第一方面的影响因素。此外,还有心理、环境、精神方面的影响因素等。

一般在产品的设计中,许多问题并不都能得到充足的人机工程学方面的数据,此时设计者就要采取假设、验证、实验、综合等方法加以解决。设计所考虑的使用对象的确定是十分重要的,不同的使用对象,因其年龄、性别、种族等差别,其人机工程学特点就大为不同,这对选择可供参考的人机工程学资料或实验对象都有极大的影响。因此对象范围的确定就是一件重要的工作。

人的因素对工业产品设计的影响。有些,如人体测量尺寸、人的肌力、运动特性、生理特性等是可以测量的,是理性方面的;有些,如心理变化、环境作用等则不易于直接测量,有些属于情感方面的,还难以找出一套标准作为依据。因此,人机工程学因素的影响,不能以机械的态度对待。

人机工程学的具体内容涉及面极广,本节不能讨论所有这些具体问题,而只是着重于强调人机工程学因素对产品设计的重要影响,它是人性化设计思想的具体体现方式。在具体设计中要考虑的人机工程学因素主要包括以下 5 个方面。

(1) 运动学因素:即研究动作的几何形式,探讨产品操作上的动作形式、人的操作动作轨迹以及与此有关的动作协调性与韵律性等。

(2) 动量学因素:即研究动作与所产生动量的问题,如水龙头把手和打火机的设计等。

(3) 动力学因素:主要讨论产品动态操作上所需花费的力量、动作的大小等。

(4) 心理学因素:主要探讨操作空间和动作等对人的安全感、舒适感、情绪等的影响。

(5) 美学因素:主要指在心理感受的基础上,在形态的设计方面如何满足人的精神审美要求。

三、美学因素

产品设计必须将美学观念透过产品形象予以满足和提高,开拓艺术的范围和影响,改变审美的价值观念。过去牵涉到审美问题,往往被认为"只能意会、不能言传",这种艺术观点已随着科技和社会的进步而有所改变。产品设计的审美探讨就是要突破固定的美的表现形式,将美学的规律和理想通过产品形式加以表达,塑造技术与艺术相统一的审美形态。

所谓美学就是一种研究、理解"美"的学问。对产品设计问题而言,它是以人为主要对象、评判产品美的水准及其塑造美的方法,其中涉及人的视觉、听觉、触觉及其所感受对象。因此产品设计中的美学问题表现在很多方面,如在听觉(音质美)方面,洗衣机定时蜂鸣器的音质、门铃的音质等就是设计中所应考虑的重要问题,要以使人产生美感为目标;在视觉(造型美)方面,更是产品设计的一个重点;在触觉(材质美)方面,各种把手、按键、旋钮等的设计就要考虑不能使人接触以后产生不舒服、不良心理感受的结果,而要使人有一种美的感受。

产品设计中所要讨论的美学问题是整个美学领域的一个部分，可以称为设计美学或技术美学。从人性化设计思想上来考虑，最主要的是要研究符合人的审美情趣的产品设计应考虑的因素。这些因素包括以下 8 个方面，需在设计中加以注意。

(1) 视觉感受及视觉美的创造；
(2) 审美观及美感表现；
(3) 听觉感受及听觉美的创造；
(4) 触觉感受及触觉美的创造；
(5) 美的媒介及其美学特性的发挥；
(6) 美的形式；
(7) 美感冲击力及人的适应性；
(8) 美学法则和方法等。

四、环境因素

通常，环境对产品设计的影响包括微观及宏观两个层次。所谓的微观层次是指产品使用的实际环境，一般它对产品设计的影响往往是显性的；所谓的宏观层次是指从大的方面看产品所处的特定的时空，一般它对产品设计的影响是隐性的，如法律、法规、社会状态、文化特点等的影响就是如此。在此主要讨论实体环境的影响，文化因素为下一段的内容。

1. 形式方面

人们生活中的实际环境，是随着时代发展而变化的。产品的设计开发，特别是与人们关系密切的产品，要使人有意识或无意识地感受到产品与环境的谐调。如现代生活用品的设计，不可避免的受到建筑设计的影响，也即与现代建筑的形式、风格、设计思想有一种潜在的联系，一般呈现出和谐、统一的大趋势，同时建筑设计也受产品设计的影响，家具的设计就是一例。

新材料、新结构、新风格等的影响是明显的，产品设计中不可避免地要打上时代环境影响的烙印。20 世纪三四十年代盛行的流线型风格，就影响着汽车、其他交通工具及许多与流体力学毫无关系的产品的设计，并影响力十分巨大。当前信息化时代的环境下，电脑及办公自动化产品的设计正影响着无数产品的设计风格，简洁、功能性的造型风格已在多数产品上得到体现。

大环境的特点影响人们的价值观念及生活态度，这是人性化设计观念中必须考虑的因素。忽略了这种影响就难以使人性化理想真正实现。

2. 物理方面

从物理方面考虑环境因素，主要是针对产品与人的操作环境的关系问题。产品在使用时必然要受到照度、温度、湿度、声音及其他干扰等物理因素的影响，从而对产品的设计提出各种应予考虑的问题。从人性化设计观念来考虑这些因素的影响，就是要从人的角度来分析这些物理因素的作用，使之对产品的不利影响减至最小，创造宜人的环境，使人在使用产品时能有良好的安全感、舒适感，使人的因素得到可靠的保证。物理因素的考虑对设计是有直接影响的，因此必须加以重视。

五、文化因素

在我们生活的环境里，所存在的一切有关的事物，包括衣、食、住、行等方面的产品，甚至交通标志、传播媒体，以及一切器物设施等，由此形成了我们生活的整个环境。在这个大环境中有形的物理环境对产品设计具有显性的影响，其中有些无形的、隐性的影响因素，如人们的传统、习俗、价值观念等，可列为文化因素加以进一步讨论。文化因素也是环境因素的一个方面。

产品设计往往可以影响人们生活的文化问题，甚至导致一个新生活文化形态的形成。它对社会影响的大小，全赖于该设计是否合乎人们的传统、习俗或思维方式。符合时代文化特点的产品设计在广泛地进入人们的生活之后，对人们产生巨大的影响，改变着人们的生活形态。一般说来，一件产品应符合特定的文化特性，满足某种功能需求，表现出与时代精神和科技进步的协调关系，然后才能进入人们的生活。不可设想忽略文化因素而勉强地把科技引入人们生活有多大的意义，以及其实现的可能性有多大。例如，把自动提款机引入不发达的城镇或农村，肯定是不会成功的，这是对文化因素没有认识清楚所造成的后果。因此，文化因素在工业设计中是必须加以考虑的。人们的生活习俗和价值观念对产品设计也有相当的影响力。当前"轻、薄、短、小"的设计观念，是与目前人们普遍的价值观念有联系的，它涉及人们的生活态度。

总之，就文化因素而言，其对产品设计的影响表现在设计的风格、观念以及定位等方面，设计必须符合文化环境的特点，应与其谐调，以适应这种潜在的因素所提出的要求。当然，还应看到，人性化的设计思想的根本目的并不仅仅是适应，而在于提高人们的生活质量，包括提高民族的文化素养，使人们的价值观更为合理、进步。

综上所述，产品设计的人性化考虑是受多种影响因素的制约的。虽然我们在讨论这些影响因素时是分别叙述的，但可以看出，这些因素又是难以清楚划分开的，如环境因素包括有文化因素，而环境因素又部分地被包含在人机工程学因素之中等。因此，我们应该有一种系统的整体观念，把动机的、人机工程学的、环境的、文化的、美学的因素有机融合，综合分析，以此设定产品设计的目标。人性化既是一种思想，也是现实的设计行动，要通过各种设计方法和设计技术把理想化为切实的行动。

§6-4 以用户为中心的设计

产品设计的一条重要原则是了解用户，用户是产品成功与否的最终评判者。以用户为中心的设计（User-Centered Design）的最基本思想就是将用户（user）时时刻刻摆在产品整个生命周期过程的首位，时刻考虑用户的需求和期望。

一、以用户为中心的设计的含义及流程

1. 用户的含义

用户是使用产品的人。研究用户应当从用户的人类一般属性和与产品相关的特殊属性着手，用户包含以下两方面的含义。

（1）用户是产品的使用者。用户既包括产品的当前使用者，也包括未来的和潜在的使用者。

（2）用户是人类的一部分。用户具有人类的共同特性，并在使用产品时都会在各个方面反映出这些特性。例如，人的感知觉特性、行为特性等都会在使用产品时体现出来。

2. 用户特征

产品设计必须努力使该产品满足大多数用户的要求。用户常常是一个具有某些共同特征的个体的总和。用户的基本特征可以描述如下。

(1) 基本信息：包括年龄、性别、教育程度和职业等信息。

(2) 性格特征：包括内向型性格、外向型性格；形象思维型、逻辑思维型等。

(3) 基本能力：包括视觉、听觉、肤觉和本体感觉等感知特性；包括人的判断、分析和推理能力；包括人的关节特性、运动特性、施力特性和反应特性等。

(4) 文化区别：包括地域、语言、民族习惯、生活习惯、喜厌和代沟等。

(5) 对产品相关知识的了解程度和经验：包括是否了解现有产品或类似产品的功能及相关的知识、是否具有现有或类似产品的使用经验等知识。

(6) 与产品使用相关的内容：包括使用场合、使用时间和使用频率等。

以上列出的只是用户的基本特征。在针对不同产品进行用户分析时，应当根据产品的具体情况，描述其最适合的用户特征。当然，逐一审视用户的所有特征将有助于全面把握设计方向，避免遗漏重要的用户特征。

3. 研究用户的目的

以用户为中心的设计思想的核心就是用户。产品只有在用户满意的条件下才可能有好的销路，从而为企业带来效益。用户不满意的产品在市场上终将被淘汰。

在产品设计阶段，设计人员都会主动考虑与用户相关的问题，但产品被用户接受的程度却大相径庭。用户接受性差的产品体现在：产品种类非市场需求，产品性能与用户要求不符合，产品外观缺乏吸引力，产品难以学会使用，产品可靠性、安全性差等。

一般来说，产品设计和开发人员若能在产品研究和开发的不同阶段有效地与用户进行沟通，使设计建立在深入、细致、准确地了解用户情况和需求的基础上，就可以避免用户接受性差的产品出现。

但是设计人员常常会忽视用户研究的重要性。最常见的错误是认为自己既是设计师、又同时是用户，或者认为自己对产品的使用情况已经有足够了解，所以可以明确知道用户的期望。事实上，设计人员往往非常熟悉他们所设计的产品，以至于他们察觉不到，也无法了解到产品的哪些方面会造成使用上的困难，更无从知道使用该产品发生错误操作的几率。而产品的用户，尤其是那些初次使用或是不经常使用该产品的人，对产品是不了解的，必须通过学习才能学会使用该产品。所以，设计人员在设计和开发产品时要时时提醒自己：你不是用户，不能代表最终消费者的意见，你的意见也不是产品成功与否的最终评判。

4. 全部用户体验及其设计的含义

用户和产品接触的全部过程称为产品的全部用户体验（Total User Experience）。在这一过程中，用户使用产品只是中间的一个环节。全部用户体验包括从最初了解产品、具体研究、购买产品、安装使用，以及产品的各个方面的服务和更新。图6-2表示了全部用户体验的主要组成部分。

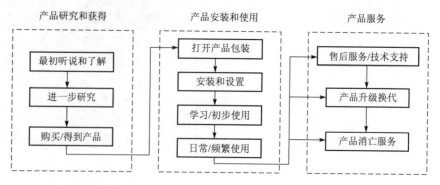

图 6-2 全部用户体验的主要组成部分

用户在产品全部用户体验所包括的任一环节中遇到阻碍，他们对产品的满意程度就会受到不良的影响，这些阻碍甚至可能完全阻止用户到达下一个环节。相反，在全部用户体验中任何一个环节的提高都会对用户的综合满意程度有所贡献。

5. 以用户为中心设计的总体流程

任何一个产品的诞生都要经历一个复杂的过程。虽然每一个产品的设计开发过程有其各自的特殊性，但也可描述出一个以用户为中心设计的总体流程，如图 6-3 所示。

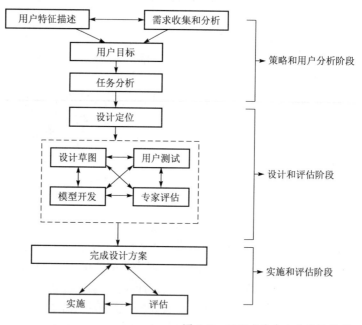

图 6-3 以用户为中心的设计流程

以用户为中心的设计流程一般分为策略和用户分析、设计和评估、实施和评估 3 个主要阶段。

（1）策略和用户分析阶段。

策略和用户分析阶段包括用户特征描述、需求收集和分析、目标定义和任务分析，其着重解决的问题是：产品设计的设计方向和预期目标。

用户特征描述与需求收集和分析是以用户为中心的设计过程的基础，它们可以同时交叉进行并且互相受益。用户特征描述重点应明确谁是产品的目标用户；目标用户群体具有哪些典型特征。需求收集和分析是了解目标用户对产品的期望以及目标。

一个产品往往不可能同时满足所有用户的所有需求，并且不同用户需求之间往往还有互相矛盾、互相排斥的情况。因此，设计和开发人员在全面分析用户和需求的基础上，需要根据自身条件将用户目标明确化。

任务分析的目的就是采用系统的用户研究方法，深入理解用户最为习惯的完成任务的方式。任务分析的数据来源于用户试验，然后将用户试验得到的信息归纳整理后用图示、列表、叙述等各种方式直观、清晰地表达出来，作为产品设计的指导。

(2) 设计和评估。

策略和用户分析阶段为产品设计提供了设计素材，这些素材必须通过系统的方法进行分析，并以精练的方式进行表达。在此基础上，进行产品的设计定位，明确具体的设计方向。

设计草图和模型开发是重要的设计环节。同时应及时收集评价和反馈信息，其最常用的方法是用户测试和专家评估。用户测试法可以直接发现用户使用产品的问题，但其成本较高且周期较长。而专家评估法容易管理、用时较短，同时可能会发现一些比较深层次的问题；但是专家毕竟不是用户，其反馈意见会存在不同程度的偏差，所以从根本上讲，这两种方法不能互相替代。

(3) 实施和评估。

在产品实施阶段，产品开发人员会投入越来越多的时间和精力，进行方案分析，并最终完成设计方案，其中主要包括完成产品效果图和其他相关图纸、完成产品最终模型（或是产品样机）的制作、完成设计说明的撰写等。

实施阶段是指产品设计方案的实施及产品投放市场。

评估是采用有效的方法对设计出的产品进行评估。常用的方法是实验室可用性测试及用户调查表的方法。设计人员往往仍会发现各种各样的新问题或用户的建议，收集和处理这些信息，并及时解决产品的相关问题，这不仅有利于当前产品的销售或运作，也有利于下一代产品的研制和开发。

二、以用户为中心的设计原则

以用户为中心的设计强调了设计应以用户的需求和利益为基础，以产品的易用性和易理解性为侧重点。美国学者唐纳德·A·诺曼认为，设计人员首先要确保用户能弄明白操作方法，其次要确保用户能够看出产品系统的工作状态。他将以用户为中心的设计中应考虑的内容归纳如下：

(1) 保证用户能够随时看到哪些是可行的操作。

(2) 注重产品的可视性。

(3) 便于用户评价产品系统的工作状态。

(4) 在用户意图和所需操作之间、操作与结果之间、可见信息与对系统状态的评估之间建立自然匹配关系。

结合诺曼的设计观念，我们总结出以用户为中心的设计原则。

1.简化操作

设计人员应当简化产品的操作方法，并通过新技术和新设计对复杂操作加以重组。

设计中，首先要考虑人的心理特征，考虑人的短时记忆、长时记忆和注意力的局限性。通过简化设计使产品系统能够增强用户的短时记忆；避免从长时记忆中提取信息时缓慢且易出错的特性；在操作中尽量减少干扰因素，以免分散人的注意力。例如，在用户界面操作中，尽量让用户通过识别界面上的信息就能进行操作，而不是通过让用户回忆信息进行操作。

新技术的一个重要任务就是简化操作任务。新技术通过减轻用户的脑力负担，帮助用户对各种操作进行有效的评估，并将操作结果以更完整和易于理解的方式显示出来。例如，飞机上的高度显示仪，其表盘上只有 1 个指针，用来显示高度改变的速率和方向，非常易于理解；而飞行的具体高度则用数字显示，保证了显示的准确性。

2. 注重可视性及反馈

注重可视性有两方面的含义：一方面是注重操作界面的可视性；另一方面是注重操作结果的可视性。注重操作界面的可视性，可使用户明确应进行哪些操作，以及如何进行操作。注重操作结果的可视性，可使用户随时知道产品在操作过程中的状态以及操作过程的反馈，并判断出操作结果的优劣。

用户的每一项操作必须得到立即的、明显的反馈。例如，调节音响的旋钮，人们要立即听到声音的增大或减小。

3. 简洁而自然的界面

产品用户界面（Product User Interface）主要讨论产品设计中用户和产品之间的认知与传达的问题。理想的界面是仅向用户提供当前所需的信息。用户界面应尽可能简洁，因为在界面上每增加一个额外的功能或信息，都意味着用户要学习更多的东西，信息或功能被误解的可能性就会增加，并且增加了从中查找所需信息的难度。对于具有图形的用户界面来说，优良的图形和色彩设计是简洁自然界面的基础。

（1）"少即是多"法则的应用。

用户界面上过多的信息、数据和图形等，会让用户无法把握主要的信息。少即是多法则的应用，应保证用户能将界面中真正重要的信息识别出来，并利用这些信息完成绝大部分的任务。例如，可以专门为计算机新手用户设计一个简单界面，屏蔽掉针对熟练用户的复杂功能。这时的计算机系统包含两种不同复杂程度的界面：新手用户模式和熟练用户模式。

（2）"完全形态"法则的应用。

完全形态法则的应用，能增加人们对界面中各组成元素关系的理解。该法则描述为：如果一些东西放在一起，或用线框围住，或同时移动，或同时改变，或在外形、颜色、大小或印刷版式上类似，就可以认为是一个整体、一个单元或小组。

（3）"突出最重要元素"法则的应用。

突出最重要元素法则会帮助用户给界面元素的认知与使用顺序进行排序。具体的设计方法有多种，如利用闪烁来吸引用户的注意，利用大写字母来吸引用户注意，利用印刷版式的变化来吸引用户注意等。

（4）使用颜色的法则。

① 不要过度使用颜色。应对用户界面中使用颜色的数量进行限制，最好不要超过 5~7 种，因为用户很难记忆和区分太多的颜色。

② 浅灰色或者柔和的颜色比鲜艳的颜色更适合作为用户界面的背景颜色。

③ 从色盲用户的角度考虑，应确保用户在不能辨别颜色时也能使用界面。因此，设计时应考虑界面色彩的明度、纯度和色调等原因，保证其在灰度显示

状态下，被清晰辨识。

④ 界面中的颜色应当仅仅用于区分和强调的目的，而不要用于提供信息，特别是提供量化信息。

⑤ 针对不同的产品，力争做到最佳的色彩匹配。例如，研究表明，在仪表盘设计中，墨绿色的刻度盘配以白色的刻度标记或者黄色的刻度盘配以黑色刻度标记，误读率最低，即色彩匹配最佳。灰黄色刻度盘配以白色刻度标记，误读率最高。表盘的配色与误读率的关系参见表 6-1。

表 6-1　表盘的配色和误读率的关系

刻度盘的颜色	墨绿	淡黄	天蓝	白	淡绿	深蓝	黑	灰黄
刻度标记的颜色	白	黑	黑	黑	黑	白	白	白
误读率/%	17	17	18	19	21	21	22	25

4. 建立正确的自然匹配关系

产品设计中建立的正确的自然匹配关系，应使用户能够看出：

① 操作意图和可能的操作行为之间的关系。

② 操作行为与操作效果之间的关系。

③ 产品实际的工作状态与用户通过感知系统（视觉、听觉和触觉等）感知的工作状态之间的关系。

④ 用户感知的产品的工作状态与用户的实际意图、需求及期望之间的关系。

5. 合理利用限制性因素

限制性因素包括产品结构上的限制因素、产品语义上的限制因素、文化上的限制因素和逻辑限制因素等。

产品结构上的限制因素将产品可能的操作和使用方法限制在一定的范围内，并有效地将正确的操作方法显示出来。例如，突出的垂直门把手向使用者暗示其正确的开门方式是门应往外拉。

产品语义上的限制因素是指通过形状、大小和色彩等"语言"，来传递产品应该怎样使用。例如，产品操作面板上操作键的凸起与凹进，决定了操作键进行旋转或是按压操作。

文化上的限制因素是指一些已经被人们广泛接受的文化惯例可以用来限定产品的操作方法。在使用产品的过程中，人们遇到的困难大多根植于文化因素。例如，筷子是中国人的生活必备品，它体现了中国民众的生活方式，是中国饮食文化不可缺少的一部分；但是，外国人初次见到筷子时，却不知道怎样将其作为餐具来使用。

逻辑限制因素是指在产品中存在着空间或功能上的逻辑关系。例如，自然匹配关系应用的就是逻辑限制因素。

6. 容错系统的设计

设计人员应当考虑到用户使用产品时可能出现的所有操作错误，并应针对各种错误，采取相应的预防和处理措施。而且，容错系统的设计应当让用户知道操作错误所造成的后果，并使用户能够比较容易地取消错误操作，让系统恢复到以前的状态。例如，计算机的文件删除命令不会不可撤销地删除文件，而仅仅是移动它，将文件在一段时间内放置在另一个地方。因此，操作者有机会恢复由于过失造成的错误操作。

7. 采用标准化

设计原则的多样性，有时会导致设计原则本身的矛盾，例如，采用最佳的匹配原则，可能导致操作的复杂化。因此，在设计中当无法做出最佳的选择时，可依据标准化进行设计，使操作步骤、操作结果、产品的操作及显示方式等标准化。

标准化设计的益处在于用户易于学习。例如，字母位置标准化设置的计算机键盘，无论用户购买哪个厂家出品的键盘，只需学习一次并掌握其使用要领，就无需重新学习了。

但是，采用标准化的时机很重要。若过早，往往由于技术上的不成熟，导致规则不实用，易造成操作中的差错；若过晚，则因为生产各方已形成自己的传统，而难于改变。例如，用十进制来表示距离、质量和温度等要比老式的英制（英尺、英磅、华氏度等）简单的多，但那些早已习惯英制的工业国家声称，改用十进制的费用太高，造成了世界范围内同时使用两种度量单位的情况。

第七章 设计调查的方法

§7-1 设计调查

一、调查的重要性

科技不断迅速发展，社会正走向信息时代，世界在不断"缩小"。在大千世界中，各种艺术品、工艺品和工业品反映了人类精神文明和物质文明的高度发展。设计师的设计结果应当对社会或环境产生某种变化，造成积极有益的结果。就各种工业品而言，大体上都有一个发生、发展和消亡的过程（图7-1）。设计师必须事先规划或了解自己在这个过程中的各项行动，并能预测设计的效果。从图7-1中可以看出，设计过程始于社会需求的信息，同时，产品的有关过程中产生的反馈信息不断地返回设计。因此，可以说设计过程就是信息处理的过程，信息及其处理是一项设计成败优劣的关键。

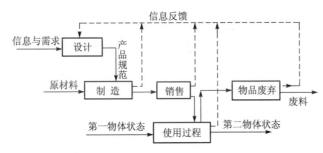

图7-1 工业产品发生、发展和消亡的过程

设计任何的产品，不但事前必须调查消费者的需求，而且调研是伴随整个设计过程的始终。

从新产品的设计流程图中（图7-2）可以进一步看出信息资料在设计过程中的处理情况。资料1为需求提供包括社会的（政治、文化、生活、心理、风俗、宗教等）、经济的、技术的、法律的、生理的和环境的等资料。资料2提供建立设计需要的条件和设计变量。资料3提供评价体系及评价方法。资料4提供大量的市场研究和预测的信息，以便于市场开发。资料5则提供技术动向、新技术、新材料、新工艺及有关环保功能等信息资料。

我们再分析一下产品造型设计与信息交流。从认知心理学可知：人的心理活动是对各种信息的吸取、加工与交流。设计师将他从生活中获取的各种视觉的和非视觉的信息，在创造性的活动中，通过形象思维进行编码（信息函纳）、形式中合（点、线、面、形体和色彩的构成）成为具有审美心理效应的作品，再经过一系列的技术过程，最终呈物化状态。在流通与使用过程中，物化状态的形象信息作为审美形式传递给观赏者（消费者），由此构成了设计师与消费者之间的审美意识交流。格式塔心理学对视觉思维的作用是众所周知的，它认为"形"是一种具有高度组织水平的知觉整体，是知觉进行了积极组织或建构的结果。美感的体验来源于有组织的"形"对观赏者的刺激作用，即是一种心理平衡。为了导致这种心理平衡的状态，在设计师与消费者之间应当存在着心理上互相沟通的基础，存在着对同一个形象信息有大体一致的意义概念和情感概念，即信息同构。这种同构能使消费者和设计师的创作意识同化并产生情感上的共鸣。设计师在美的创造中获得了美的享受，消费者通过使用参与了审美，尽管由于主体的千差万别造成了审美心理的个体差异（感应差），但是他们都在获得物质满足的同时，也得到了不同程度的精神满足。图 7-3 是产品造型的信息流程图。

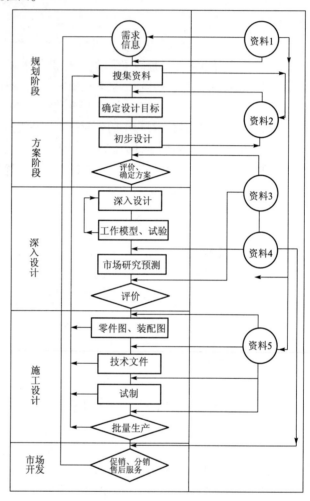

图 7-2 新产品的设计流程

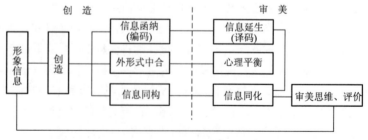

图 7-3 产品造型的信息流程图

从以上的分析可以看出：设计是一个处理信息的系统，而信息的采集是首要的问题。信息采集除设计师的日积月累外，主要应依靠设计调查。

二、设计调查的内容

设计调查的内容包括市场需求调查、企业调查和技术调查等。

1. 市场调查

市场、企业和产品三者的关系构成一个相关三角形（图7-4），其中任一方的变动都将对其他两方产生直接的影响。市场调查包括5个方面。

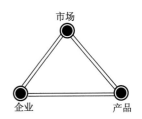

图7-4 市场、企业和产品相关三角形

（1）市场环境调查：指调查影响企业营销的宏观市场因素，这对企业讲多为不可控因素，如有关政策法令、经济状态、社会环境（人口及文化教育、年龄结构等）、自然环境、社会时尚、科技状况等。

（2）市场需求调查：即产品的调查（规格、特点、寿命、周期、包装等）；消费者对现有商品的满意程度及信任程度；商品的普及率；消费者的购买能力、购买动机、购买习惯、分布情况等。

（3）商品的销售调查：分析企业的销售额、变化趋势及原因；企业的市场占有率的变化；市场价格的变化趋势，需求与价格的关系；企业的定价目标、中间商的加价情况、影响价格的因素、消费心理等，以制定合理的价格策略。

（4）对竞争者的调查：即要了解竞争企业的数量和规模；竞争对手各管理层（董事会、经营单位、母公司与子公司等）的结构、经营宗旨与长远目标；竞争对手对自己和其他企业的评价；它的现行战略（低成本战略、高质量战略、优质服务战略、多角化经营战略）；对手的优势和弱点（产品质量和成本，市场占有率，对市场的应变能力和财务实力，设计开发能力，领导层的团结和企业的凝聚力，采用新技术、新工艺、开发新产品的动向等）。

（5）国际市场的调查：应收集国际市场的有关商情资料、进出口和劳务的统计资料、主要贸易对象的国情、产品需求与外汇管制、进口限制、商品检验、市场发展趋势等。

2. 企业调查

经营是企业最基本、最主要的活动，是企业赖以生存的发展的第一职能。对企业的调查主要是经营情况的调查，包括产品分析、销售与市场调查、投资调查、资金分析、生产情况调查、成本分析、利润分析、技术进步情况、企业文化、企业形象及公共关系情况等。根据产品开发的需要可选项调查，并将调查结果制成图表，如图7-5所示。

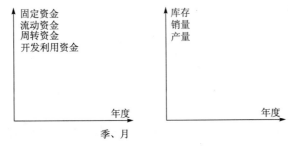

图7-5 选项调查图例

3. 技术调查

要掌握技术动向，了解技术集中和分布的情况，特别是技术上空白的情况，以便集中人员和资金进行研究。有不少发明创造和专利，当用到生产中时还要进行技术开发，这也是经营者在产品开发时要重视的。

环境问题日益成为设计师瞩目的一个问题，市场上已经出售大量印有生态标志"eco-mark"的商品，这些商品不会在生产、使用以至废弃的过程中对生态环境造成污染。环保功能正日益成为产品评价的重要指标，因此，要注意开发这方面的先进技术。

§7-2 调查的方法和步骤

一、调查对象的选择

1. 全面调查

这是一种一次性的普查。

2. 典型调查

这是以某些典型单位或个人为对象进行的调查，以求达到推断一般。

3. 抽样调查

这是从应调查的对象中，抽取一部分有代表性的对象进行调查，以推断整体性质。根据抽样方法不同可分为3类。

（1）随机抽样：按随机原则抽取样本。又可分为简单随机抽样、分层随机抽样和分群随机抽样3种。

① 简单随机抽样：这是随机抽样中的最简单的一种。抽样者不作任何选样，而用纯粹偶然的办法抽取样本。这种方法适于所有个体相关不大的总体。

② 分层随机抽样：这是先把要调查的总体按特征进行分类，然后在各类中用简单随机抽样的方法抽取样本。这种方法可增强样本的代表性，避免简单随机抽样可能集中在某一层次的缺点。

③ 分群随机抽样：这是先把被调查总体分成若干群体，这些群体在特征上是相似的，然后再从各群体中用分层抽样或随机抽取样本进行分析。分群抽样适于调查总体十分庞大，分布比较广泛均匀时，这时可以节约人力、物力和节省时间。

（2）等距抽样：将调查总体中各个体按一定标志排列，然后按相等的距离或间隔抽样。

（3）非随机抽样：根据调查人员的分析、判断和需要进行抽样。又可分为任意抽样、判断抽样和配额抽样3种。

① 任意抽样：这是调查人员随意抽样的方法。当总体特性比较相近时，可以采用这种方法，但此法可信程度较低。

② 判断抽样：这是根据调查人员对调查对象的分析和判断，选取有代表性的样本调查。当调查者对调查总体熟悉时，对特殊需要的调查可有较好的效果。

③ 配额抽样：这是按照规定的控制特性和分配的调查数额选取调查对象。所抽取的不同特性的样本数应与其在总体中所占的比例相一致。

二、收集资料的方法

1. 询问法（问卷调查）

按问卷传递方式不同可分为面谈调查、电话调查、邮寄调查及留置问卷4种，其适用范围及优缺点见表7-1所列。

2. 观察法

这是由调查员或仪器在现场观察的一种方法,由于被调查者并不知道正在被调查,一切动作均很自然,有较强的真实性和可信性。

(1) 顾客行为观察:可观察到顾客对商品的喜爱程度,为新设计提供资料。

(2) 操作观察:可观察到使用者对产品使用时的操作程序、习惯等,为改进产品提供资料。

表 7-1　询问法调查方法

方法	要点	优点	缺点
面谈调查	1. 可个人面谈、小组面谈 2. 可一次或多次谈	1. 当面听取意见 2. 可了解被调查者习惯等多方面情况 3. 回收率高	1. 成本高 2. 调查员面谈技术影响调查结果
电话调查	电话询问	效率高,成本低	1. 不易取得合作 2. 只能询问简单问题
邮寄调查	问卷邮寄给被调查者,并附邮资及回答问题的报酬或纪念品	1. 调查面广 2. 费用低 3. 避免调查者的偏见 4. 被调查者时间充裕	1. 回收率低 2. 时间长
留置问卷	调查员将问卷面交被调查者,说明回答方法,再由调查员定时收回	介于面谈和邮寄之间	介于面谈和邮寄之间

3. 实验法调查

实验法是把调查对象置于一定的条件下,有控制地分析观察某些市场变量之间的因果关系。例如在调查包装、价格对销售量的影响时,就可以先后在试销过程中逐渐变动价格,或者同时在控制组(正常条件下的非实验单位)和实验组(采用实验的包装、价格)进行对比。此法同样可进行质量、品种、外观造型、广告宣传等方面的调查。

有时也可将实际产品,交由受测者使用,或者在小范围内试销,然后收集信息,经分析研究作出改进设计。此法比较客观,富于科学性,但需时较长,且成本较高。

4. 个案调查

人类已经进入了一个信息和交流的时代,工业设计面对的将是知识经济、信息经济。在不断地生产的知识和信息面前,设计师要善于利用社会上的网络系统,将信息做高水准的综合。很多工作不必从头开始,以减少因重复而造成的浪费。

还应当强调,在近年来人们的消费观念发生了巨大的变化,随着生活的日益个性化,感性消费的成分在增长,人们所真正需要的商品是适合他们独特的生活方式的商品。消费者变得更加成熟,也更为捉摸不定了。因此只用传统的调研方法,很难挖掘出消费者潜藏在比较深层的消费需求。为了达到这个目的,就必须进行坦诚亲切的交谈,小组交谈是较好的方法,它可以不受问卷的约束,互相启发、交流、探讨,可以得到比较真实的信息,专题讨论会

(FGD）就是这样一种方法。这种方法要求调研人员有较高的素养，调查的费用也会提高。

三、调查的目的

1. 探索性调查

这是当问题不甚明确时，在正式调查前为找出问题的症结、确定调查提纲及重点而进行的调查。

2. 描述性调查

这是对某一问题发展状况的调查，并能找出事物发展过程中的关联因素。

3. 因果关系调查

这是在描述性调查的基础上，进一步调查、分析发展过程中各变量的相互关系，然后找出因果关系。

4. 预测性调查

这是对事物未来发展状况的调查，在加以分析之后，能为预测提供依据。

四、调查的步骤

调查一般可分成4个步骤。

1. 确定调查的目标

这是调查的准备阶段，应根据已有资料，进行初步分析，拟定调查课题和调查提纲。在准备阶段也可能需要进行非正式调查。这时调查人员应根据初步分析，找有关人员（管理、技术、营销、用户）座谈，听取他们对初步分析所提出的调查课题和提纲的意见，使拟定调查的问题能找准，能突出重点，避免调查中的盲目性。

2. 实地调查

（1）确定资料来源和调查对象。

（2）选择适当的调查技术和方法，确定询问项目和设计问卷。

（3）若为抽样调查，应合理确定抽样类型、样本数目、个体对象，以便提高调查精度。

（4）组织调查人员，必要时可进行培训。

（5）制订调查计划。

3. 资料的整理、分析与研究

将调查收集到的资料，应进行分类、整理。有的资料还要进行数理统计分析。误差理论表明：随机误差（即无规律、偶然出现的，有正负、大小的可能）呈正态分布（图7-6）。它呈现出以下规律性。

（1）正误差与负误差出现数相等。

（2）小误差出现的数目占绝大多数。

（3）大误差出现较少。

随机误差的分布密度曲线为正态分布密度函数，即

$$f(x) = \frac{h}{\sqrt{\pi}} e^{-h^2 x^2}$$

这称为高斯误差方程，式中

$$h = \frac{1}{\sqrt{2}\sigma}$$

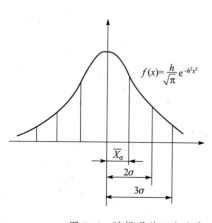

图7-6 随机误差正态分布

称为精密度指数，σ是标准误差。

根据实际情况取$|x|$的一个值x_e作为界限，x超过这个界限时$f(x)$值非常小，被认为等于零。x_e被认为是正负误差的极大值，一般误差是介于$-x_e$与x_e之间的任何值。它们的概率就是这个区间上的$f(x)$值。

以下简要叙述平均值求法、标准误差和可信水平。

(1) 平均值求法：在整理资料时，经常要作出平均数估计，如平均收入、平均消费支出、平均成本等。常用的平均值求法有以下3种。

① 算术平均值$\bar{x}$：其计算式为

$$\bar{x}=\frac{\sum x_i}{n} \tag{7-1}$$

式中，x_i为观察值，n为样本数。

② 加权平均值$\bar{x}_\omega$：其计算式为

$$\bar{x}_\omega=\frac{\omega_1 x_1+\omega_2 x_2+\cdots+\omega_n x}{\omega_1+\omega_2+\cdots+\omega_n} \tag{7-2}$$

式中，ω_i是第i个观测值x_i的对应权。一般$\sum \omega_i=1$，计算用不同方法或不同条件下观测的均值时，常用表示不同可靠程度的数据给予不同的"权"。

③ 中位数：观测值依大小不同而顺序排列后，处在中间位置的值。它是一种顺序统计量，能反映匀称观测值的取值中心。当n为偶数时，取中间两数的算术平均值为中位数。例如有5个观测值，依序为6、7、8、9、10，则中位数为8。

(2) 标准误差：母体标准差的计算式为

$$\sigma_x=\sqrt{\frac{\sum (x-\bar{x}_p)^2}{N}} \tag{7-3}$$

式中，N为母体总数，$\bar{x}_p$为母体平均数。

样本的标准差S_x为

$$S_x=\sqrt{\frac{\sum (x-\bar{x})^2}{n-1}} \tag{7-4}$$

式中，n为样本数目，调查对象的母体的标准差σ_x可以利用样本的标准差S_x作为估计值。

(3) 可信水平：样本平均数是某一点的值，而母体平均数则存在于一可信区段内。如果说，母体平均数存在于可信区段的机会有95.45%的可能性（概率），则调查的可信水平即为95.45%。当可信水平为95.45%时，由正态曲线分布的概率表可以查出，以标准误差σ为单位的离差系数Z为2（参考图7-6）。如可信水平降到68.27%，则$Z=1$，可信区段变窄。当$Z=3$时可信水平达99.73%。一般来说，市场调查多采用$Z=2$，即可信水平为95.45%。

最后应将统计数据整理后，绘制成各种图表。

4. 提出调查结果的分析报告

调查报告要有充分的事实，对数据应进行科学的分析，切忌道听途说和一知半解。具体而言，应达到以下4点要求：

(1) 要针对调查计划及提纲的问题回答。

(2) 统计数字要完整、准确。

(3) 文字简明，要有直观的图表。
(4) 要有明确的解决问题的方案和意见。

以下是某企业的产品"牙科综合治疗机"在改进设计中进行的设计调查的计划。调查的目的在于通过对国际、国内竞争对手及产品市场作出相关的综合分析，以确定目标产品的设计定位。

1. 国内本产品市场、现状及发展状况竞争分析、调研
(1) 产品市场分布调研；
(2) 产品价格定位调研；
(3) 产品使用状况调研；
(4) 用户的一般及特殊需求分析；
(5) 用户建议及反映信息收集统计。

2. 竞争对手及其产品综合分析
(1) 国内竞争对手产品分析比较：
① 使用状况及功能优势分析比较；
② 外形及材料工艺优势分析比较。
(2) 国外竞争对手产品分析比较；
① 购买对象及其动机与要求分析比较；
② 外形及材料工艺优势分析比较；
③ 色彩及视觉处理分析比较；
④ 国际有关产品发展趋势及预测分析。

3. 人机学使用状态数据分析采集与测绘调研
(1) 医务人员操作状态及程序分析；
(2) 病人使用状态及心理反应和要求分析；
(3) 测绘及人机学数据模型统计。

4. 材料、工艺结构调研分析
(1) 涉及外观的表面处理工艺调研；
(2) 涉及外观制造材料与工艺技术调研；
(3) 涉及外观的结构及其有关方式调研。

5. 国际、行业标准和国际标准调研论证
(1) 调研和收集上述标准规范；
(2) 建立本产品相应的标准规范。

6. 调研手段
(1) 问卷发放及统计分析；
(2) 数据综合及电脑统计分析；
(3) 异地调研；
(4) 测绘、拍照及资料综合；
(5) 调研报告书及有关结论分析。

7. 调查问卷及样本选择 （略）。

§7-3 调查技术

在实际调查中，除善于针对不同类型的调查采用不同类型的方法外，还要熟悉各种询问方式、问卷设计及抽样分析等各种调查技术。

一、询问调查技术

1. 二项选择法

二项选择法亦称是非法，回答项目为两个：非此即彼，只择其一。如："你对某产品是喜欢呢？还是不喜欢？"

此法的优点是能得到明确的答案，缺点是不能表现出程度的差别。

2. 多项选择法

多项选择法是准备多项答案，提示给被调查者，使其选择一项或几项的方法。拟定问卷时应注意：答案应事先编号以利统计；答案应尽可能包括所有可能项目，避免重复；答案以不超过 10 项为宜。

3. 自由回答法

自由回答法中，回答者针对问题自由讲述意见，不受约束。其优点是问题容易拟定，回答不受约束，易于得到意外的建设性意见。缺点是容易得到不确定的回答，受被调查者表达能力影响而出入较大，同时统计困难，且不好分析。

4. 顺位法

顺位法是在若干供选择的项目中，使被访问者按重要程度排出顺序。可以"选出最重要的一项"，"选出两三项较重要的"，或"按重要程度排出顺序"，"A 与 B 哪一个重要？""B 与 C 哪一个重要？"等多种方法选用。应注意：

(1) 要顺位的项目不宜超出 10 个。

(2) 顺位到第几项，由调查目的决定。

(3) 在 10 个项目中取第一、第二位时，首先应选出重要的，再从选出的对象中顺位，这样可以得出更可靠的判断。

5. 倾向偏差调查询问

当需要调查意见和态度的程度时用此法。以某种产品为例：

问题 1 "现在你用什么牌子？"答：A 牌。

问题 2 "目前最受欢迎的是 B 牌，当你更换时是否仍选 A 牌？"答：是或不是。

问题 3 对答是的。"如 B 牌降价，你是否考虑买 B 牌？"答：是（否）。

问题 4 对问题 3 答是者，提问"降低多少呢？"

用此法可调查出到何种偏差方能使被访问者改变其原态度，以测定其支持的程度，以此确定新设计的依据。

6. 一对比较法

这是决定顺序的一种方法，当一个项目有数种选择时，将其在"良"与"不良"等评价下两、两排列，不仅能顺位，也可作出程度的评价。

例如，要评价 A、B、C、D、E 5 种产品的耐用性，可设计成如下的问卷。被访者在认为适当的栏中画"○"

耐用	非常	相当	稍微	相同	稍微	相当	非常	不耐用
A								E
B								D
C								C
D								B
E								A

7. 图解评价法

此法用于要求被调查者对调查项目，根据他的意见选取一个数值。问卷可设计成：

很有必要　　　　　　　　　　　　　　很没有必要

8. 项目核对法

列出产品的各种特征，探询被访者的意见，问卷可设计成：

特征	重要	不重要	无意见
速度			___
功率			___
造型			___
……	……		……

9. 嘉德曼法

根据嘉德曼的理论，人的行为是由"单向度的内在态度"引发的。因为是单向度的，所以每个人对一个对象所持的态度，便可以此向度上找到一个相应的点，它们是一一对应的，由此就可以比较出每个人所持的态度。

假设 A 对某物持的态度值 a 大于 B 的态度值 b，则根据单向度的规定，A 比 B 对某物持有较好的态度。反之，当已知各种态度表现的大小关系，便可由一个人的表现推测其态度值。

当已知对某事物可能有 5 种态度 1，2，3，4，5 时，为确定其态度值，可选用 A、B、C、D、E 5 个人测试，可得出如下的资料行列式（○表示有此态度，×表示无）。

	A	B	C	D	E
2	○	○	×	○	○
4	×	×	×	○	○
1	○	○	○	○	○
5	×	×	×	○	×
3	×	○	×	○	○

稍加整理可得资料行列式为

	C	A	B	E	D
1	○	○	○	○	○
2	×	○	○	○	○
3	×	×	○	○	○
4	×	×	×	○	○
5	×	×	×	×	○

由上式可见：有态度 2 的，必有态度 1；有 3 的态度，必有 1、2 的态度……；态度 1 是共有的，因而也是最普通的表现，5 是最高的表现。只要看到某人的态度即可知其态度值，如某人有态度 3，即有中等的态度。

除上述的询问技术外,还有许多种,就不一一介绍了。调查者可根据具体情况选用,也可结合实际情况,创造新的调查技术。

二、抽样调查技术

抽样调查是应用得比较普遍和重要的方法。在调查中应着重解决样本数的大小和提高调查精度两个问题。

1. 样本大小的确定

在抽样调查中,样本的数量直接影响调查的精确度和成本。一般说来,样本数量越大,调查精度越高,调查费用也越大,需时亦长。若取样数量少,调查误差可能大。合理选取样本是调查首先遇到的问题,现介绍两种方法。

(1) 经验分析法:调查人员根据对所调查的母体的熟悉程度、调查问题的性质、目的和要求,通过分析,利用自己的经验决定样本的数量。当调查人员对母体较熟悉时,样本的数量可适当小一些;母体数量较大时,样本数应适当多一些;调查误差允许大一些时,样本数可适当少一些。

(2) 定量法:对于无限母体样本大小的确定,一般的计算式为

$$n=\frac{Z^2V^2}{D^2} \tag{7-5}$$

式中,Z 为可靠性系数,可由概率表查出;V 为离差系数,$V=S_x/\bar{x}$,即为样本标准差与样本的算术平均值的比。

式 (7-5) 中的 D 为期望误差,即为母体真实平均数与估计平均数之差。此差额以比率或百分数来表示,例如,5%,10%,20%等。

例:某企业为了解某产品在市民中普及情况进行调查,通过小规模试验性调查,确定离差系数 $V=0.5$,期望误差设为 $D\leq0.05$,取 $Z=2$,则样本数为

$$n=\frac{Z^2V^2}{D^2}=\frac{2^2\times0.5^2}{0.05^2}=400$$

对于有限母体,式 (7-5) 应乘以系数 $(N-n)/N$,以此加以校正。其中 N 为有限母体的总数,n 为样本数。即

$$n=\frac{Z^2V^2}{D^2}\cdot\frac{N-n}{N} \tag{7-6}$$

样本数确定后,在随机抽样时应将母体中的全部个体随意地编上不同号码,再利用表 7-2 的乱数表(随机号码表)抽取 n 个号码,以这 n 个号码所对应的样本作为调查对象。

对于其他类型的抽样调查也采用相应的方法选取样本。例如在等距抽样的情况下,首先也是将调查总体中的全部个体按某种顺序编号;然后按选定的样本数 n,将总体平均分为 n 段,每段中含 N/n 个个体;在第一段中随机地抽出一个个体作为样本,并按 N/n 的间隔,分别在其他各段中抽出相应的个体,即为 n 个等距地调查样本。

表 7-2 随意号码表

03	47	43	73	86	36	96	47	36	61	46	98	63	71	62
97	74	24	67	62	42	81	14	57	20	42	53	32	37	32
16	76	62	27	66	56	50	26	71	07	32	90	79	78	53
12	56	85	99	26	96	96	68	27	31	05	03	72	93	15
55	59	56	35	64	38	54	82	46	22	31	62	43	09	90
16	22	77	94	39	49	54	43	54	82	17	37	93	23	78
84	42	17	53	31	57	24	55	06	88	77	04	74	47	67
63	01	63	78	59	16	95	55	67	19	98	10	50	71	75
33	21	12	34	29	78	64	56	07	82	52	42	07	44	38
57	60	86	32	44	09	47	02	86	54	49	17	46	09	62
18	18	07	92	46	44	17	16	58	09	79	83	86	19	62
26	62	38	97	75	84	16	07	44	99	83	11	46	32	24
23	42	40	54	74	82	97	77	77	81	07	45	32	14	08
62	36	28	19	95	50	92	26	11	97	00	56	76	31	38
37	85	94	35	12	83	39	50	08	30	42	34	07	96	88
30	29	17	12	13	40	33	20	38	26	13	89	51	03	74
56	62	18	37	35	96	83	50	87	75	97	12	25	93	47
99	49	57	22	77	88	42	95	45	72	16	64	36	16	00
16	08	15	04	72	33	27	14	34	09	45	59	34	68	49
31	16	93	32	43	50	27	89	87	19	20	15	37	00	49

2.提高抽样调查精度的途径

在抽样调查中，误差主要是由抽样误差和非抽样误差两部分组成的。

（1）抽样误差：即抽样调查结果与母体情况之间的差异。因为从母体中抽出一部分样本调查，以此推断出的母体情况，必与母体的实际情况之间存在误差。这个误差与选取的样本数量的大小有直接的关系。样本数量越大，调查产生的误差越小。但若无限地的增加样本数量则失去了抽样调查的意义。实践表明，抽样误差可以用实验的办法加以补偿（减少）。例如，某项调查其母体数为 10 万，决定抽取 10%，即 1 万个个体作为样本。此时，可先选取 1 千个个体做实验，从这 1 千个个体中选取 10%的样本得出调查的结果；再对这 1 千个个体做普查，两者之差即为用这种抽样调查方法调查时的误差。用这种通过实验求出的误差去修正在 1 万个个体中进行抽样调查的结果，可以作为消除抽样调查误差的一项措施。

（2）非抽样误差：这是由于调查员方法的不当（如诱发）和对调查的统计分析错误等引起的误差。这种误差不易消除。可以采取对调查人员的培训和用计算机作统计工具来尽量减小这种误差。

§7-4 预测方法

预测是人们利用知识、经验和手段，根据过去和现在的情况，对事物的未来或未知状况预先作出推知或判断。科学的预测是在调查的基础上，运用科学方法，对调查资料进行分析、研究，寻找事物的发展规律，并以此规律推断未来的过程。预测的 5 个要素是：预测者、经验或知识（预测依据）、手段（预测方法）、事物的未来或未知状况（预测对象）、预先的推知或判断（预测结果)。本节简要介绍预测方法。

一、预测的类型

按预测范围可分为宏观预测和微观预测。前者指总体情况预测，如国际市场的预测。后者如企业目标市场的供求情况预测。

按预测期长短可分为 5 年以上的长期预测。1~5 年的中期预测，以及一年以内的短期预测。

按预测方法可分为定性预测（以经验分析调查资料）和定量预测（用数学和统计方法推算数据资料，作出估计）。

按预测的功能可分为规范型预测（以国家和社会的需要为前提，分析和预测目标实现的可能性、条件和途径等）和探索型预测（以事物的过去到现在的发展趋势推断未来）。

二、预测学的内容

预测学的研究范围十分广泛，它涉及自然科学、技术科学、社会科学、应用科学等各领域。主要有以下几方面的预测。

(1) 社会预测：研究有关社会发展模式，科学技术对社会发展的影响，人口、环境、社会机构的职能和管理的改革等。

(2) 科学预测：研究有关现代科学各领域的联系，发展科学事业的组织管理、控制与监督、科学研究的规则，缩短理论研究到开发研究和制成成品的进程，使科学研究取得更大的效益等。

(3) 技术预测：主要研究技术发明和应用有关的一系列问题，技术和协调人与自然界的关系，产业结构的变化，技术革命对社会的广泛影响等。

(4) 社会经济预测：主要研究经济增长的模式，社会需求的预测，资源的预测，经济规划和经济管理等，是为国家或企业的经济计划或决策服务，以获取最大的经济效益。

(5) 军事预测：研究战争的规律、战略、武器等，为国防和战略决策服务。

三、预测的方法

市场需求既是设计的出发点，又是设计的归宿。因此，对设计的评价，在一定意义上是看用户，看消费者的反映，他们的反映在很大程度上代表了设计对人类社会产生效益的大小。本书将重点介绍市场预测经常用到的预测方法。

市场预测是经济预测的一部分。它的主要内容包括潜在市场需求的预测、企业销售量预测、市场占有率预测、购买者行为预测、企业投资效果预测、产品生命周期预测、有关科技前景及新产品开发预测等。

图 7-7 所示的预测系统可以用来说明预测的基本程序。

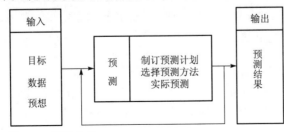

图 7-7 预测系统

1. 德尔菲法

德尔菲法又称专家征询法，是美国兰德公司在20世纪40年代末创立的一种定性预测法。适用于缺乏系统数据且环境变化较大时（或情况不明）对新的重大问题的预测。其方法步骤如下：

(1) 选定专家，一般选择与课题有关、精通专业、有预见性、有分析能力的专家，也适当吸取不同专业的专家，从不同角度征询意见。

(2) 确定预测目标，提出调查提纲，并附背景材料。

(3) 用匿名保密方式，在规定时间内由专家独自填写意见寄回。经整理，将不同意见综合成新的调查表，再寄回征询意见。经几次征询、反馈后意见渐趋一致。

(4) 用整理统计方法（一般用中位数法）收敛。

德尔菲法的特点是匿名性；反复征询，多次反馈；收敛集中。缺点是时间较长；有时不能保证回收率。

2. 专职人员预测法

请一部分有经验、分析能力强，并有预见性的人员，这可以是由经理召集销售、市场研究、生产管理、财务负责人员，或由主管召集销售人员等参加会议。前者即为经理人员评判意见法，后者为销售人员意见评判法，也可以综合经理人员和销售人员的意见而成为综合判断法。设计师应参加这些会议。为了能反映各种意见，可以采用求推定平均值的办法加以计算，其计算公式为

$$\hat{Y}=\frac{a+4b+c}{b} \qquad (7-7)$$

式中，$\hat{Y}$为预测值，即推定平均值；a为最乐观的估计值；b为最可能的估计值；c为最悲观的估计值。

这些方法多用于销售量或未来市场需求的预测。此方法简单，预测速度比较快。缺点是容易忽视总体市场的需求而产生过于乐观或悲观的估计。

3. 类推法

类推法是根据个人的直觉，对未来的发展趋势作出合乎逻辑的推理判断。

(1) 相关类推法：是从已知相关的各种市场因素之间的变化，来推断预测目标的发展趋向。因此，这种预测方法首先要找出与预测目标有关的因素。例如：从每年结婚者数目对家具、服装、家庭用具及住宅的需求量的影响；从出生率对婴儿用品购买量的影响；从替代品市场的变化对本企业产品的影响；从互补性商品（例如住宅建设与室内装饰、家具等）及先行、后行产品的市场需求变化等来预测产品的市场需求等。

(2) 对比类推法：此法是分析与预测目标相类似的已有事物，由此来推断预测目标的未来发展趋势。例如，对比国外已有产品的市场生命周期、产品的更新换代情况来预测我国同类产品的有关指标及发展变化趋势等。

(3) 推测法：又称百分率增加法，是根据过去的实际销售资料来推算未来时期的销售值。其推断公式为

$$\hat{Y}_{n+t}=Y_t(1+m)^n \qquad (7-8)$$

式中，$\hat{Y}_{n+t}$为n期后的预测值；Y_t为市场实绩；m为平均增长率。

推测法中关键是找出平均增长率m。m可由经验得出，也可用数学和统计方法求得。

① 用环比计算法求 m：当市场状况按一定比率稳定发展时，可以用一段时期的环比发展速度来计算 m，并可用为中、长期预测。m 计算公式为

$$1+m=\sqrt[t]{\frac{Y_1}{Y_0} \cdot \frac{Y_2}{Y_1} \cdot \frac{Y_3}{Y_2} \cdots \frac{Y_n}{Y_{n-1}}}=\sqrt[t]{\frac{Y_n}{Y_0}} \tag{7-9}$$

② 用对比分析法求 m：当市场变化呈季节性周期变化趋势时，可根据最近的 n 季的市场状况及前周期中相应的 n 季的市场状况来计算 m，即

$$1+m=\frac{近~n~期实绩}{前周期中相应~n~期实绩}$$

第 i 季预测值 = 前周期第 i 季实绩 × $(1+m)$

(4) 转导法：这是预测者根据部门经济，即某一行业的总产值所占国民生产总值的比率以及本企业的市场占有率，来推算本企业产品的年预测销售值。预测下期销售值可用连续比率法求出，即

$$\hat{Y}_t = G(1 \pm R_p\%) R_1\% R_s\% \tag{7-10}$$

式中，$\hat{Y}_t$ 为下期销售预测值；G 为本期国民生产总值；$R_p\%$ 为下期将增减的比率；$R_1\%$ 为某行业生产总值占国民生产总值的百分比；$R_s\%$ 为本企业市场占有率。

4. 时间序列分析法

所谓时间序列分析法，就是将历史统计资料，按时间顺序加以排列，构成一组变动的观察值数列，分析此数列，然后找出变化的规律，以推测发展趋势，常用的时间序列分析法有以下几种。

(1) 简单平均法：此法中是以观察期数据之和除以数据个数所得平均数，即为下期预测值。计算式为

$$\hat{Y}=\frac{x_1+x_2+\cdots+x_n}{n}=\frac{\sum x_i}{n}=\bar{x} \tag{7-11}$$

式中，$\hat{Y}$ 为预测值；x_i 为第 i 期的观察值，$i=1, 2, \cdots, n$；n 为选取的观察值个数（资料期数）；$\bar{x}$ 为平均值。

简单平均法的优点是简单易算。缺点是误差较大，特别是观察值有明显变动或趋势变动时。

(2) 加权平均法：此法中为了考虑各观察值重要性的不同，可以分别给以不同的权数。按预测法则"近期影响大，远期影响小"赋权。其计算公式为

$$\hat{Y}=\sum_{i=1}^{n} Y_i w_i \tag{7-12}$$

式中，w_i 为各个权数，$i=1, 2, 3, \cdots, n$，且 $\sum w_i=1$。

(3) 几何平均法：此法运用历史资料，计算出平均发展速度，以此作为预测的依据。其计算公式为

$$\hat{Y}=A_n \bar{x}=A_n \sqrt[n]{A_n/A_0} \tag{7-13}$$

式中，A_n 为末项值，即当期实际资料；A_0 为首项值；$\bar{x}$ 为平均发展速度，$\bar{x}=\sqrt[n]{A_n/A_0}$；$n$ 为间隔期数，$n=N-1$，N 为总期数。

几何平均法在计划工作中经常用到，例如，测算商品供应量、商品流转

额、职工人数、国民收入、人均收入等。

(4) 移动平均法：此法是将观察值由远而近按一定跨越期进行平均，取平均值。随着观察期的推移，逐一求得移动平均值，以接近预测期最后一个移动平均值，作为确定预测值的依据。其预测模式为

$$\hat{Y}_t = M_e + \bar{b}T \qquad (7-14)$$

式中，$\hat{Y}_t$ 为移动平均预测值；M_e 为末项移动平均值，并有

$$M_e = \frac{\sum_{i=1}^{n} x_i}{n} \quad (n\text{为跨越期})$$

$\bar{b}$ 为平均变动趋势值差，并有

$$\bar{b} = \frac{(\bar{x}_i - \bar{x}_{i-1})}{n'} = \frac{\sum b}{n'}$$

式中，$\bar{x}_i$ 为本期移动平均值；$\bar{x}_{i-1}$ 为前期移动平均值；b 为变动趋势值差；n' 为变动趋势值差的项数；T 为间隔期。（预测期—末项期）

移动平均法可分为一次平均法、二次和多次移动平均法。所谓二次移动平均法即对一次移动平均值再进行移动平均。

例：已知某企业 1~7 月份的销售量，要求用移动平均法预测 9 月份的销售量。其计算过程见表 7-3 所列。

表 7-3 用移动平均法预测销售量

月份	销售量 x_i/千件	三期移动总值 $\sum_{i=1}^{n} x_i$	三期移动平均值 $\frac{\sum x_i}{3}$	变动趋势值差 $b = \bar{x}_i - \bar{x}_{i-1}$	平均变动趋势值差 $\bar{b} = \frac{\sum b}{n'}$	9月销售预测 $\hat{Y}_9 = M_e + \bar{b}T$
1	21					
2	24	21+24+26=71	71÷3=23.667	23−23.667=−0.667	−(0.667+2+1.333+0.667)/4 =−1.1667	$\hat{Y}_9$=19−1.1667×(9−6) =19−3×1.1667 =15.5(千件)
3	26	69	23			
4	19	63	21	21−23=−2		
5	18	59	19.667	−1.333		
6	22	57	19(M_e)	−0.667		
7	17					

(5) 指数平滑法：此法中是用前期的实际值与前期的预测值的加权平均数来进行预测，其模式为

$$\hat{Y}_{t+1} = \alpha x_t + (1-\alpha)\hat{Y}_t \quad (0<\alpha<1) \qquad (7-15)$$

式中，x_t 为第 t 期实绩；$\hat{Y}_t$ 为第 t 期预测值；α 为平滑系数。

平滑系数即为权数（$\alpha+1-\alpha=1$），α 可根据实际情况由经验确定：若近期影响大，则取较大的 α；若长期影响较大，则取较小的 α。

5. 回归分析法

回归分析法是通过对预测目标诸影响因素的分析，找出它们之间的统计规律性，由此建立回归方程的一种定量分析方法。如果研究的因果关系只涉及两个变数，称为一元回归分析；如涉及两个以上的变数，就称为多元回归分析；

视变量是否呈线性关系,又可分为线性回归和非线性回归。当用一元线性回归预测法进行预测时,回归方程为

$$\hat{y}=b_0+b_1x \qquad (7-16)$$

式中,x 为影响因素;$\hat{y}$ 为预测目标;b_0,b_1 为回归系数,可以利用近期资料,用最小二乘法求出,其计算公式为

$$b_0=\bar{y}-b_1\bar{x};$$

$$b_1=\frac{\sum xy-\frac{1}{n}\sum x\sum y}{\sum x^2-\frac{1}{n}(\sum x)^2}$$

$$\bar{y}=\frac{\sum_{i=1}^{n}y_i}{n}$$

$$\bar{x}=\frac{\sum_{i=1}^{n}x_i}{n}$$

回归预测法还可对模式的合理性和预测的可信度进行统计检验。对于模式的合理性可用相关系数 Γ 来进行检验,Γ 的计算公式为

$$\Gamma=\frac{\sum xy-\frac{1}{n}\sum x\sum y}{\sqrt{[\sum x^2-\frac{1}{n}(\sum x)^2][\sum y^2-\frac{1}{n}(\sum y)^2]}} \quad (n\text{ 为观察值项数})$$

当 $|\Gamma|\to 1$ 时,影响因素 x 与预测目标 y 之间具有比较明显的线性关系,对此可用一元线性回归预测法进行预测。表 7-4 列出了相关系数的等级,其相关程度见图 7-8 所示。若不相关,则应舍去,重新调查。

表 7-4 相关系数等级表

相关程度	最 高	高	中	低	最 低	不
$\Gamma(\pm)$	1.00~0.90	0.89~0.70	0.69~0.40	0.39~0.20	0.19~0.10	0

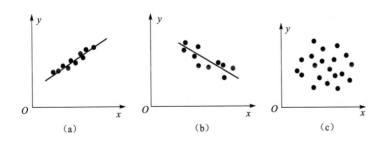

图 7-8 相关程度
(a) 最高正相关; (b) 负相关; (c) 不相关

当 $\Gamma\to 1$ 时,说明 x 对 y 的影响显著,即 x 是 y 的主要影响因素,其他

因素很小，可忽略不计。

　　各种预测研究的方法很多，据统计已超过 150 余种，但广泛使用的只有 30 余种，经常使用的只有 10 余种。要想取得符合实际的预测结果，应该有效地综合利用各种预测方法。

第八章 设计方法

§8-1 设计计划的制订

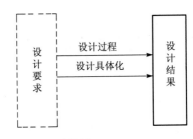

图 8-1 设计计划

所谓设计计划是指设计师个人或群体为了将最初的要求转化为最后的设计而采取的一系列行动（图 8-1）。制订设计计划，就是将一系列设计行动划分成若干个阶段，并确定在各个工作阶段中可能使用的方法。当使用某个设计方法就可以解决一个设计问题时，它也能构成一个计划。但大多数情况下是做不到的。

常用的设计计划有以下 6 种。

1. 直线式设计计划

这是一种比较理想的情况（图 8-2），直线式计划中的每一个行动都依赖上一阶段行动的结果，而该阶段的结果对下一个阶段又是独立的。这种计划适用于对现有产品的重新组合或改进，而不适于创造全新的产品。

2. 循环式设计计划

当已知后面阶段的结果，但必须将该结果返回，重复执行上一阶段的行动时就构成了循环式设计计划（图 8-3）。有时候会有两个以上的、互相嵌套的反馈循环。当出现无休止的"恶性循环"时，就要改变问题的模型。

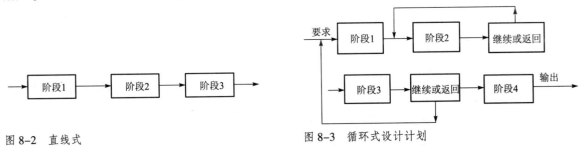

图 8-2 直线式

图 8-3 循环式设计计划

3. 分支型设计计划

如图 8-4 所示，当同时出现几个彼此独立的设计行动时，就构成了分支型设计计划，其中包括了若干个平行的步骤。这时，根据前面阶段的结果来调整后阶段计划的方案数量增多了，但也需要投入较多的设计力量。

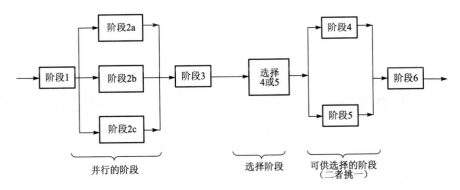

图 8-4 分支型设计计划

4. 适应性设计计划

这种设计计划只确定第一个行动（图 8-5），随后的每一个行动的选择，都由前一个行动的结果来决定。从原则上说，这是最好的设计计划。因为整个设计过程，都是在最有用的信息控制之下进行的。其缺点是对整个设计进程不容易预测。

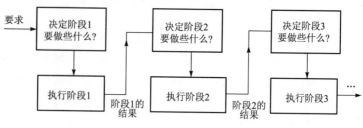

图 8-5　适应性设计计划

5. 递增型设计计划

在适应性设计过程中，设置若干个修正量，以调节现有的结果来寻求优化的设计（图 8-6）。递增量太大时可能漏掉好的结果；递增量过小时可能延缓设计进程，甚至不能取得进展。

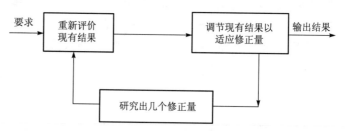

图 8-6　递增型设计计划

6. 随机设计计划

这是一种全然没有计划的设计计划（图 8-7）。当需要在一个不确定的范围内，为一些独立的研究，寻求若干个出发点时是很适用的。在考虑每一个步骤时，都有意忽略其他步骤的影响，以使该步骤保持独立。这种随机设计计划应用于像"头脑风暴法"这样的过程。

最后，当对设计的全过程作整体评价时，使用计划控制的方法（图 8-8）。其目的是将尽管有困难，但有前景的计划继续下去；将不符合评价标准的计划及时修改或放弃。

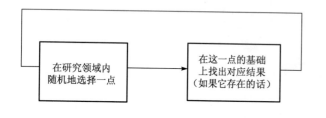

图 8-7　随机设计计划

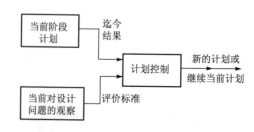

图 8-8　计划控制方法

§8-2 在各种设计行动中的设计方法

一、预制计划阶段

1. 系统化研究

目的：确定系统的设计变量（见§4-4）。

(1) 明确问题的组成要素，按重要性权衡出可由设计师控制的变量；不由设计师控制的变量；由设计来控制的变量。

(2) 明确各变量间的关系。

(3) 预测不由设计师控制的变量的影响。

(4) 确定边界条件。

(5) 调节每一个决策变量的数值，并预测依赖性变量的数值。

(6) 选择决策变量和各种数值，以获得被权衡目标综合的最优值或可行解。

2. 价值分析

目的：降低产品成本。

(1) 按规定的实施步骤（见§3-5 GB8223—1987），进行价值创新分析。

(2) 将价值分析的结果提交管理部门和设计组。

3. 系统工程分析

目的：在系统内的各元件间取得内部相容性；在系统和环境之间取得外部相容性。

(1) 确定系统的输入和输出。

(2) 确定如何将输入转化成输出的功能（实施方案）。

(3) 选择或设计能实现上述的每一个功能的元件。

(4) 检测内部相容和外部相容的结果。

4. 人机系统设计

目的：取得系统内人–机之间的内部相容；系统与其所在的运行环境之间取得外部相容。

(1) 确定系统的输入和输出。

(2) 确定将输入转化成输出所需要的功能。

(3) 确定人和机器之间的功能分配。

(4) 确定必要的训练程序、辅助工作、人机界面设计和机器设计。

(5) 保证人–机–环境之间的相容。

5. 设计时程计划（见§4-4）

目的：制定系统性工作程序与方法。

(1) 用甘特图（横道图）表示设计时程。图8-9：图中该项工程由 X、Y、Z 3项任务组成，如 X 任务中，任务②必须在任务①完成之后才能开始。这种甘特图只能用于单线进行的工作，X、Y、Z 任务之间的联系不能在图上反映出来。图8-10为改进甘特图，图中的箭头表示各项任务中的各项工作之间的关系，带箭头直线上的数字为该项工作所需时间。从事项①到⑦可以有5条路线，其中所需时间最长的谓之紧急线或关键路线。紧急线上的工作提前或拖后都直接影响整个任务的提前或推迟。显然，图8-10所示工程的紧急线为①—③—⑥—⑦。其所需时间为9周。

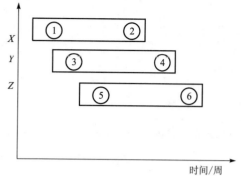
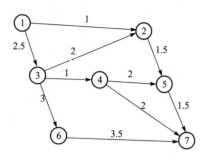

图 8-9　甘特图　　　　　　　图 8-10　改进甘特图

(2) "PERT" 法（详见§4-4）（图 8-11）为一项工程共有 6 个事项，即图中①、②、③、④、⑤、⑥，9 项工作 1-2、1-3、2-3、2-4、3-4、3-5、4-5、4-6、5-6。各项工作完成先后顺序如图 8-11 (b) 所示。紧急线或关键路线用带箭头的双线表示。对于只与其他工作有约束关系而不需消耗时间的工作，称为"虚工作"，以虚线箭杆标以"0"表示，如工作 4-5。

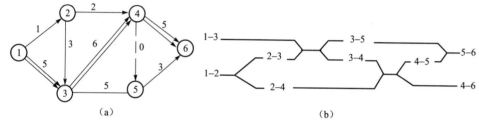

图 8-11　计划协调技术

PERT 计划步骤如下：[①]

① 准备 PERT 网络。

② 估计每项工作"预计完成周期"，计算式为

$$T_e = \frac{1}{6}(a+4m+b)$$

式中，a、m、b 分别为每项工作的最短、最可能的及最长周期的估计值。

③ 寻找关键路线。

④ 计算非关键路线上的工作的机动时间——时差。

⑤ 评价 PERT 计划。

6. 边界研究

目的：找出满足设计要求所处的限定范围。

(1) 写出关键条件的性能规范。

(2) 尽可能精确地定义不确定因素存在的范围。

(3) 制作模拟器，在不确定因素存在的大致范围内，对每一个规范的关键尺度进行调节。

(4) 进行性能测验，以找出可达到预定性能的限制范围。

[①] 详见赵纯均.优化与决策 [M].北京：中国科学技术出版社，1988:200.

二、计划的控制

1. 计划的转换

目的：正确处理设计过程中产生的自发思想与原计划的思想两者的关系。

(1) 着手制订一个适合问题的计划。

(2) 在执行计划时，分别记录自发出现在有关人员头脑中的想法。

(3) 在每一个自发的思想没有充分研究之前，不要修改原有的计划。只有在无计可施时才去重新修改原计划。

(4) 分析预定计划和自发思想所产生的输出项，以便决定是放弃一个，还是将两者综合成一个新的计划。

2. Machett 的基础设计法（F.D.M）

目的：从设计师熟悉的部分入手，进行思考，建立一个初步的思考模型，再针对问题的模式，选择适合的思考方式，以完成工作目标。

(1) 从原理和实践上进行 F.D.M 的训练。

(2) 使用以下"思考模式"对设计问题进行思考：

① 用概括的计划进行思考，其要点为：预制计划；比较各种设计计划；拟定设计策略。

② 从平行面进行思考，以客观方式观察各种思想和方法，并进行比较。

③ 以检核表的方式多角度地思考。

④ 从不同的概念（例如主要产品特性、产品寿命周期、可行性等）思考。

⑤ 以基本要素进行思考，以便在各设计阶段中作出正确的选择（需求的、预测的、策略的、技术的、观念的、理性的、排障的）。

三、探索问题状况的方法

1. 目标描述

目的：确定设计必须与之相容的外部条件。

(1) 明确设计的操作环境。

(2) 明确与设计相容的环境特征，包括：

① 委托者的期望及动机。

② 可利用的资源。

③ 基本目标。

(3) 确保所描述的目标彼此不相矛盾，并且与设计时可用的信息也不矛盾。

2. 文献检索

目的：找出对于设计有用的信息。

(1) 明确检索目的、要求。

(2) 找出信息出版物的种类。

(3) 选择检索方法。

(4) 设法使检索费用降到最低。

(5) 保留完整的参考目录。

(6) 尽量缩小收集出版物的范围，以加速检索过程。

3. 列举缺点

目的：为改进型设计定向。

(1) 检查现有设计的样品或照片。

(2) 鉴别设计的元件之间的安排，找出与设计目的明显矛盾的地方。

(3) 找出产生上述矛盾的原因。
(4) 设想清除缺点的方法。

4. 采访用户

目的：获取本产品用户的信息。

(1) 选择用户，并设法调查出一致的意见。
(2) 鼓励用户描述和亲自演示他们认为重要的问题的详细情况。
(3) 记录下采访过程中主要的和次要的发现。
(4) 若有可能，争取用户对采访中已得到的结论进行评论。

5. 问卷调查（调查表）

目的：在大量的人群中收集信息。

问卷设计和调查方式参考§7-2。

6. 用户行为研究（见§6-4）

目的：探索行为特征，并预测一个新产品的潜在用户的操作要求。

(1) 征询对与新产品类似的产品有经验和无经验的用户的意见，并观察他们的行为。
(2) 分析一个人机系统，以确定用户的能力和人机界面的设计要求。
(3) 对一个模拟预想设计的产品，观察熟练者和初学者使用的各种行为。
(4) 记录下用户在使用过程中不产生错误、伤害或不舒适而不能超出的极限值。

7. 系统检测

目的：在复杂情况下对系统进行控制。

(1) 确定需排除的因素（不希望存在的因素）的特征。
(2) 确认产生各种变化无常的情况的原因。
(3) 变化（施加或放松）参数，并记录下对需排除因素特征的影响，也记录下对其他特征的影响。
(4) 选出最优的和最小损害的被测限制。

8. 选择测量尺度

目的：根据设计目标制订测量项目的要求及费用。

(1) 提出需要测量的问题。
(2) 选择测量的允许误差和允许费用。
(3) 选择相应的测量尺度。
(4) 设计一个与上述要求相容的测量过程。

9. 信息的记录和精简

目的：指明重要的能决定设计的行动的特征，并使之视觉化。

(1) 确认对设计的成败有关键影响的不定因素。
(2) 确定这些关键因素被缩减的程度。
(3) 确定可用于缩减不定因素的资料。
(4) 检索可用于信息记录和精简的各种方法，它的精度、速度、费用及适用范围。
(5) 选择与上述各项都能兼容的信息记录和精简方法。

四、寻求构想（Ideas）的方法（见§2-4）

目的：使设计师或一个设计群体能迅速产生许多有用的构想。

(1) 强化创造动因的群体激智方法，如头脑风暴法、德尔菲法、CBS 法、KJ 法等。

(2) 寻找设计目标的方法有提喻法、设问法、希望点列举法、检核表法、专利法等。

(3) 寻求改进设计的构想可以采用设问法、检核表法、缺点列举法等。

(4) 创造性的设计方法有类比法、联想法、形态学法、KJ 法、移植法、仿生法、组合设计法等。

(5) 创造的方法很多，要加强创新能力的培养，不要机械套用。在创新、构想时，一种方法可以反复使用多次，有时要几种方法同时使用。

五、探索问题结构的方法

1. 功能技术矩阵（见§ 3-2）

目的：系统地探索各元素之间的关系。

(1) 定义各项"元素"及其"关系"。

(2) 建立一个矩阵，在其中每一元素都能与其他任何元素相比较。

(3) 确定每一对元素之间实际上是否存在联系，若不存在联系即为不相容。

(4) 找出各种可能的相容组合，即确定了不同类型的结构。

2. 相互关系网

目的：系统地探索各元素间关系的特征。

(1) 如上述，利用关系矩阵，确定哪些元素是相关的。

(2) 画出代表各元素的点列图，若 $a_1 a_2$，$b_1 b_2$，$c_1 c_2$，$d_1 d_2$，$a_1 c_2$，$a_1 d_2$，$a_1 b_1$ 为不相容。为减少线条交叉，我们约定：对不相容元素间连线如图 8-12 所示。

(3) 利用相互关系网可分析相容结构有 6 个：$a_2 b_1 c_1 d_1$，$a_1 b_2 c_1 d_1$，$a_2 b_2 c_1 d_2$，$a_2 b_2 c_1 d_2$，$a_2 b_2 c_2 d_1$，$a_2 b_2 c_2 d_2$。

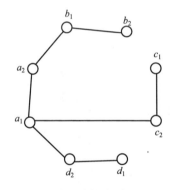

图 8-12 代表各元素的点列图

3. 相互关联决策域的分析

目的：对结合在一起的各互相相容的子解答，进行确认和评价。

(1) 在每个决策区域内确认几个可行的子解答。

(2) 指出哪些子解答与其他是不相容的。

(3) 列出结合在一起的相容子解答；并按标准（例如成本）评价它们，找出最优的一套子解答。

4. 系统的转变

目的：改变一个不能令人满意的系统，以排除其固有的缺陷。

(1) 确认现有系统的固有缺陷及产生原因。

(2) 找到能排除这些缺陷的新型元件。

(3) 找出使现有元件演化为新型元件的过程。

5. 功能的更新

目的：创造新功能。

(1) 确定现有设计的每个部分的功能。

(2) 确定哪些是主要功能，哪些是次要功能。

(3) 分析改善现有设计主要功能的可能性。

(4) 将 (2)、(3) 两项合起来形成一个新的修正的主要功能。

(5) 将新的主要功能进行分解，并将它分配给相应的新的部分，找出进行这一步骤的多种选择方法。

6. 亚历山大（Alexander）的确定元素法

目的：将某一结构分组成合适的元素，使得每一元素能分离，并被自由地替换以适应环境的变化。

(1) 确定能对该结构产生影响的全部需求。

(2) 确定相互关系矩阵中每对元素的需求是否相关，并将结果记录。

(3) 将该矩阵分解成若干子阵（块），每一块的内部是密切联系的；而各块之间的联系是松弛的。这些块就是要寻求的合适的元素。

(4) 将每一个块的需求设计为一个元件。

(5) 将这些元件组织起来，由此构成一个新的系统，或将某些新的元件引入到现有的结构之中，而均不改变原有结构的功能。

7. 设计信息的分类

目的：将一个设计问题的信息分成较易处理的若干部分（见§2-4 KJ法）。

六、产品造型设计方法

1. 定量结构变化法

目的：将产品的主功能分解为限制在一定数量之下的分功能，再作结构上的变化，以此创造最佳的产品造型。

(1) 确认产品的主功能。

(2) 将主功能分解成一定数量（限量）的子功能，如图8-13所示。

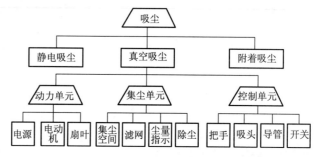

图8-13 吸尘器的功能树

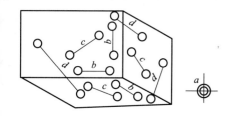

图8-14 两个元素的空间排列
a—点状排列；b—轴间排列；c—面状排列；d—立体排列

(3) 在3个变数下，展开了功能的结构：

① 变量1为配置方式。所谓配置方式即为主要功能在结构变化上可能具有的形式。前述的图3-12所示，即为吸尘器的可能配置方式。

② 变量2为空间排列可能具有的形式。例如，两个构成元素（以○表示）其空间排列如图8-14所示，可有点状排列、轴向排列、面状和立体排列。图8-15所示为三个元素的一些可能排列情况，8-16所示为吸尘器的空间排列。

③ 变量3为主要件尺度的变化（图8-17）。

④ 使多样化的造型与产品的功能相容。

⑤ 选择最佳方案。

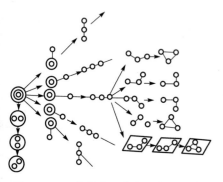

图8-15 三个构成元素的一些空间排列

图 8-18 为定量结构变化法的流程图。

图 8-18 定量结构变化法流程图

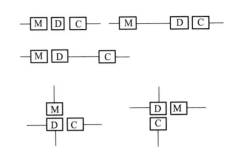

图 8-16 吸尘器的空间排列
M—马达；D—集尘单元；C—控制单元

2.机能面关系界定法

构成产品的元素的组件之间形成了一定数量的机能面，按机能的不同可分为：物理机能，即表现出产品各组件之间的关系；生理、心理机能，即表现出人和组件之间的关系，对此应着重于用人机工程学的方法去解决。

总的目的是：按照造型应满足的物理、生理和心理的三项机能，创造出产品的最佳造型。

（1）确定所设计产品的机能面数量。图 8-19（a）所示的旋钮，其机能面数量有两个：与人接触的外在机能面 A 是生理、心理的机能面；与轴接触的内在机能面 B 是物理机能面。

（2）预估各机能面所需的体量（面积或容积）及其位置，如图 8-19（b）所示。

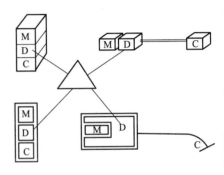

图 8-17 吸尘器的主要尺度变化

图 8-19 旋钮机能面
(a) 内外机能面； (b) 内外机能面的体量预估

（3）连接各机能面产生概略形（图 8-20）。

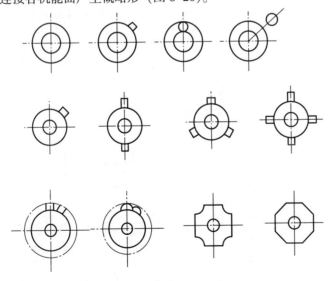

图 8-20 机能面的连接及概略形

（4）将概略形规整，使造型几何化、有机化；并修正尺度大小（图 8-21）。

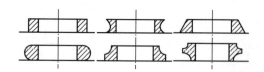

图 8-21 旋钮机能造型几何化、有机化

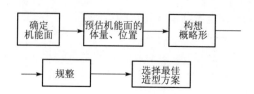

图 8-22 机能面关系界定法流程图

(5) 选择可行的最佳造型。

图 8-22 为机能面关系界定法的流程图。机能面关系界定法是用由小到大、由内向外的方式来进行造型的。

3. 造型分解法

目的：按照造型的各种需要分解形态，以创造最佳的造型。

(1) 确定产品（计算器）概略性的形状（图 8-23）。

(2) 确认计算器的可变更部分（图 8-24）。

(3) 按功能（图 8-25）、构造（图 8-26）及视觉（图 8-27）3 种观点将造型展开。

(4) 选择最佳适型。

(5) 图 8-28 为造型分解法的流程图。

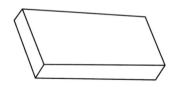

图 8-23 计算器的概略性形状

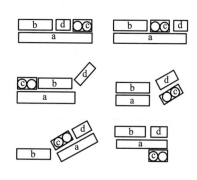

图 8-24 计算器的可变部分
a—印刷电路板；b—按键盘；c—电池×2；d—液晶显示器

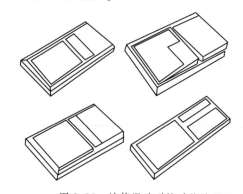

图 8-25 计算器造型按功能的展开

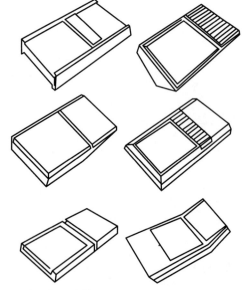

图 8-26 计算器造型按构造的展开

图 8-27 计算器造型按视觉的展开

七、广义工业设计

工业设计不仅仅是造型，工业设计研究的对象是"人-机-环境-社会"这一大系统。工业设计的出发点是人，设计的目的是为了人而不是产品。把人作为设计的出发点，就是要使人的生存环境更加"合乎人性"。因此，工业设计首先不是对产品的设计，而是对人类的生活方式的设计。

工业设计不仅研究人-机的关系，还要扩及整个人类的人造环境。不仅只对机器、设备和产品，还要将环境（人造环境和自然环境）作为一个整体来规划设计。

设计已经突破了技术与艺术相结合的范畴，走向广义工业设计发展的道路。

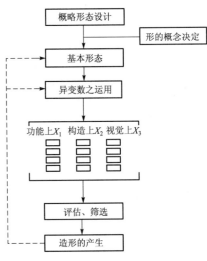

图 8-28 造型分解流程图

在中国设计出现了一种新的迹象：设计已经超出一般意义下的技术与艺术相结合的范畴，成为一种促进现代工业产品、现代企业和社会发展的动力。随着人类和自然、社会之间自适应状态的逐渐改变、综合和协调，设计将日益发挥重要作用。设计除科技、艺术之外还必须综合考虑经济、文化和社会实践各种要素，设计应是多元的、动态的、系统的、综合的，也就是广义的。

当代科学技术通过设计，正在不断迅速地改变人类生存和发展的条件，人们的生存质量不断提高，生活方式不断改变。Walkman、电饭煲和电视机等的出现，不但影响着和改变着人们的生活方式，而且为促进新兴产业的出现和建设现代市场经济提供了广泛的发展空间。

未来社会的一个显著特点是，生产力的进步正在不断地推动生产关系的更新，科学是生产力，设计也是生产力。在工业经济方面，先进的设计和制造的技术，功能齐备的产品，不但深刻地影响着物质领域，也深刻地影响人们的生活领域，同时改变人们的观念。工业设计已发展为一种广泛的创新活动，推动着市场竞争由产品向企业、产业、工业以至国家、地区的方向发展，从低到高，由微观向宏观，由技术到技术、经济、文化的综合实力的竞争。竞争的多样性淋漓尽致地表现在设计之中。

设计不仅在产品开发方面具有决定性的作用，还可以在产品结构和产业结构的调整，在企业和产业的改造，进而在新兴产业的诞生中有着独特的，不可替代的作用。设计还可以在生态设计中发挥先导作用。在中国这样的人口大国中，合理的消费模式和适度地消费规模，能使人们赖以生存的环境得到保护和改善，但很多事实表明，低效高耗的生产和不合理的生活消费，极大地破坏了现有的生态环境。

设计师应当在设计中引进社会学、生态学和人类文化学的概念，研究生活形态学，进行生活设计，以提高消费的社会经济效果。保护地球，重新规划人类的生活，是设计师的历史责任。此外，设计在企业的资产增值，提高企业竞争力和经济效益方面发挥巨大的推动作用。

广义工业设计的课题，已经大量的出现在我们的设计实践之中。对于一个企业来说，工业设计的目的是企业和它的产品在市场的竞争中取得成功。只有好的产品设计，未必能取得市场的成功。因此，我们应竭尽所能为企业作设计开发、生产开发和市场开发的工作，协助企业克服在市场竞争中所遇到的一系列新问题，以取得企业的生存和发展。这些问题包括，提出富有竞争力的性能价格比的产品概念及设计；提出合理的产品结构和产业结构；研究企业的综合优势和市场出现的机遇和企业的潜在问题，以制定企业在发展产品力、行销力和形象力方面的战略部署，提出开拓国内、外市场的行销企划，包括分销网络、广告策划、宣传展示及完善的售后服务体系。

设计师还可以在城市的规划设计、公共设施设计和室内设计等方面发挥自己的作用。

广义工业设计的发展，必然要求多元动力机制，它的运作，要靠大团队来支撑。大团队是一种社会机制，是由企业家、设计师、工程师、经济师、企业和行业的专家和管理人员、学校研究机构和政府管理部门共同组成，核心是企业家、设计师和政府公务人员的三结合体制。这种适合国情、市情的合理运行机制已经在我国的一些地区形成，并取得了进展。

八、新产品开发

1. 新产品的概念

(1) 仿制新产品：仿照市场上已有的产品，在造型及局部结构，零部件、材料、工艺上作局部修改，制造出在性能、质量、价格等方面有竞争力的产品，这种创新是我国发展不可跨越的阶段。即使在我国开始由模仿向自主创新转变的时期，仍有重要的现实意义。

(2) 改进型产品：对现有产品，改进性能、提高质量或增加品种、规格、款式花色等。这种创新，对于一项产品的商品化过程，是不可避免的，对于提高企业的经济竞争能力也大有裨益。

(3) 换代产品：在原有基础上，采用部分新技术、新结构、新材料、新工艺及元件以满足新需求。这是一种大量存在的渐进性创新。

(4) 全新产品：在原理、技术、结构、工艺或材料等方面有重大突破，与现有产品无共同之处的新产品，是科学技术新发明的应用。

(5) 未来型设计：是一种探索性的设计，又称概念设计、方式设计，旨在满足人们近期或未来的需求。是设计师用敏锐的洞察力，对生活、市场进行研究的成果，极富生命力。对现今来讲，它可能是幻想，但却是未来的现实。未来型设计由于极具创意，故一般能推动技术开发、生产开发和市场开发。在生产一代、研究一代、构思一代中占有非常重要的地位。

2. 开发机制

有三种设计创新的机制：

(1) 设计主导型创新机制，随着科学技术和社会经济的发展，设计的内涵发生了深刻的变化使得以设计为主导的创新不仅成为必要的也是可能的。如图 8-29 所示。

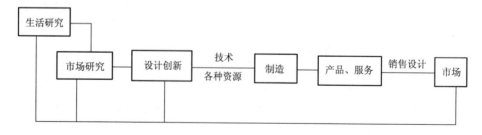

图 8-29 设计主导型创新机制

(2) 技术主导型创新机制。这种创新机制的特点是技术创新和工程设计先于设计开发和设计。如图 8-30 所示。

图 8-30　技术主导型创新机制

(3) 设计—技术结合型创新。这种创新的特点是由技术人员和设计人员共同组成创新小组。在这种结合中，或者是以设计创新为主，或者是以技术开发创新为主，要看项目的特点和人力的配备来确定。如图 8-31 所示。

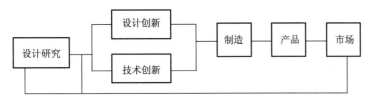

图 8-31　设计—技术结合型创新

"牙科综合治疗机"是以设计为主导的开发机制的例子。它的产品设计计划如下。

① 市场与产品调研（见§7-2）。
② 设计与模型制作。
　a. 方案提出与论证：
● 市场与设计定位论证；
● 人机学及使用方式操作方案；
● 提出产品初步方案设想；
● 概念设计与创意。
　b. 方案筛选与论证：
● 初步方案综合论证评价；
● 人机模型初步分析与测试数据分析；
● 模型分析；
● 方案筛选与综合；
● 电脑模型及人机模拟分析；
● 初步模型论证。
　c. 方案确定与论证：
● 最终方案确定与电脑模型方案确定；
● 工作原理样机试验；
● 比例外观模型及色彩分析处理；
● 2 台全尺寸样机制作（提供使用、试验及检测）。
　d. 设计及制作手段：
● 概念创意草图；
● 人机模拟测试；
● 电脑三维图像成形；
● 样机制作加工；
● 表面及视觉设计处理；

- 相应设计手册及规范。

③ 工程设计与设计管理。

a. 工程设计与技术规范化：
- 机构设计；
- 总装图绘制；
- 零件图绘制。

b. 产品试制与工艺监理：
- 有关外型工艺与材料监理；
- 产品验收（仅限第一批）。

c. 产品有关配套设计：
- 产品色彩设计及规范；
- 产品界面设计。

d. 设计手段：
- 电脑工程图绘制；
- 产品色彩规范报告；
- 界面版式与制版。

④ 产品形象总体策划。

a. 产品说明书设计与电脑排版。

b. 产品展示设计及策划。

c. 产品宣传设计。

3. 产品设计创新过程的模型

在企业内部实现产品创新，可以有三种过程的模型。

（1）部门阶段模型（图8-32）。

图8-32 部门阶段模型

设计创新的任务是按部门分阶段进行，部门之间缺乏协调与联系。

（2）整合性设计创新过程模型（图8-33）。

整合性产品开发模式是企业适应市场竞争的新型开发模式。通过企业设计开发策略的制定和设计管理，将市场、设计、生产、营销等部门有机的组合起来，实现开发过程同步化，在企业内部达成了共识。因而缩短了产品开发周期和企业内部的协调时间，加快了产品推向市场的速度。

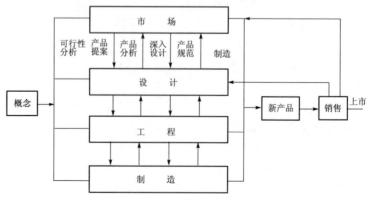

图8-33 整合性设计创新过程模型

(3) 综合模型（图 8-34），是将创新活动划分 5 个阶段，从创新决策上分为 3 个阶段，将各阶段的活动与决策结合的模型。

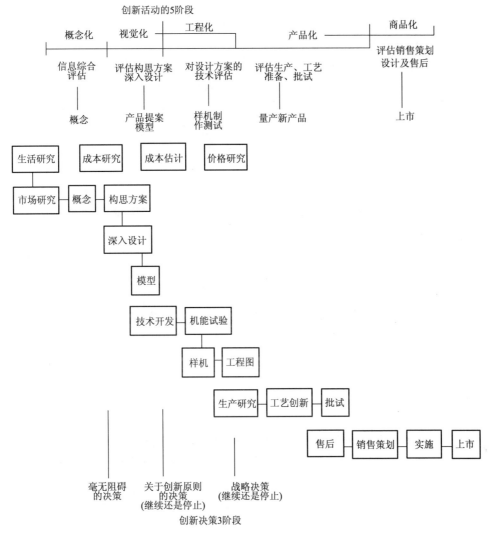

图 8-34　综合模型

九、包装设计（参考 GB/T 12123—2008）

1. 基本要求

(1) 应依据项目任务书或合同书进行包装设计。
(2) 应保证内装物的性能在流通过程中满足质量要求。
(3) 应采用适当的包装材料，减少对环境和人身产生的危害。
(4) 应节省资源，合理控制包装成本，提高经济效益。
(5) 必要时，应按相关的要求分等级包装。
(6) 设计的包装应符合有关法律法规及标准的要求。
(7) 尽量做到包装紧凑、科学合理。

2. 设计因素

(1) 内装物特性。

① 形态。

根据内装物的形态（固态、液态、气态），选择相应的包装方式或包装方法。应考虑采用容器的种类及内部的物理保护（如：密封、缓冲、固定等技术措施通过分解或组合，达到稳定和体积最小）。对于固态应考虑稳定型（如立方体、有基座的物体）、非稳定型（如球形、圆筒形及其他带凸凹的异形体）等形式。

② 质量及尺寸：

内装物可分为轻物、重物、小型、大型、扁平物、超高物等。应根据质量及尺寸确定包装单元，要考虑到运输、装卸及仓储等。

对于重物、长物、扁平物、超高物、大型物，在考虑物品本身的保护的同时，要具备有利于装卸方便及安全的外包装形态。即使轻物、小型物，一般情况下也要对来自上部的载荷及冲击进行防护。

③ 强度。

预先应掌握内装物的强度及脆值等因素，采用适当缓冲技术措施。选择内装物强度较大的位置作为支持点，施加固定或缓冲技术措施，选择有利于装卸稳定的包装单元及包装容器。

④ 温度适应性。

掌握适宜温度及选定能保持适宜温度的容器及材料（如冷冻包装、冷冻集装箱、耐寒容器、干冰的使用或保温容器等）。

耐温度包装要考虑运输期间流通环境的影响因素、运输路线及运输方式。运输方式包括铁路、公路、水路和空运。

⑤ 耐水、耐湿性。

对于耐水及耐潮性，应考虑如下因素：

- 不受水及潮气影响的产品，可采用花格箱、捆扎包装、底盘包装或裸装等；
- 易受水影响的产品，可采用防水容器或防水包装等；
- 易受潮气影响的产品，可采用防潮包装或防水材料进行防潮包装。

⑥ 耐腐蚀性。

对于易腐蚀产品，要考虑流通环境条件，采取防锈处理及防水或防潮包装。

⑦ 耐霉性。

对于易发霉及易受霉影响的产品，根据流通环境中的气象条件采用熏蒸、防霉剂、防潮包装等。

⑧ 危险性。

产品为剧毒、易燃物、易爆物、放射物质等情况下，要根据安全性及有关法规进行包装设计。

⑨ 物品的种类、用途、性能。

根据物品的种类（如成套设备、机器、装饰品、食品、建筑材料、零件、原材料等）、用途、性能等，采取符合其运输、销售目的的内包装、外包装。

(2) 流通环境条件。

① 装卸作业条件。

应考虑如下情况：

- 人工作业、机械作业、多式联运转载作业等，推测装卸次数的多少及跌落、冲击、倒置、棱与角的载荷等可能性，采取必要的试验验证；
- 到达地的港湾设施、装卸设备、装卸技术、装卸习惯等；

- 内装物的强度（特别是易损品要依据其脆值参数）与有关试验、经验数据；
- 装卸的便利性及保护措施（适当的包装单元、质量、尺寸）；
- 托盘及集装箱的利用。

② 运输环境条件。

应考虑如下情况：
- 铁路运输的情况，如震动、冲击、货压、温湿度等；
- 公路运输的情况，如换挡、恶劣道路上运行与急刹车的冲击、震动等；
- 水路运输的情况，如震动、摆动、货压、冲击、温湿度变化、盐雾等；
- 航空运输的情况，如震动、冲击、温度变化、低气压等。

③ 储存保管条件。

储存保管应考虑的主要因素有：
- 堆码的高度及堆码的排列方式对产品强度的影响；
- 储存期的长短对包装材料及容器的疲劳及强度降低的影响；
- 储存场所的温湿度条件对包装件的影响；
- 室外储存时的风吹、日晒、雨淋、凝露、扬尘等对包装条件的影响。

④ 气象条件。

应考虑高温、低温、温度变化造成的高温熔融及低温冻结和温湿度变化及结露等气象条件对包装件的影响。

(3) 用户要求。

① 销售性：便于销售的包装单元。

② 便利性：检查、拆开及使用后易处理。

③ 标志性：容易识别，不会与其他混淆的鲜明标志等。

(4) 其他限制事项。

不仅要遵守各运输、仓储等部门所规定的包装条件，还要遵守有关法规所规定的限制条件，如质量限制、尺寸限制、性质限制、地区限制等。

3. 确定设计方案

(1) 确定设计参数。

① 内装物的计量值，如质量、体积、数量、尺寸等；

② 预留容积或允许偏差；

③ 根据内装物特点需确定的其他参数；

④ 包装的重复使用次数；

⑤ 包装有效期。

(2) 确定包装方式。

① 根据设计因素、采用箱装、袋装、瓶装、桶装、捆装、裸装及压缩打包包装、托盘包装、集合包装、收缩或拉伸包装等。

② 有标准容器类型可供选择时，应选用标准容器类型。无标准容器类型可供选择时，应先确定容器类型，然后进行容器设计。并在规格、性能、价格等方面符合产品包装的要求。

③ 集装单元运输的包装容器规格尺寸应符合有关包装尺寸系列标准的规定。非集装单元运输的包装容器规格尺寸应参照有关尺寸标准规定，并符合运输工具装载尺寸的要求。

④ 包装容器有外观要求时，要做出相应规定，如表面缺陷值，颜色均匀

程度以及其他需要确定的要求。

⑤ 应规定包装容器的物理、生物、化学等性能，如抗压、防霉、防锈的技术要求。

⑥ 设计容器结构时应考虑容器易于加工制造、易于装配、便于储运、易于机械装卸。包装废弃物要利于回收、降解及处理。系列产品包装的容器造型及结构应具有整体协调性，多用途包装的容器造型及结构应具有再利用的价值。

(3) 确定包装材料。

① 应按包装技术要求，合理地选择包装材料。有现行标准，应采用有关标准。无现行标准时，应规定使用的包装材料的品种、规格及各种性能指标。并在货源、规格、性能、价格等方面符合产品包装的要求。

② 选用的包装容器材料、辅助材料、辅助物等应与内装物相容，对内装物无损害。

③ 应易于成型和印刷着色。

④ 应优先选用环保型包装材料。

(4) 确定技术要求。

① 应规定包装结构的技术要求、工艺条件以及应达到的性能指标；

② 应规定包装应具备的性能指标及质量要求，如透湿度、含水率等指标；

③ 应规定包装材料应具备的性能指标及质量要求。如透气率、透油性等指标；包装材料需预处理时，应提出处理项目、条件、时间、方法、量值等要求。

(5) 包装结构设计。

① 防护设计。

- 防锈包装设计应符合 GB/T 4879 的有关规定；
- 防潮包装设计应符合 GB/T 5048 的有关规定；
- 防水包装设计应符合 GB/T 7350 的有关规定；
- 防霉包装设计应符合 GB/T 4768 的有关规定；
- 缓冲包装设计应符合 GB/T 8166 的有关规定；
- 其他防护设计应符合相关规定。

② 定位设计。

应确定产品及附件的位置及固定方法。

③ 包装图样绘制。

包装图样的绘制应符合 GB/T 13385 的有关规定。

④ 包装标志设计。

包装标志设计应符合有关规定，一般货物包装储运图示标志应符合 GB/T 191 的有关规定，危险货物包装标志，应符合 GB190 的有关规定。

(6) 包装装潢设计。

① 设计包装装潢时，应考虑包装的级别、档次、价值、整体造型特点等因素。

② 确定包装装潢设计要素。

a. 图形。

- 具体图形应具有写实感；
- 抽象图形应有较强概括性；

● 牌号、标志、商标等图形符号应形象突出，易于辨认和记忆。图形符号有标准的，应按有关标准使用。

b. 色彩。
● 基色的选用应充分考虑内装物的特性、企业形象和包装意图；
● 包装整体的配色应具有和谐、明快、醒目的美感情调；
● 应考虑规范性、习惯性色彩的运用。

c. 文字。
● 主体文字的造型应考虑艺术性和可读性；
● 说明性文字应清楚、整齐，尽量采用印刷体；
● 选用的字种、字体应符合规范要求；
● 文字的大小、造型配色、布局、排列等应与包装件整体装潢效果相协调。

③ 确定装潢的组成部分，如容器外观、标签、装饰物等。

④ 确定装潢布局，如各组成部分的数量、位置关系，相互间应遵循的美学法则等。

⑤ 确定装潢造型，如各组成部分的形状、尺寸、比例关系、表现技法等。

4. 试验验证分析

运输包装需要时应进行试验，以验证设计是否达到预定的防护要求。应确定试验目的、试验项目、试验方法、试验量值、试验仲裁等。运输包装件基本试验应符合 GB/T 4857 标准的有关规定。大型运输包装件试验应符合 GB/T 5398 的有关规定。

§8-3 设计与标准化

一、标准化的意义

标准化有着源远的历史过程，在整个人类文明史中起着重要的推动作用。人们为了交流思想、感情，在劳动中逐渐地产生了语言、文字。随着生产的发展，为了商品生产和交换的需要，产生了各种生产和计量的标准。如我国的《周礼·考工记》、宋代曾公亮的《武经总要》、李诫的《营造法式》、明代宋应星的《天工开物》、李时珍的《本草纲目》等都记载有大量的有关农业、建筑、矿冶、铸造、纺织、食品、造纸、印刷、医药等有关标准化的知识和规定。

在近代文明史中，标准化成为提高劳动生产率的重要手段。第一次世界大战前后，美国福特汽车厂将各种车型简化为一种 T 型车，在简化产品和零部件品种的基础上，采用流水作业的大批量生产，使成本从 1910 年的 800 元降低到 1917 年的 500 元以下，因而统治了世界汽车市场，一度占到世界市场的 50%。在 20 世纪 70 年代，日本一举打破美国对世界汽车市场的垄断，原因之一是日本在汽车生产中标准化程度高达 90%，而美国在当时仅为 70%。

当今，标准化还能促进国际间经济技术的分工和协作。跨国公司，在世界上逐渐成为重要的生产组织形式。一个国家的生产，往往成为国际生产的一部分。为保证国际间的专业化生产和经营的顺利进行，标准化已成为生产社会化和国际化的一个重要基础。

何谓标准化？GB/T 20000[①]给出的标准化定义是："为了在一定范围内获得最佳秩序，对现实问题或潜在问题制定共同使用和重复使用的条款的活动。标准化的主要作用在于为了其预期目的改进产品、过程或服务的适用性，防止贸易壁垒，并促进技术合作。"

标准化的对象是指需要标准化的主题。我们所说的产品、过程或服务，含有对标准化对象的广义理解，宜等同理解为包括材料、元件、设备、系统、接口、协议、程序、功能、方法或活动。

标准化可以在技术、经济和社会诸方面产生巨大的效果。可以表现为：合理地制定产品的品种规格以满足社会上不同层次的需求；制订先进的产品质量标准以提高产品的质量；在生产、流通、消费等方面全面节约人力、物力以降低成本；在商品交换和服务方面能保护消费者的合法利益和社会公共利益；能保障人类的安全、健康，创造舒适、宜人的环境，有利于建立科学、文明、进步的生活方式；促进相互之间的理解、交流，提高信息传递的效率；促进国际间的生产协作、技术交流和贸易等。

二、标准化的基本概念

1. 标准

GB/T 20000.1—2002 对标准的定义是："为了在一定范围内获得最佳秩序，经协商一致制定并由公认机构批准、共同使用的和重复使用的一种规范性文件。"

规范性文件是指诸如标准、技术规范、规程和法规等这类文件的通称。

2. 技术规范

技术规范是规定了产品、过程或服务应满足的技术要求的文件。技术规范可以是标准、标准的一部分或与标准无关的文件。

3. 规程

规程是为设备、构件或产品的设计、制造、安装、维护或使用而推荐的惯例或程序的文件。规程可以是标准、标准的一部分或与标准无关的文件。

4. 法规和技术法规

法规是由权力机构通过的有约束力的法律性文件。技术法规是规定技术要求的法规，它或者直接规定技术要求，或者通过引用标准、技术规范或规程来规定技术要求，或者将标准、技术规范或规程的内容纳入法规中。

5. 标准的种类

常见的标准类别有基础标准、试验标准、产品标准、过程标准、服务标准、接口标准和数据待定的标准。这些类别的标准相互间并不排斥。例如，一个特定的产品标准如果规定了关于产品特性的试验方法，则也可视作试验标准。

产品标准规定了产品应满足的要求以确保其适用性的标准。产品标准除了适用性之外，还可以直接地或通过引用间接地包括诸如术语、抽样、测试、包装和标签等方面的要求，有时还可包括工艺要求。

过程标准规定了过程应满足的要求以确保其适用性的标准。

服务标准规定了服务应满足的要求以确保其适用性的标准。

---

① "中华人民共和国国家标准"的代号 GB。

接口标准、界面标准规定了产品或系统在其相互连接部位与兼容性有关的要求的标准。

6. 标准化的目的

标准化可以有一个或更多的特定目的，以使产品、过程或服务具有适用性。这样的目的可能包括品种控制、可用性、兼容性、互换性、健康、安全、环境保护、产品防护、相互理解、经济效能、贸易等。

适用性：产品、过程或服务在具体条件下适合规定用途的能力。

兼容性：在具体条件下、诸多产品过程或服务一起使用，各自满足相应要求，彼此间不引起不可接受的互相干扰的适应能力。

互换性：某一种产品、过程或服务代替另一种产品、过程或服务并满足同样要求的能力，包括功能方面的互换性和度量方面的互换性。

安全：免除了不可接受的损害风险的状态。标准化考虑产品、过程或服务的安全问题，通常着眼于实现包括诸如人类行为等非技术因素在内的若干因素的最佳平衡，把损害人员和物品的可避免的风险消除到可接受的程度。

环境保护：保护环境使之免受由产品、过程或服务的影响和作用造成不可接受的损害。

三、标准化的形式

标准化可以在全球或某个区域或某个国家层次上进行。在某个国家或国家的某个地区内，标准化也可以在一个行业或部门（例如政府各部）、地方层次上、行业协会或企业层次上，以至在车间和业务室进行。

标准化有多种形式，每种形式都针对不同的情况、表现为不同的标准化内容，以达到不同的目的。一般可分为以下5种标准化形式。

1. 简化

简化是标准化的一种形式，其目的是对于一定范围内的产品品种进行缩减以满足一定的需要。

在设计时，由于品种规格的合理简化，可以减少设计的错误，提高设计水平；由于减少了设计工作量可以缩短设计周期，或可以集中力量进行产品的改进设计和新产品的开发；品种规格简化后也易于设计的管理。

简化时应考虑以下的原则：

（1）简化要适度，既要控制不必要的繁杂，也要避免过分不合理的简化，后者造成使用的不便。简化也应注意时机。过早简化，由于时机不成熟反而有害于技术的发展，过迟则易于造成不易改换的混乱局面。我们应该在产品开发时就应注意防止将来出现不必要的多样化，以降低成本，提高劳动生产率，增加企业的竞争能力。

（2）简化的结果应保证消费者的需求和利益不受损害，并满足消费者不断增长的需求。

（3）产品简化后，它的参数应形成系列，参数系列可从优先数列中选取（GB/T 321—2005）。

2. 统一化

统一化是标准化的一种形式，它把两种或两种以上的规格合并为一种，从而使生产出来的产品在使用中可以互换。

统一化的实质是使对象的形式、功能、技术特征、程序和方法等具有一致性，并将这种一致性用标准确定下来，消除混乱，建立秩序。

统一化有两种类型：① 绝对统一，这不允许有任何灵活性。例如各种图形符号、代码、编号、标志、名称、单位、运动方向（开关转换方向，电机轴旋转方向，交通信号指示方向）等；② 相对统一，总的趋势是统一，具体时又有灵活性。例如产品质量标准，是对质量要求的统一化，但具体的质量指标又有灵活性（如分级规定，指标的上、下限，公差范围等）。

统一含有简化的意义（都是减少不必要的多样性），简化着重在减少和精炼，统一化则强调一致性和统一性，统一是更高度的简化。

3. 系列化

系列化是将同一品种或同一形式产品的规格按最佳数列科学排列，以尽量少的品种数满足最广泛的需要。它是标准化的一种重要形式。系列化的作用有3个方面：① 可以合理的简化产品的品种，提高零部件的通用化程度；② 使生产批量相对增大，便于采用新技术、新材料、新工艺；③ 可以提高劳动生产率，因而降低成本。

产品系列化的主要工作内容有如下3项：

（1）制定产品基本参数系列：产品基本参数分为性能参数与几何参数两种，前者为表征基本技术特性的参数，如载荷、功率、转速、压力等，后者为表征产品重要几何尺寸的参数。

在选择参数系列时应注意以下原则：

① 参数系列的选择既满足当前大多数需要，又考虑到长远的发展。

② 参数系列要考虑同类产品和配套产品的协调。

③ 参数系列的选择要有合理的分档密度，并尽量选用优先数和优先数系。

选择产品参数系列的步骤是：

① 选择产品的主参数。在基本参数中起主导作用的参数称作主参数。一般情况下主参数为一个，有时也有两个，如电机的功率、车床的最大加工直径和长度。

② 确定主参数的上、下限值。

③ 在上、下限间合理地分档，以形成系列方案，同时满足功能目标和经济目标，选出最佳系列。

④ 主参数按照一定的规律进行分档、分级后，形成有规律的数列，又会导致有关的参数分级，此即形成了参数系列。

（2）编制产品系列型谱：在产品系列确定之后，用技术经济比较的方法，从系列中选出最先进、最合理、最有代表性的产品结构，作为基本型产品，并在此基础上派生出各种换型产品。用图表的形式把基本型系列和派生系列之间的关系表达出来，称为产品系列型谱。它是作为产品系列设计和远景规划的依据。例如，在水平工作台工作面宽度为 200~630 mm 的万能工具铣床的系列型谱中，除基本型外，还有精密型、程序控制型和数字控制型等。

（3）系列设计：根据系列型谱的安排，在基本型产品的基础上充分运用结构典型化、零部件标准化、通用化等方法进行系列产品设计。尽量做到仅增加少数专用件就可以发展一个变型产品或变型系列，使变型和基本型产品最大限度的通用。

系列设计可以通过两种方法达到。一是对现有产品进行分析比较，选出较好的作为基础，淘汰比较落后的。再按系列中的空白规格进行补充以形成系列。二是根据现有的产品资料，进行分析比较，综合优点，按需要设计新的产品系列。

根据需要，产品的系列设计可以从不同的角度进行，例如主参数系列、尺寸系列、材料系列、色彩系列、价格系列、包装系列、形态系列等。

4. 通用化

在互换性的基础上，尽可能的扩大同一对象（包括产品零件、部件、构件等）的使用范围的方法称为通用化。其中互换性包括尺寸互换性和功能互换性。尺寸互换性是指各工厂的零部件与其他产品之间的连接尺寸、连接部分的运动速度和方向的一致性。功能互换性是指使用功能彼此的等效性，零部件构件在实用方面具有相同的功能。通用化是标准化的一种形式。

通用化的目的是最大限度地减少零部件在设计和制造过程中的重复劳动。提高产品的通用化水平对于组织专业化生产和提高经济效益有明显的作用。

通用化的一般方法是：

(1) 在产品系列设计时，全面分析产品的基型系列和变型系列中的零部件，找出有共性的零部件定为通用件。

(2) 单独设计新产品时，尽量采用已有的通用件；新设计零部件时，考虑能为以后的产品所采用，逐步发展为通用件。

(3) 对现有产品整顿，根据生产、使用和维修的情况，将可以通用的零部件经过分析、试验达到通用化。

5. 组合化

组合化是用产品系列中的通用零部件作为组合单元，利用其功能互换性或几何互换性，再设计一些专用的零部件，由此组成新产品的过程。组合化又称积木化，是标准化的一种形式。

组合化是建立在组合单元的组合和分解的基础上。

组合单元的设计程序一般是：

(1) 确定其应用范围；

(2) 编制组合型谱（由一定数量的组合单元组成新产品的各种可能形式）；

(3) 设计组合单元的零部件，并制订相应的标准。

由于组合尺寸选择的不同，可以将组合分为两种不同的方式。

(1) 一般组合：这种组合中，设 C 为组合尺寸，A、B 为单元尺寸，则 $C=A+B$。其中 A、B 需符合系列化要求，应尽量选用优先数。而两个优选数之和 C 却不一定是优先数。这种组合称为一般组合。

(2) 模数化组合：这种组合中，对于 $C=A+B$，其中 C、A、B 均有模数系列化要求，它们均应选自标准的模数系列。

模数（module）是产品长度基数、宽度基数和高度基数的最大公约数，是某种系统（建筑、设备或制品）的设计、计算和布局中普遍重复应用的一种基准尺寸。

我国制定了国家标准（GB/T 3047.1—1995）"高度进制为 20 mm 的面板，架和柜的基本尺寸系列"以及插箱面板、架和柜的安装尺寸。对于电工、电子设备的插箱面板、插件面板、架和柜的尺寸系列规定如下（图 8-35）：

插箱面板宽度系列尺寸：240，360，(420)，480，(540)，600。

插箱面板高度 H：当基本模数 $M_H=20$ 时其扩大模数系列见表 8-1 所列。

图 8-35　电工、电子设备的面板

插件面板、架和柜的尺寸系列详见 GB 3047.1—82 中的规定。

表 8-1　扩大模数系列

nM_H	$2M_H$	$3M_H$	$4M_H$	$5M_H$	$6M_H$	$7M_H$	$8M_H$	$9M_H$
$H\pm0.5$	39	59	79	99	119	139	159	179
nM_H	$10M_H$	$11M_H$	$12M_H$	$134M_H$	$16M_H$	$18M_H$	$20M_H$	
$H\pm0.5$	199	219	239	279	319	359	399	

四、产品设计中的标准化问题

产品质量是企业的生命，产品的开发设计是保证产品质量的重要环节。在设计中贯彻有关设计的标准，例如关于有关系统可靠性分析方面的标准、价值工程工作程序、销售包装设计程序等，关于产品的标准，以及一些重要的基础标准，对于简化设计程序，缩短设计周期，降低设计耗费，提高设计水平和质量将产生显著的作用。

1. 质量保证

质量保证是指为使人们确信某一产品、过程或服务的质量能满足规定的要求而进行的有计划的、系统的全部活动。2003 年施行的《中华人民共和国产品质量法》规定："可能危及人体健康和人身、财产安全的工业产品，必须符合保障人体健康和人身、财产安全的国家标准、行业标准；未制定国家标准、行业标准的，必须符合保障人体健康、人身和财产安全的要求。"

国家标准 GB/T 19001—2008 规定了质量管理体系要求，用于证实组织具有能力提供满足顾客要求和适用的法规要求的产品，目的在于增进顾客的满意，从而使顾客确信某一产品、过程或服务的质量已满足规定的要求。质量管理通常包括制订质量方针、质量目标、质量策划、质量控制、质量保证和质量改进。以顾客为关注焦点是质量管理的首要原则。标准规定了对设计和开发要进行策划和控制，要明确设计和开发的职责和权限，要组织每一个设计和开发阶段的评审，最后要进行系统的评审。设计者不能自己进行评审，应当由与设计开发无直接关系且具有资格的代表对设计和开发做出正式的、全面的系统评审，并将结果制成文件。

2. 产品质量认证

国家参照国际先进的产品标准和技术要求，推行产品质量认证制度。产品认证分为强制认证和自愿认证两种。一般来说，对有关人身安全、健康和其他法律法规有特殊规定者为强制性认证，即"以法制强制执行的认证制度"。其他产品实行自愿认证制度。认证机构根据认证体系的规则，对符合有关认证方案规定的产品、过程或服务颁发认证证书和认证标志。准许在产品或包装上使用产品认证标志，图 8-36 为我国强制性产品认证标志。

3. 保护消费者利益

保护消费者的利益是标准化的基本目的之一。中华人民共和国标准化法规定，对工业品的安全卫生的标准是强制执行的。国际标准化组织的消费者政策委员会（ISO/COPOLCO）发布文件规定，消费者利益标准化工作顺序为：① 健康与安全——第一重要；② 环境保护；③ 适用性；④ 节省资源；⑤ 互换性和接口；⑥ 提供信息。

《中华人民共和国消费者权益保护法》规定，经营者应保证其提供的商品或服务符合保障人身、财产安全的要求。对可能危及人身、财产安全的商品和

图 8-36　强制性产品认证标志基本图案

服务应向消费者做出真实的说明和明确的警示，并说明和标明正确的使用方法以防止危害的发生。

国家标准"消费品使用说明总则"（GB 5296.1—1997）制定了编制消费品使用说明的原则和说明，目的在于保护消费者的利益。国家标准还制定了许多有关保护消费者利益的标准。例如"消费品使用说明"（GB 5296.2—2008）；"国家玩具安全技术规范"（GB 6675—2003）等。

4. 标志、图形符号标准

图形符号是以图形为主要特征，用以传递各种信息的视觉符号。图形符号具有简明、直观、易懂、易记的特点，在视觉传递信息的过程中大量采用。

在标志、图形符号方面的标准包括：总则、箭头、技术文件用图形符号、设备用图形符号、公共信息图形符号、安全标志、安全色、城市交通标志等。

5. 人类工效学（人机工程学）标准

人类工效学是研究"人-机-环境"系统中人的因素的科学，它是从解剖学、生理学和心理学等方面去研究在"人-机-环境"系统中如何考虑人的效率、健康、安全和舒适等的一门新兴学科。人类工效学是设计的基础。ISO设有人类工效学标准化委员会（ISO/TC159），许多国家都设置了与之对应的组织。我国到1990年年底已制定了人类工效学的标准20个，主要有：中国成年人人体尺寸、人体测量的方法、仪器、环境、照明等方面的标准。

6. 进出口商品的标准化

各国政府为了保护本国的工业，因此，可能设置种种贸易壁垒。国家对进出口实行统一的管理制度，有贸易限制方面的，如配额、进口许可证、外国商品含本国零部件的比例、限价等。在关税方面有：核价办法、反倾销、限价、关税分类、对单据文件的要求、收费等，还有属于政府参与的，等等。与标准有关的是：采用不同的标准、规定苛刻的产品标准、检验标准和方法、包装、标签的规定和名目繁多的技术法规等。

为了消除或减轻国际贸易中的技术壁垒，标准是一项重要因素。要特别注意出口标准化的选择。出口商品标准通常有以下几种类型：参考进口国标准组织生产，势必增加成本，降低效益；坚持本国标准生产，可能降低出口商品的竞争能力（若由发达国家向和它联系较多，依附较大的发展中国家出口，则反而可能有利）。目前不少国家优先采用国际标准，国际标准已成为国际间协调标准和处理贸易纠纷的基础。例如大多数国家的电工产品在签合同时都是以IEC（国际电工委员会）标准为基础。在设计出口商品时，即要注意研究特定市场的标准，又要研究该产品的世界通行的标准，才能在国际市场中赢得地位。

§8-4 设计与法规

矛盾的规律是自然、社会和思维的根本规律，存在于一切事物之中。有条件的相对的同一性和无条件的绝对的斗争性相结合，构成了一切事物的矛盾运动。一方面，要求设计师的工作充满创作的激情，不受约束，打破传统的局限，不停顿地创新。另一方面，设计师的工作目的不是物，而是为了人，为了创造一个协调的"人-机-环境-社会"，创造一个美好、幸福和理想的社会，是设计师的崇高目标。设计师的创作自由是相对的，必然要受到社会的、环境的约束，受到国家、社会所制定的一切规范性文件亦即法规的约束。设计师只有模范地遵守和执行有关的法规，才能获得创造的自由。

我国1988年12月颁布的《中华人民共和国标准化法》是标准化政策的条文化、法律化，是标准化法规中的根本大法。其根本目的是促进科技进步，保证产品质量，提高效益，实现科学管理，发展贸易和维护国家的利益。其中规定有对产品的设计、改进设计要进行标准化审查的要求，对产品的生产、经销、储存、运输实施标准的要求，以及对质量监督、产品认证的仲裁检验等（见§8-3），都是我们在设计中必须遵守的。

与设计工作有关的法规还有专利法、商标法，以及企业制定的产品设计的标准化规定等。

一、专利法

1. 专利制度

专利是一种工业产权，是国家允许的对创造发明的垄断经营。我们一般讲的专利有以下3方面含意：专利权；受专利法保护的发明创造；专利说明书。

1984年我国颁布的《中华人民共和国专利法》，是我国专利制度的主要法律依据（2000年8月第二次修正）。我国专利法的任务是通过授予专利权，保护发明专利权，调整发明创造所有权和发明利用权两者之间的关系，鼓励发明创造，促进科技发展。

专利制度是国际上通行的一种利用法律和经济的手段推动技术进步的管理制度。这个制度的基本内容是"依据专利法，对申请专利的发明，经过审查和批准，授予专利权，同时把申请专利的发明内容公诸于世，以便进行发明创造、信息交流和有偿技术转让"。可见专利制度可归纳为法律保护、科学审查、公开通报和信息交流4个部分。

2. 知识产权

产权即财产的所有权。产权有动产产权、不动产产权和知识产权3种。知识产权即把人的精神创造物，如科学技术发明、著作等用法律确认是一种财产，其产权归发明者或作者所有，按照土地、房屋、矿山企业等有形财产一样对待，知识产权包括版权和工业产权，如下所列：

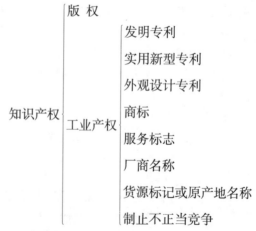

知识产权有以下3方面特点。

（1）专有性：这也称独占性，即这些权利有排它性，只有由权利人独占，其他人不经权利人同意不能使用受到法律保护的知识产权。这种独占权与一般财产权不同。一项发明、一个商标只能有一个专利权,其他人在其后提出同样的发明、商标,不能再得到专利权。

(2) 地域性:一国批准的专利或注册的商标,只能在该国范围内有效。

(3) 时间性:各种知识产权都有一定的期限。如我国发明专利权保护期限为20年,实用新型和外观设计专利保护期限为10年,均自申请之日起算,但专利权人只要不交年费,即认为放弃。专利权人放弃专利权后,其发明创造即成为社会的共同财富,任何人都可以自由使用。

3. 授予专利权的条件

中国专利法保护的对象统称为发明创造,包括发明专利、实用新型专利和外观设计专利。

(1) 发明专利:专利法所称的发明是指对产品、方法或者改进所提出的新技术方案。包括产品发明和方法发明两大类。授予专利权的发明必须具备新颖性、创造性和实用性,总称为专利性(三性)。

新颖性:是指在申请日以前,没有同样的发明或实用新型在国内外出版物上公开发表过,在国内公开使用过,或者以其他方式为公众所知,也没有他人向专利局提出过申请并记录在申请日以后公布的专利申请文件中。

创造性:发明的创造性是指与申请日以前已有的技术相比,该发明必须"有突出的实质性特点和显著的进步",上述要求一般可理解为该项发明的创造性,这对所属技术领域的普通专业人员不是显而易见,或轻而易得的。

实用性:对发明的实用性规定为"能够制造或使用,并能产生积极效果"。

(2) 实用新型专利:是对产品的形状、构造或者其结合所提出的适于实用的新的技术方案。也要求保护对象具有三性。其中对新颖性和实用性的要求与发明专利的要求相同,对创造性的要求,实用新型专利比发明专利低。

(3) 外观设计专利:外观设计是对产品的形状、图案或者结合以及色彩与形状、图案的结合所作出的富有美感并适于工业上应用的新设计。因此受到专利保护的外观设计应具备4个要素:

① 必须与产品有关。外观设计是对产品外表所作的设计。如雕塑是美术作品,不是用于产品之上,与产品无关,故不受专利保护。

② 必须是有关形状、图案和装饰等的设计。

③ 必须适于工业上应用,是工业品,而不是工艺品和艺术品。

④ 能产生美感。

授予专利权的外观设计必须具备的条件之一是新颖性。新颖性是一种客观的标准,一件作品只有当它与公众已知的作品不相同或不相近似时才具有新颖性,细枝末节上的区别不构成新颖性。每件物品的外观设计不可能绝对新颖,所谓新颖只不过是已知事物的改进或新奇组合。但在时空上提出了绝对的要求,是授予专利权的外观设计,应当在申请日之前与在国内外出版物上公开发表过或者公开使用过的外观设计不相同或不相近似。

对于违反国家法律、社会公德或者妨碍公共利益、公共卫生的外观设计,不授予专利权。

我国专利法和专利法实施细则还对专利申请和专利的审查批准作出了详细的规定。

4. 专利文献和检索

专利文献包括:专利申请说明书(著录项目、说明书、权利要求书、摘要);专利说明书;专利证明书;申请及批准的有关文件;各种检索工具书(专利公报、专利分类表、分类表索引、专利年度索引、英国德温特 Derwent 公司专利出版物等)。

专利文献检索有手工和计算机检索两种方法。手工检索主要可按专利分类和专利权人两个途径进行。

按专利分类检索,一般要使用以下的工具书:

《专利分类表》,包括某个国家的专利分类表和国际通用的专利分类表(如国际专利分类表)。

《分类表索引》,这是按主题词(关键词)的词头字母顺序排列的索引,可粗略大致定出一、二级类号,再从《专利年度索引》分类部分和《专利公报》的分类索引部分查出专利号,即可提取说明书(图 8-37)。

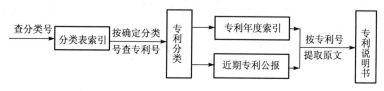

图 8-37 专利文献检索途径

按专利权人检索,首先只要准确地掌握专利权人的人名、公司及厂家名,然后根据德温特公司出版的《公司代码表》、《专利年度索引》的专利权人索引、或《专利公报》的专利权人索引部分等工具书即可查出。

下面简要地介绍《国际专利分类表》(IPC)的分类结构。

1. 部(Section)

分类表分 8 个部,用 A~H 8 个大写字母表示:

A 部 生活必需品 (Human Necessities)

B 部 操作、运输 (Operations, Transporting)

C 部 化学和冶金 (Chemistry and Metallurgy)

D 部 纺织与造纸 (Textiles and Paper)

E 部 永久性构筑物 (Fixed Construction)

F 部 机械工程、照明、加热、武器、爆破 (Mechanical Engineering, Lighting, Heating, Weapons, Blasting)

G 部 物理学 (Physics)

H 部 电学 (Electricity)

2. 分部(Sub-Section)

分部不作为分类的一个级,它的作用是将一个部中包含不同的技术主题用标题分开,分部只刊主标题而无分类号。例如 A 部生活必需品包含 4 个分部:农业、食品与烟草、个人和家庭用品、健康与娱乐。

3. 大类(Class)

大类标志由大类名称与大类号组成,其中类号又是由部的符号加上两位阿拉伯数字组成。如 A 部的"食品与烟草"分部下设 4 个大类:A21(面包烘烤、面制品);A22(屠宰、肉类加工、家禽和鱼类加工);A23(未列入其他类目的食品及其加工);A24(烟草、雪茄、纸烟、烟具)。

4. 小类(Sub-Class)

小类是大类下的细分。小类标志由小类名称和类号组成。小类号由部类号、两位数字的大类号及小写字母组成。例如 A21B 为面包烘烤、烘烤用的机器和设备。

5. 主组（Main-Group）

主组是小类下的进一步细分。主组标志由小类号×××/○○组成，其中×××为1到3位数字。例如 A21B1/○○是面包烘烤炉。

6. 分组（Sub-Group）

分组是主组的展开类目。分组标志是将主组标志中的"/○○"变为两位（有时是三位到四位）数字。例如 A21B1/02 是按加热装置特点分类的烘烤面包炉。各分组的文字标题前印有个数不同的圆点，表示分组的等级，圆点越多表示分组的等级越低，最多可细分到七级。例如 B64C25/30，其含义解释如下：

部：B 部：操作，运输

大类：B64　航空，飞机，宇宙飞船

小类：B64C　飞机，直升机

主组：B64C25/00　降落传动装置

一点分组：25/02·起落架

二点分组：25/08··非固定的，如在飞机起升时投弃的

三点分组：25/10···可伸缩、可折叠式

四点分组：25/18····操作机构

五点分组：25/26·····有开关的控制或锁定装置

六点分组：25/30······紧急开动

所以分类号 B64C25/30 的含意是：用于飞机或直升机起落架上的非固定的、可伸缩、可折叠的、紧急开关用的控制或锁定装置。完整的 IPC 分类号为 $lnt·Cl^n$·B64C25/30，其 $lnt·Cl^n$ 为第 n 版国际专利分类的缩写。

中国自 1985 年 4 月 1 日起在出版的专利文献上标注 IPC 分类号。

二、商标法

我国 1983 年 3 月 1 日施行了《中华人民共和国商标法》（2001 年 10 月第二次修正），商标法主要规定了：商标的内容，商标的取得、商标注册和转让、商标侵权行为及其处理等。

1. 商标专用权（商标权）

商标是工商企业为区别其制造或经营某种商品的质量、规格和特点的标志。一般用文字、图形、符号构成，注明在商品、商品包装、招牌、广告的上面。商标要按照商标法向国家的商标管理机关注册或登记，并取得专用权。

商标权是商标注册从依法取得的在指定商品上独占地、排它地使用商标的权利，受法律的保护。我国商标法规定：取得商标专用权，必须向商标局申请注册，并经核准；商标专用权的存续期为 10 年，可以续展，每次续展期为 10 年；商标专用权可以转让；商标专用权人可以通过签订商标使用许可合同，准许他人使用其注册商标，必须保证该注册商标的商品的质量；商标权人的权利受到侵犯时可依法提起诉讼。

2. 商标注册

商标注册是商标使用人向主管机关申请注册以取得商标专用权的手续。通常在一个国家注册的商标只在该国有效；为了在另一国取得商标专用权，就必须到该国办理商标注册。有些国家签订了关于商标的双边条约以互相保护对方

的商标。1980年我国参加了"商标国际注册马德里协定",对其他各参加国的商标依法予以保护。

我国商标法中关于商标注册规定有:国家规定某种商品(如药品)必须使用注册商标时,该项商标若不注册,该项商品即不得在市场上销售;商标注册人享有商标所有权;外国人或外国企业在中国申请商标注册按国际公约、条约或对等原则办理;商标注册依法定程序办理。许多国家规定,国旗、国徽、地理名称,涉及商品原料及成分的名字,涉及商品质量、性能或特点的名称,不能作为商标。如上海牌、中华牌、羊牌毛毯、永久牌等在某些国家就不容易获得商标注册权。

三、企业中的产品设计标准化

根据国标的要求:从编制新产品设计任务书到设计、试制、鉴定各个阶段,都必须充分考虑标准化的要求,认真进行标准化审查。为此,应进行以下工作:

(1) 收集国内外同类产品、零部件的有关标准,并作出水平分析。

(2) 提出产品标准化综合要求,包括:产品设计应符合产品系列标准和其他现行标准的要求;对原材料、元器件标准化的要求;工艺装备的标准化和通用化的程度;产品预期达到的标准化程度;结构要素的标准化和通用化的程度;与国内外同类产品标准化水平对比,提出产品标准化的最佳要求;预测标准化经济效果。

(3) 对产品图样和技术文件进行标准化审查。

(4) 审查产品图样和设计文件的代号。

为了提高产品和服务的质量,应制定产品销售和使用的标准,如:积极向用户和消费者提供有关的资料介绍产品性能、使用方法、注意事项,说明性标签或使用说明书;严格按要求向用户和消费者提供符合产品质量标准的产品;解释标准,提供技术服务;提供备品、配件,建立维修网,使各项服务工作规范化、标准化等。

在设计工作中还会涉及许多有关的法规、法令和制度,如环境保护法就规定了要合理地利用自然环境,防止环境污染和生态破坏等,在设计中就应当考虑诸如水资源的合理利用、保护和改善;工业污染的控制;能源引起的环境问题;城市环境保护和改善等;此外1984年颁布施行的法定计量单位,"中华人民共和国经济合同法","关于技术转让的暂行规定"等,产品设计人员都应遵守。

§8-5 设计观念和方法的若干问题

一、面对知识经济的设计

知识经济在世界范围内已初见端倪,21世纪的经济将是以知识为基础的经济,因此工业设计将面对知识经济。

工业设计是科学技术、经济、社会和文化的高度综合,是知识密集型的产业,市场的竞争首先就是设计的竞争,也就是知识的竞争。因此设计是知识经济的重要内容之一,是在知识经济时代下决定市场竞争胜负的一个焦点。

在知识经济的时代,设计将成为知识的创新、传播和应用的载体。创新是设计的灵魂，没有创新也就失去了设计的本义；同时，创新又将通过设计而实现，设计是创新的内核。设计创新将是工业设计在知识经济时代下的表现形式。

经济合作与发展组织（OECD）编写的"以知识为基础的经济"中把知识分成：

（1）Know-what 指关于事实方面的知识，知道是什么的知识。可以通过读书、听演讲、查看数据库而获得的某种特定的知识与能力。

（2）Know-why 是指自然原理、因果关系与规律方面的科学理论，此类知识在多数产业中支撑着技术的发展及产品和工艺的进步。能对整个组织系统创造更大的价值，并降低风险，这类知识的生产来自大学、研究室和实验室等专门机构。

（3）Know-how 将书本上所学知识转换成有效的执行，是指做某些事情的技艺和能力，有许多是技术"诀窍"是靠长年经验的积累而来。

（4）Know-who 涉及谁知道和谁知道怎么做某些事的信息。

有人认为还应当加上

（5）Know-when 知道是什么时间。

（6）Know-where 知道是什么地点。

"何时"、"在哪"看似不重要，但人们却常常把一件好事，在错误的时间和地点下做成坏事或错事。

OECD对知识的分类具有方法论的意义，它和设计师在收集设计信息时采用的5W2H的方法很相似。随着设计的深入和发展，在设计创造中，根据具体的要求，在设计创新中将引入更多Know-why层面的知识。

工业经济是以工业资本为基础，强调的是有形资本对经济的推动，知识经济是以知识资本为基础，强调的是无形资本对经济的推动。因此在知识经济下的设计创新将更为软化。虽然知识经济对我们来说或许还有些距离，但对它的探讨，无疑将有益于设计创新的发展。

知识经济下的设计创新具有以下特点：

（1）以人为本的"人性论"的设计；

（2）生活研究是设计创新的源泉；

（3）未来的设计将是以文化为导向的设计；

（4）资源的可持续利用成为重要的设计观念。

二、生活研究——设计创新的源泉（创新源）

设计创新是一种多元创新的机制，即有需求拉动，又有科技推动。从设计创新看，需求拉动是主要的而需求又主要来自生活，而不只是市场。设计创新认为，谁是创新主体，谁是创新源，创新主体从事创新的动机，从事什么创新都并不重要，重要的是如何实现创新，设计意义上的创新源应是如何实现创新的源头。

用户的需求是多方面的，包括性能、结构、使用机能以及生理、心理、价格等诸多方面。用户又包括使用者和所有者（如汽车司机和车主），他们才是创新的主导者，因此对生活（包括生产、学习和休闲）的研究是设计创新的源泉。

根据资料记载，在美国，牵引式铲车的创新主体从表面看有94%是来自制造商，而用户创新只及6%，但是用户提示了一种产品的需求及解决问题的思路，制造商是在用户创新的层次上，去完善用户创新以后，才使自己成为这一产品大批量的制造商。这一事实恰好说明创新来自生活研究的道理。

世界发达国家在经历了"传统阶段"、"起飞准备"、"起飞"、"成熟"等阶段后已转入"追求生活质量阶段"。从追求个人财富数量逐渐转变为较多的追求环境舒适、节奏宜人和生活丰富多彩等质量指标的倾向所代替。

美国"关于工业竞争能力"的总统委员会的报告中提出：一个国家的竞争力应当表现在提供好的产品，好的服务，同时又能提高本国人民生活水平的能力。其意义就是说提高国家竞争力不能有碍于提高本国人民生活水平这项国家的根本利益。

现在世界上有不少国家（如日本）成立了各种名目的生活研究机构，从事生活研究，认为在不断地变化的生活中，产生新的价值需求，提出生活的提案，是设计师的职责。生活环境——生活设计是第一位的重要课题，究竟应当如何进行生活研究呢？

（1）观念：强调从人的生活中去了解各种消费群体（不同职业，不同文化层次，不同地域的年青人、老年人、儿童、主妇等）的需求，去探索新的生活方式和价值观。因此各种物品的功能和价值，主要不是制造者的制品的观念，也不是销售者的商品观念，而是从消费者、使用者的用品的观念中去研究物品的功能和价值。

（2）社会设计，是设计在20世纪80年代出现的新概念。主要是针对产品设计中比较普遍出现的"设计过度"和"设计过饰"而言的。是高层次的设计概念。按照这个观点，设计师在设计中应引进社会学和生态学的概念，以便对具体设计作宏观指导。

人们由于对生活方式缺少设计，造成了能源和材料的大量浪费和环境污染。例如高度加工的食品，一方面热量过剩；另一方面又营养不足，以至被称为无效热量和假食品；过度城市化也带来了一系列问题，城市高度的能源消费和由此产生的垃圾，严重地影响居民的健康等。与此同时出现的人为过时的商业性设计观念，也给社会带来了极大的浪费。显然，从社会总效益出发，各国设计界都要认真地考虑社会设计的问题。

（3）适度消费，是适合我国国情的。我国目前正处于社会主义初级阶段，需要积累大量建设资金，必须长期坚持艰苦奋斗、勤俭建国、勤俭办一切事业的方针，不能追求过高的消费。否则，社会需求的增长，超越社会经济发展允许的正常增长速度而形成消费过热，从而给社会主义建设带来严重后果。另一方面，我们要确定合理的消费结构以合理地引导消费。包括一个消费者或家庭的微观消费结构和国家、全社会的宏观消费结构。根据我国情况，应当在交通、运输、通信、住宅建设、室内装饰和生活用品等多方面开展示范设计，以提高消费的社会经济效果，即按照不同的年龄、职业、收入、文化、地理、习惯等作出各种类型的高效益的设计，供广大消费者选择。应当研究生活形态学，进行生活设计、预测目标市场，开发各种商品。恩格斯说过："人类生产在一定的阶段上会达到这样的高度：能够不仅生产生活必需品，而且生产奢侈品即使最初只是为少数人生产。"为少数人生产的生活奢侈品，实际上就是消费的超前引导，随着生产的提高，有些可能逐渐普及为实用的生活必需品，这时又要再设计出新的生活奢侈品……恩格斯的精彩论述，指出了社会消费的辩证发展，而人类的文明史，就是循着这样的轨道前进着。从这个意义讲，设计引导着人类的未来。

(4) 闲暇方式设计，为生存所必需的时间是劳动时间，用于享受和自身发展的时间是闲暇时间，即所谓 8 小时之外。据统计，我国闲暇时间用于家务劳动、吃饭、睡觉等方面比欧美等国高，应当进行设计以改善这种不合理的闲暇时间结构。如开展家庭自动化（HA）的设计和自己动手设计（DIY），应在提高享受和自身发展两个方面入手对闲暇文化进行设计，以达到建立适应现代生产力发展和社会进步要求的文明、健康、科学的生活方式。

(5) 使用者情况的研究。研究使用者的情境为核心的开发是设计创新的基本策略。

(6) 生活研究离不开市场研究，但一般先于市场的调查、研究。

生活研究是一项系统工程。生活形态的研究要用社会学的方法和生态学的方法去研究人的生活方式。不仅仅是劳动生活，还有闲暇生活、消费生活、家庭生活、少儿生活、青年生活、成年人生活、老年人生活、残障人生活、农村生活、城市生活……生活形态的研究还要用心理学的方法去研究发展心理学、社会心理学、商业心理学以及心理美学等。生活形态的研究不能只停留在提出生活提案上，生活研究要延伸——物化。

生活研究的进一步深入，必须和人机工程学结合。以前人机学的研究偏重在工业，在人和机器、仪表、仪器之间的界面研究，对家庭生活和休闲时态中的人机学研究很少，现在人机学要研究和社会学、伦理学等有关的问题，要研究家庭工效学、教育工效学、娱乐工效学、老年工效学……只研究人-机-环境还不够，还要研究人与人间的关系（社会关系）。人机学要软化。生活形态学的物化和人机工程学的软化，就构成了生活研究的两个方面。

例如对老年人的生活研究，不但包括有老年人心理、老年人生活、老年人消费、养老模式、养老保障体系、传统的伦理观念以及法律、法制化的建设……还应当有老年人用品的研究、老年人居住空间的研究、养老福利设施的研究等。显然这些问题的解决只有依靠设计创新才能完成。

三、以文化为导向的设计创新

从世界范围看，20 世纪 30 年代的设计导向是艺术，通过幻想，激发消费；70 年代的设计导向是技术，通过高新技术，创造新的生活条件；80 年代的设计导向是市场，通过市场营销，企业获得了成功；从 90 年代开始，文化进入了设计导向，艺术与科学技术的结合加上行为科学的引入，使得成功的产品都融入热情和感召力，这是一个充满设计和创造力的新时代。

1. 设计创新中的文化因素

人类在历史上创造的一切在物质和精神方面有用的成果皆可谓之文化。文化包括了生活的各个方面。从人类学的角度看文化包含以下因素。

(1) 物质文明：技术、经济；
(2) 社会结构和制度：社会组织、教育、政治结构；
(3) 人和宇宙：信仰体系；
(4) 美学：书画刻印艺术和造型艺术、民间传说、音乐、戏剧、舞蹈；
(5) 语言。

文化是一个大环境，它制约着设计，给设计的影响是无形的，设计师不可能超越具体的文化环境（科技、经济、艺术、社会等）进行设计。同时，设计的产品又可以创造和影响人类的生活文化。例如电视作为一种文化传播的媒介，对人类生活产生的影响，已经是尽人皆知的了。

文化在产品和企业两个层面，深刻地影响着设计创新的结果和进程。

2. 产品文化

对产品的开发，不仅要从经济的角度、科技的角度来考虑，更要从文化的角度，准确地估价文化的差别，包括亚文化。产品与人的衣、食、住、行、用密切相关，文化之对于产品，真可谓无所不在，服装、服饰文化、饮食文化（食文化、茶文化、酒文化、啤酒文化……）、建筑文化、家居文化、汽车文化、休闲文化、竞技文化以及各种用品的文化……产品与道德、伦理、社会、民族、时代、艺术等的复杂联系，构成了产品丰富的文化内涵，增加产品的文化含量，是产品提高附加值，取得成功的重要方面。

现代设计要求设计师将文化注入到设计创新之中以取得创新的成功，在产品的设计创新中，文化包含4个要素：文化功能、文化心理、文化精神、文化情调。在设计创新中应充分考虑产品的文化功能和使用者的文化心理，由两者共同体现出来的文化精神，能赋予产品一定的文化情调。这样一来，产品的设计创新就不仅是一种商业行为，也不仅仅是实用功能的满足或是审美情趣的体现，而是一种文化的创造。第29届奥运会的成功举办充分证明上述论述，从奥运会的会徽到场馆设计，从开、闭幕式到各种纪念品，堪称典范。

某厂生产一种湿度计，通过对使用者的生活研究，意外地发现他们主要是家中有电脑、钢琴、字画、古玩、收藏品、花、鸟、鱼、虫等有较高文化需求的消费群体，或是新迁家居，或是家中有健康、保健需求，总之大多是和高生活品位连在一起。这样，企业就以家用仪器制造商身份扮演新生活倡导者的角色，关注着人类的健康和环保、赋予产品以深邃的文化功能和内涵，成功地进入了市场。

同样，可口可乐不仅是一种饮料，它能把一个美国人带回他的童年时代，想起高校的橄榄球赛、一级方程式赛车和周末野餐等。可口可乐已经成为装在瓶子里的美国之梦，成为美国精神，成为美国的一种象征，"美国理想化精华"。

3. 企业文化

文化对企业的促进机制可表现为：

(1) 文化可以使企业获得长久的生存机制，缺乏文化基因，缺乏营养，缺少文化底蕴，虽然可以在短期内很有市场，但形象建立不起来，就可能没有前景，失去未来。

(2) 文化可以使企业的形象具有闪光性的特色。在信息社会，科技信息的传播是非常之快的。技术和技艺上是比较成熟的。从事制造的企业经过努力，都可以达到稳定的技术质量。这时只有当我们用文化创造企业形象，产品形象和服务形象时，才能确立企业特有的优势，使自己立于不败之地。

(3) 文化可以增强对企业形象的认同便于公众接受。行为科学告诉我们：人们倾向于接受与自己的认知体系相似的新事物。人都有一个文化性心态，它很容易认同于和他的文化性相近的有文化色彩的企业，那时他就会认为"××是我的"。

文化又有三个层次。

（1）传统文化：我国是有丰富文化传统的文明古国，我国的文化集儒、道、佛之大成，对周围国家和地区的思想观念影响极大，形成了东亚文化圈。中国的文化注重人与人的关系，崇尚"仁义"和"礼乐"，注重家庭伦理，提倡调和持中，中庸之道即是在人身上体现出的宇宙的和谐。

中国的艺术具有重装饰、善表意的审美特性，中国画是东方绘画的艺术主流。形神兼备，以形写神，诗、书、画的有机结合构成画面完美的艺术意境。

天人合一，形神兼养是我国古代设计思想的精华。天人合一即是人和自然的和谐，人是从大自然中生产出来的，强调从整体出发去进行设计。所谓天时、地气、材美、工巧，合四为良就是这种设计观和工艺观的体现。

我国设计界应当在继承传统的基础上，吸收当今时代的设计文明，在建设社会主义现代化的工业文明中，创造出具有中国特色的设计文化。

（2）现代社会的大众文化：要研究人们的消费心理，社会文化及其差异对购买行为的影响。对于文化中的传统与继承、严肃与通俗、世界与民族等问题要研究。特别是青年文化在上述问题中的反映。注意发展的动向，创造倡导或引进流行的时尚，使之成为民众的消费文化。

（3）企业文化：在长期经营过程中逐步生成和发育起来，日益稳定的独特的企业价值观、企业精神，以及由此为核心而生成的行为规范、道德准则、生活信念、企业风俗、习惯、传统，以及在此基础上生成的企业经营意识、经营指导思想及经营战略等。企业文化是企业之魂。企业的悠久历史所创造的文化是企业的宝贵财富。

对于传统文化要继承、发展，对于现代社会大众文化要研究、创新，对于企业文化要挖掘和创造。

1996年欧盟委员会通过了一个旨在推广创新文化的第一个欧洲创新计划，计划有三个主要目标：形成一个真正的创新文化；创造一个有利于创新的管理法律和金融环境；促进知识生产上知识扩散和使用部门之间的联系。

欧盟把促进创新文化的发展列为第一个创新行动计划的第一个优先领域，并提出在五个方面采取相应措施：改进教育与培训；鼓励人员流动；提高全社会的创新意识；改进企业管理，大力支持面向创新的管理培训；促进政府行政管理部门和公共部门的创新。

宏观创新环境意义上的创新文化和上述的微观创新过程中的以文化促进创新，说明了文化对创新的重要意义。

发展中国独特的设计文化是当务之急。

在当今的时代，技术信息的传播是非常快的，一些物质文明的成果很快就成为人类共同的财富。以科技为主导的工业产品，在相同的技术条件下（这是可能的），它们之间的分野就在于设计。发达国家的工业产品，都有自己的特点，它们所蕴涵的民族精神、性格，反映出本国的文化传统。日本产品的"轻、薄、小、巧"的风格，其灵巧、清雅、精致、自然的气质，融东方文化和高科技于一体，是日本文化的产物。德国产品的高级感，来自其民族的科学、严谨、精密、认真、高雅的精神，是其技术文化的反映。意大利产品风格多样，体现出了技术与文化的协调，生活与艺术的结合，这是植根于文艺复兴的艺术传统，反映意大利民族热情奔放的性格。北欧各国由于具有功能主义的传统，加之战后建设福利国家的要求，其产品浸透着温雅、柔和、明朗、质朴和清新自然。

人们预言，结合东西方文化的设计将成为世界的潮流，中国的设计师应当从生活研究入手寻找民族独特的审美和文化的源泉，通过对中国传统文化的重新诠释，在现代产品的开发中，培育独特的设计风格，树立中国产品的形象。一种新的设计活动将在中国兴起，开拓新的文化，创造新的生活。

设计创新往往可以影响人们生活中的文化。甚至导致一个新生活文化形态的形成。它对社会影响的大小，全赖于该设计是否合乎人们的传统、习俗或思维方式。符合时代文化特点的产品设计在广泛地进入人们的生活之后，对人们产生巨大的影响，改变着人们的生活形态。一般来说，一件产品应符合特定的文化特性，满足某种功能需求，表现出与时代精神和科技进步的协调关系，然后才能进入人们的生活。反之，不可设想忽略文化因素而取得设计创新的完胜。

设计文化对人的生活如此，对于一个企业来说也是如此。实际上，产品文化和企业文化有密切的联系。一个企业的主导产品应当有比较丰厚的品牌文化，否则企业在竞争中不能取得优势，而品牌文化应当包括有形的物质文化（产品文化、服务文化、质量文化、营销文化、广告文化）和无形的精神文化（企业文化、商标文化、大众消费文化、公共文化等）。

大家知道，在1984年前我国现在的海尔集团还是一家濒临倒闭的集体工厂，而今已成为"中国的松下"、全国十佳优秀企业之一。海尔有一套完整文化战略和体制。设计创新给海尔的发展壮大立了大功，也成为海尔决胜国际市场的"杀手锏"。

产品文化、企业文化、跨国公司还有跨文化，这一切都说明在以科技、文化、服务全面提升企业竞争力的过程中设计文化的不可替代的作用。

四、绿色设计——无公害产品

人类与环境的关系是在辩证地发展着。由于地理和气候的变化。人类祖先赖以生存的森林环境被剥夺了，迫使古猿离开森林到地面来生活。劳动改造了自然，也改造了人类自身，劳动创造了人。正如恩格斯在自然辩证法中所说的："对于每一次这样的胜利，自然界都报复了我们，每一次胜利，在第一步都确实取得了我们预期的结果，但是在第二步和第三步却有了完全不同的、出乎预料的影响。……为了想得到耕地把森林都砍光了，但是他们梦想不到，失去了森林也就失去了积聚和储存水分的中心……"人们没有注意到恩格斯提出的警告，要我们警惕自然界的"报复"。满以为地球资源是无限的，地球容纳废弃物的能力也是无限的，从而以大自然的主宰者自居，为所欲为。许多没有计划和控制的行动，使环境质量日益恶化。森林破坏，土地侵蚀，沙漠扩大，空气污染，水污染，核污染，农药污染……环境问题日益突出。到了20世纪五六十年代，随着人口的增加，矿物燃料的使用，使废弃物不断增加，环境问题已发展为严重的国际社会问题，成为社会公害，发生了著名的八大公害事件。这些事件都发生在资本主义发达国家，成千上万的人受到了伤害，许多人在公害事件中死亡。痛苦的经历，使人们认识到环境问题的重要性，由此兴起了环境运动。1972年联合国大会规定每年的6月5日为世界环境日，提醒全世界注意全球环境状况，和人类某些活动对环境的危害，强调保护和改善人类环境的重要性。

我国的环境问题也是一个颇为值得注意的问题。新中国成立后，在发展生产、改善劳动条件、改造老城市及保护自然资源等方面都作了大量的工作。但由于宏观决策和政策的一些失误，对环境造成了不好的影响。例如，片面强调以粮为纲，破坏了生态环境，强调建立地方的独立的工业体系而污染了环境；人口政策的失误更加重了环境问题的严重性。自然生态日趋恶化，城市和地区的环境污染迅速蔓延。据统计，废渣排放量已超过5亿吨，处理能力远远落后于排放量，现有的积存的垃圾已有几十亿吨，在统计的380个城市中有2/3的城市处于垃圾的包围之中。研究指出，生态指标的恶化，已经直接影响经济指标和经济趋势，我国在以7%的速度增长国民经济的同时，有大于总产值4%的环境污染损失。

我国党和政府十分重视环境问题，将环境保护作为一项基本国策，是提高人民生活质量的重要方面。实行经济建设、城乡建设、环境建设同步规划和实施，使环境保护及建设与国民经济和社会发展相协调，在这方面我们还要做许多的工作。

在产品的开发、设计中，要增强环境意识，可以从以下几方面考虑。

1. 设计绿色消费商品

理想的绿色消费商品应当是在生产中不造成污染，产品废弃时可以回收，且取材有利于综合利用资源。

现在国际市场上已开始出售印有"eco-mark"的"生态标志"的商品。有包括不含氯氟烃的喷发胶、废塑胶的再生制品、婴儿尿布、废食用油再生的肥皂等多种商品。

据预测，21世纪的主导农业是生态农业，主导食品是绿色食品。绿色食品在产地的生态环境，原料作物的环境及生产操作过程，生产、包装、储运、检测及外包装等均应符合有关的标准。绿色食品不仅有良好的社会效益，而且由于内在质量好及其生态价值高而成为一种高附加值的商品。

设计师在设计中应考虑到产品的功能先进、实用适度，去掉冗余设计；造型易于加工生产，节约能源减少材料消耗；提高产品的使用寿命；增强产品的维修性能，供应充足的配件；选用无毒、易分解不危害环境的材料；在包装设计上要摈弃不必要的装饰和过分包装；使用再生材料及生物降解材料。

"环保"的商品，已被消费者赋予一种新的、时髦的、高尚的形象。由于这类商品开始畅销，使生产企业在开发、设计产品时，充分注意环境功能的评价，兴起了在欧洲称之为绿色消费革命的设计浪潮。

2. 产品回收中的设计

产品在生命周期中的最后过程是废弃或破坏。在这个过程中可以分为能回收和不能回收（资源消耗）的两部分。

如果一种产品，在完成使用的任务后，继续保留它已为环境所不允许，那么设计时就应当考虑易于拆除和销毁（焚烧、压碎、熔化、切割等）。材料、元件和子系统若能回收，则应易于拆卸，或能分成两种材料。

对于资源消耗的量，应尽量减少，并减少其对环境的污染。如在玩具设计中采用发条和重力原理可减少干电池的公害。

应开展废弃物再资源化的设计。例如利用樱花木、栎木、榉木等下脚料，作成英文字母的拼图。每种木头的香味、颜色、手感都不同，儿童在玩乐中可以记住A、B、C，还可以知道节约。

我国收购废弃物的做法，在国际上有很高的声誉和影响。废弃物综合利用在世界范围内也日益受到重视。一向注重包装的商品，为了保护自然资源，也有返朴归真的迹向。许多商店、公司采用再生纸购物袋和包装，其色彩和强度都能维持着原设计的标准。

3. 在设计中遵守有关的环境保护的法规

环境问题已发展为全球性危机，其中主要有大气中的二氧化碳浓度增加，臭氧层可能破坏及酸雨等。国际社会对保护臭氧层十分重视。因为各类气溶胶喷雾剂、冷冻剂、除臭剂释放的含氯氟烃，如氟利昂、氟氯甲烷、四氯化碳等进入平流层后，在紫外线照射下，分解出自由氯原子，它与臭氧反应后生成的氯化物中的氯可以重新释放出来，不断地使臭氧分解。平流层中臭氧减少1%，到达地球表面的紫外线辐射强度就会增加2%。紫外线照射增加的后果，严重损害动植物生长，危害生态系统。据研究，大气平流层中的臭氧已经减少了3%，近年来臭氧层在迅速变薄，而臭氧含量若减少7%，将导致人类皮肤癌患者增加14%。现已制定了维也纳公约和蒙特利尔议定书。我国已经在1999年7月冻结了氟氯烃产量，并且公布了新修订的"中国逐步淘汰消耗臭氧层物质的国家方案"，将淘汰的时间表提前。这个修正案已在1999年11月15日开始实施。现在设计减少CFC_s用量，并贴有绿色标签的电冰箱已在我国市场上大量涌现，到1999年替代物的使用量占全部制冷剂、发泡剂的使用量的54%以上，无CFC_s的吸收式煤气空调机的生产也大幅度增长。

环境影响评价是美国1969年提出的，其意义是预测一个建设项目对未来环境的影响。这个概念可以引进产品设计中，即在产品评价的指标体系中增加相应的"环境功能"的项目。

4. 考虑生产中的生态设计

工业废弃物对环境污染是十分严重的，据报道，美国工业废弃物以每年4.5%的速度增长，国民生产总值增长一倍，环境污染则增长20倍。出路是在工业生产中实施技术创新，采用先进的生态工艺代替传统工艺。所谓生态工艺，即无废料生产工艺，以闭路循环形式在生产过程中实现资源的充分和合理利用，使生产过程保持生态学意义上的洁净。在设计时除重视工艺外，还应重视材料的选择，使产品在回收时能再生利用或能纳入生物循环系统以减少公害。例如，若能解决塑料的再生利用，塑料将成为理想的设计材料。在设计时应考虑选用能用人工种植养育的木、竹、动物皮、毛等。这样在大规模植树造林的基础上，就将生产活动纳入自然界合理的物质循环系统之中。

5. 提高设计观念中的环境意识

在产品的设计、生产、使用、废弃的全过程中控制环境行为，掌握生态设计的理论和方法，使对环境的污染、破坏最小进而达到根本上清除。改善人们的生活条件，创造健康、舒适、清洁、优美、宜人的生活环境，提高人类生存环境的质量，造福于人类及其后代。

五、符号学方法

1. 符号学简介

符号学是19世纪末20世纪初兴起的一门学科，是研究符号，特别是语言符号的一般理论的科学。

瑞士语言学家索绪尔（F.de.Saussure.1857—1913）在他最重要的著作《普通语言学教程》中提出了语言和言语的概念，这是他的语言学理论的核心。认为语言是语言集团言语的总模式，而言语是在某种情况下个人的说话活动。语言指的是一代人传到另一代人的语言系统，包括语法、句法和词汇；而言语则是说话者可能说或理解的全部内容（语音、规则用法和符号的偶然结合）。语气是指语言的社会约定俗成方面；言语则是个人的说话。换言之，它们之间的不同，在于语言是代码，而言语则是信息。

"普通语言学教程"中所研究的语言和符号的相互关系，为符号学打下了基础，美国实用主义哲学创始人查尔斯·桑德斯、皮尔斯对符号系统作了深入的研究，指出符号可以分成图像、指数和记号3个部分，创立了符号的一般理论。20世纪30年代，美国哲学家、芝加哥新包豪斯学校的查尔斯·莫里斯，系统地总结了符号应用的规律，出版了《符号学说的基础》，1946年又出版了《符号、语言和行动》，为符号学奠定了坚实的基础。从此，符号学成为一门独立的学科。

符号，一般指字母、电码、语言、数学符号、化学符号、标志等。但符号学中的符号则要广泛的多，如姿势、打招呼的动作、仪式、游戏、文学、艺术、神话等，其各种构成要素都是符号。总之，能构成某一事物标志（象征）的，都可称为符号。动物的足印可以是代表动物的符号；病人的面部神态也可作为符号，因为这些符号传达了病人疾病的信息；垂危者的状态传达了死亡的符号等。符号伴随了人类的各种活动，人类社会和人类文化是借助符号才得以形成的。人是使用符号的动物。在各种符号系统中，语言是最重要，也是最复杂的符号系统。由于语言在结构上和组织上与任何形式的社会行为都相似，并处在典范的地位上，所以语言是所有符号学分支的"主样式"。

符号学的研究对象是符号。它研究符号与符号的关系；符号与思维反映的关系；符号与客体的关系；符号与人的关系。根据研究对象的不同而产生不同的分支学科。符号学中主要的分支学科有句法学（Syntactics）；语义学（Semantics）；语用学（Pragmatics）。

句法学研究符号与符号之间的关系。它在研究语言时，撇开语言与社会的联系，撇开符号与所指事物之间的关系，仅仅考察符号之间的关系。它不研究特定语言的具体的句法结构，而是研究一种理想化语言的句法结构。

语义学主要研究符号与指示物的关系，与思维反映之间的关系，研究符号所表示的意义。符号与思维反映的关系表明，语言是思维反映的存在形式，思维反映是语义符号的内容。同样，语义学并不研究特定语言的语词、语句等的示意功能，而是研究语言符号与其意义之间的普遍关系。

语用学是研究语言符号与人的关系。它既研究语词、语句对于人的意义与功能，也研究人对语词、语句的创造与应用。

2. 文化符号学

符号学的研究，对各个学科的深入研究有着方法、方法论的意义。许多学科中都使用着符号，因而都可以应用符号学的理论。符号学研究概括出的有关符号的本质和应用的共同规律，都可能应用于不同的学科。

词的"意义"或符号的"符号内容"都是表现被选用事物的"价值"的，所有的文化对象在文化中都具有"意义"，并以某种形式表示其价值。于是文化对象在那个文化中就成为有"意义"、有"价值"、有"符号内容"的"符号"来考虑了。这样，所有的文化对象都可被理解为符号。

例如，工具包括最古老的工具，由于它具有某种功能的（文化）价值，构成了它的符号内容，因而是一个符号。建筑若作为符号学的对象是因为它由各种符号组成。柱子是把支撑屋脊和天棚的功能作为符号内容的符号；门是将允许在建筑物内不同房间之间、以及建筑物的内、外空间的通行的"功能"作为符号内容的符号。宝石在现今是以其装饰和象征的功能作为符号内容的符号，等等。"价值"总是具有某种功能的，如果把文化对象的价值（功能）作为其符号的内容，则所有文化对象都将是符号了。

索绪尔认为：语言的否定性和形象性取决于该体系中同时存在的其他各项语言符号，没有它们就不能划定每个词表达的境界。

当语言中具有意义作用的东西与被赋于意义的东西形成两个系列时，不但要研究两个系列中对应元素的对应关系，更应该研究两个系列的对应关系（关系的关系）。例如图腾主义实际上也是图腾系列与氏族系列的对应关系。

关于符号体系的结构，索绪尔在《普通语言学教程》中谈了两个概念。第一，一句话总是依时序依次出现，其中每一个词都与前、后的词形成对立并表现自己的意义，这就构成历时的横向组合。另一个概念是，一句话里的每一个词和不在这句话中出现但与它相关的词也形成一种垂直向上的、纵向对比——联想关系。这就是索绪尔的二项对立的语言符号系统规律。罗兰·巴特将它发展到非语言的文化现象之中，即在非语言的文化现象中若发现了两项对立关系，这就意味着存在一种为人们意识不易察觉的潜在的符号系统。

罗兰·巴特明确地指出："无论从哪方面看，文化都是一种语言。"即文化总是由符号组成的，其结构和组织形式与语言本身的结构和组织形式是一样的。罗兰·巴特分析衣着系统，他将衣着系统分成3个不同的系统：作为书写的服装，也就是说，在一本时装杂志中，依靠发音的语言所描述的时装是在衣服信息层次上的语言和在文字信息层次上的言语；被时装照片所显示出的服装是衣着系统中一种半正式化的状况；而真实的衣服则使我们"再次发现了语言和言语之间可靠的区别"。罗兰·巴特还进一步分析了衣着系统中的语言由下列因素组成：① 某些片断、衣着的某些部分和某些"组织材料"之间的对立，它们的变化带来意义的变化；② 即在部分的长度上，也在其宽度上规定衣着自身内部各个片断之间联合的规则。衣着系统的言语，包括所有混乱的组成现象，或者个人的穿戴方法。衣服（言语）总是导致装束（语言），但装束比衣服更重要。他还对汽车系统、家具系统、电影、电视、广告和出版物等系统的符号作了相同的分析。

结构主义语言学和符号学的扩展，引起大部分人文科学中观察问题角度的深刻变化。从这个新角度出发，观察事物再也不是收集可以实验印证的资料的问题，不是一个用实证主义眼光看待客观世界的问题，而是意味着把一切表达形式都看成符号；而这些符号的意义取决于惯例、关系和系统，而不取决于任何内在的特性。罗兰·巴特把符号学的原理全面推延到一切当代文化的领域，把符号学发展到结构主义文化符号学的新阶段。

人类的文化活动和语言活动一样，可以理解为符号活动，不仅是因为两者都可以作为符号来理解；即使在符号体系的作用上，两者也显出相同的结构原理。例如，当要构造一个主语+谓语的句子结构时，应由有几个等价的项组成两个范列式；从两个范列式中各选出一项，排列成主语+谓语的句子，如图8-38所示，可组成9个信息，这就是句子的组成结构。

有趣的是，各种不同的文化对象，也都是由相同的结构原理构成的。图

8-39 表示了民间故事的结构。

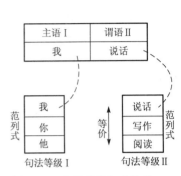

图 8-38　由范列式组成信息

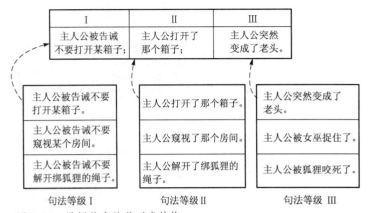

图 8-39　民间故事的范列式结构

因为语言在各种文化对象中占有最重要的地位，可以设想这样的模式：以"语言"为中心，其他文化对象仿效"语言"作为"类似语言"而派生出来，语言便称为第一次模式化体系，其他文化对象则称为第二次模式化体系。

既然任何文化对象都是符号现象，可以用符号学的方法去研究，我们将要看一下作为文化形式的设计，怎样用符号学的方法去研究它。

3. 产品语义学

（1）源流：近年来产品语义学（Product Semantics）或曰造型语义学（Semantics of Form）在工业设计领域得到了迅速的发展。1983 年美国工业设计师协会（IDSA）的年会中进行了产品语义学的研讨。次年它的期刊（Innovation Spring 1984）出版了专集。接着同年夏天，克兰布鲁克艺术学院的 M.McCoy 夫妇主办了产品语义学的研讨会。Robert. Nakata 设计的立体声收音机引起了注目（黑色的箱子，使用了抽象的音符和乐器的造型，暗示了产品的机能，容易理解和操作）。1987 年在日本出版的《工业设计》139、140 期是产品语义学在理论和实践上的专集。这个热潮的源流还可以追溯到更早。20 世纪 20 年代起，斯堪的那维亚设计的推动者、G·包尔森发表了"环境象征论"。随后，芝加哥新包豪斯学校的查·摩尔斯的记号论及 50 年代德国乌尔姆造型大学的乌·比尔和塔·乌尔多纳多等人提出的设计记号论都作出了理论上的贡献。

（2）产品语言：产品（商品）是由形状、大小、色彩、材料等符号组成的结构，并以特殊的"言语"传递着各种信息。组成信息的代码是特殊的产品语言，用一般的语言是不能翻译出来的，但经由产品语言之外的其他感觉（语境）可以不同程度的感知到，从而对买方发挥着积极的或消极的影响。因此，产品设计的关键是处理好产品语言（设计语言），从而生产出最佳的商品信息（言语）。产品的造型语言作为信息传递的载体，起着信息功能的作用。产品语言可以分为三种，即图像符号、指示符号和象征符号。

产品的图像符号是通过造型的形象发挥图像作用来传递信息。其符号表征与被表征内容具有形象的相似，如按钮的表面做成手指的负形，气压水瓶的柱塞做成突起状来说明它们的用途。产品的指示符号说明产品是什么和如何使用，其符号与被表征事物之间具有因果的联系，如仪器的各种按钮的旋钮，必须以其形状和特殊的标志符号提供足够的信息使人们易于正确地操纵。产品的象征符号是通过约定俗成的关系产生观念的联想来表现出产品的功利的、观念的和情感的内容。

在设计过程中，在由包括各种设计要素（功能、人机界面、工艺、材料、经济、社会、文化、环境等）的深层结构转化为产品语言时不是一一对应的，可以用不同的符号表示相同的意义，或者一种符号表示不同的意义。

为使产品语言便于理解，应注意以下各点：

① 作为符号的各种造型要素应具有相对的同调性，即其变化不应过大，以便人们能认出不同类型和用途的产品。

② 产品语言的信息，应有一定的冗余度，它所传达的信息量应大于正常的需求量，以提高信息传达的可靠性。

③ 产品语言的符号，应避免产生消极有害的联想，以免损害产品的审美价值。例如鹿的造型在美国能引起美好的联想，具有阳刚之气的含义。而在巴西则相反，它是同性恋的俗称。

格式塔心理学的完形理论，有助于构成产品语言。这个理论认为，当视域中出现不完善的形时，就会产生一种重新组织或建构的活动。这种活动遵循的原则是简化的原则，即按与刺激物相近、相似或连续等特性将其组织成好的、简约合宜的完形。当不完全的形呈现在眼前时，也会在视觉上引起一种强烈恢复完整的倾向，从而引起刺激和兴奋。如何通过某种省略，使另外一部分突出出来，并使之蕴涵一种向完形运动的张力，是创造上的一种重要表现。据此，我们可以通过某种变化造成连续性的中断以提供某种指示，并引起视觉的注意和心理的紧张感。我们也可以利用相近相似的原则把形状相似或位置相近的元素作为一组以实现各种操纵旋钮的分组。

（3）"形式服从功能"的设计语言：第二次世界大战后，在世界各国经历的重建中，工业设计得到了迅猛的发展。到了20世纪五六十年代，由于电子技术的进步和各国经济的高度发展，社会逐渐进入到信息时代，工业设计也完成了由近代到现代的转变。在此之前的近代设计，其造型语言是形式与功能的统一，形式服从功能。它成为社会上约定俗成的设计语言。每个设计师的设计——言语，都受其支配，它成为产品品质的规范和审美依据。在近代设计中，设计师对产品的造型、色彩、结构、功能、材料、工艺和人机学考虑都达到了日臻完美的境界。

在这种设计语言的支配下，机能面的选择成为一个非常重要的概念。一般认为，机能包括物理机能、生理机能、心理机能和伦理机能。由于产品最主要的功能是将事物由初始状态转化为人们预期的状态，因而物理机能（产品的结构、功能、工艺、材料、生态等）成为必须考虑的。同时产品设计应以人为出发点。因此，生理、心理和伦理机能（包括人体工学、美学、社会学、伦理学等）也必须加以考虑。如汽车是应满足物理、生理和心理三种机能的产品，机床、仪器设备则是着重物理、生理机能设计的产品，而老年人用品则应当在各方面都多加考虑（图8-40）。

（4）现代主义设计的发展：现代主义设计理论植根于芝加哥学派设计师沙利文（L.Sullivan）提出的"形式追随功能"的理论。在近代设计中达到了"光荣的时代"。进入20世纪60年代后，随着西方科技进步和社会经济的一时繁荣，功能主义受到来自各方面的挑战。首先，功能主义与资本主义社会生产的无政府状态发生抵触，资本主义社会鼓励大量生产，大量消费，给社会带来

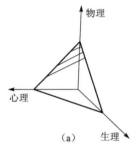

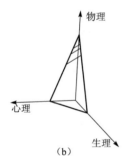

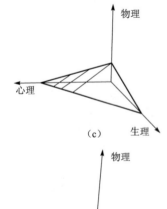

图8-40 产品机能面的选择模型

了很大的浪费，这与功能主义追求的生产与需求之间的优化平衡相矛盾。西方商业性设计所要求的产品具有转瞬即逝的美学功能比包豪斯的信条更有生命力。其次在造型上，电子产品不像机械产品那样，可以循着功能–结构–造型的路线思考，有什么样的功能就有什么样的造型。千篇一律的轻薄短小的"电子盒子和表板"带来了造型的失落。再次，自20世纪60年代出现的均匀市场开始消失，市场反映了西方富裕社会不同文化群体的要求，设计要实行多样化、小批量的战略，并且在产品中要注入更多的文化因素。第四，以人为出发点的设计必须实现两种对话功能，解决人–机界面和人–自然–文化界面的课题，即产品语义学的两极性（前者是空间的选择性，后者是文化脉络——时序）。最后是产品设计的环境功能及社会功能被提到迫切的位置（图8-41）。

人们总是在服从代码的同时，还改变代码，不断进行创造，以开拓世界，因此造型语言的研究成为新的课题。在进入现代设计的年代，机能主义仍是多元化设计世界的主流，但符号的功能（符号内容）扩大了，成为多维功能的整合，机能面由二维的平面发展成多维的超平面（图8-41）。体现在产品设计中，即产品应当在多变量的动态设计中得出最佳的解答。

产品语义学中一个很重要的问题是："符号内容"是"指示物"（即适用于符号形式的特定的、具体的个体或事例）还是"意义"。这里的"意义"可以理解为是与"指示物"对立的、适用于同一符号形式的一系列指示物应满足的条件。如果是以"意义"来规定符号内容，只要满足"意义"的规定，就可适用于符号，我们就可以面向一个更开阔的世界了。因此产品语义学的研究提出了设计的依据不是具体的功能，而是意义。在下一章中我们还将看到使用语意模型的语意区分法（S.D法）在产品评价中的具体应用。

设计科学要发展，感性的设计要与理性设计结合。随着科技进步信息时代的到来，设计面临的世界更加复杂多变，设计的变量更加难以琢磨。大量存在的模糊的现实，用传统的精确数学是难以描述的。20世纪60年代兴起的模糊数学为模糊识别、模糊评价、模糊设计提供了工具。模糊设计将是设计的一个发展方向。

系统地优化地解决人–机–环境–社会的问题更加依赖于计算机，而计算机辅助设计也由传统的绘图发展到专家系统、人工智能系统。设计师的许多繁杂劳动将由计算机替代，即计算机辅助工业设计必然会更加加快前进的步伐。

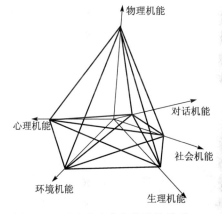

图8-41 以人为出发点的设计模型

第九章 设计评价

§9-1 概 述

一、设计评价的概念和意义

工业设计所要解决的是复杂、多解的问题。对于每一个设计问题，一般都会有许多不同的解决方案。从这种意义上说，设计是一种发散-收敛，搜索-筛选的过程。解决这种多解的问题，其通常的逻辑步骤为：分析-综合-评价-决策，即在分析设计对象的特点、要求及各种制约条件的前提下，综合搜索多种设计方案。最后通过设计评价过程，作出决策，筛选出符合设计目标要求的最佳设计方案。

所谓设计评价，是指在设计过程中，对解决设计问题的方案进行比较、评定，由此确定各方案的价值，判断其优劣，以便筛选出最佳设计方案。在这里，"方案"的意义是广泛的，可以有多种形式，如原理方案、结构方案、造型方案等，从其载体上看，可以是零部件或总成图纸，也可以是模型、样机、产品等。一般来说，评价中所指的"方案"，其实质是指对设计中所遇问题的解答。不论其是实体的形态（如样机、产品、模型），还是构想的形态，这些方案都可以作为评价的对象。

应该指出，设计评价应在多方案的条件下才有意义，否则就无从进行比较，但有时我们也可以对某一种方案进行评价。这时应把评价时所依据的评价标准理解为一种抽象的"理想方案"，借助实际方案与"理想方案"的比较和对照，我们就能确定实际方案的相对价值，以其与理想要求的接近程度评定其优劣，作出判断。在实际中，这种评价现象是经常出现的，如在某些产品的鉴定、验收工作中就常用这种特殊的评价方式。

设计评价在工业设计中是十分重要的，设计过程中总是伴随着大量的评价和决策，只是许多情况下我们是不自觉地进行评价和决策而已。随着科学技术的发展和设计对象的复杂化，对工业设计提出了更高的要求，单凭经验、直觉的评价来进行设计越来越不能适应要求，有必要学习和采用先进的理论和方法使设计评价更自觉、更科学地进行。评价不应仅理解为对方案的选择、评定，还应针对方案的技术、经济、美学等方面的弱点加以改进和完善，这是设计评价的根本目的。完成了对方案的评定和选择只是达到了设计评价的基本目的，当然在一般情况下，做到这一点就可以了，本章也只讨论这一层次。明确评价的根本目的是很必要的。在广义上把设计评价看做是产品开发的优化过程，将有助于我们树立正确的观念。

设计评价的意义是多方面的。首先，通过设计评价，能有效地保证设计的质量。充分、科学的设计评价，使我们能在众多的设计方案中筛选出各方面性能都满足目标要求的最佳方案。其次，适当的设计评价，能减少设计中的盲目性，提高设计的效率。在确定工作原理、运动方案、结构方案、选择材料及工艺、探索造型形式各个阶段，都进行必要的评价并以此作出决策，能够适时摈弃许多不合理或没有发展前途的方案，使设计始终循着正确的路线。这样，就使设计的目标较为明确，同时也能避免设计上走弯路，从而提高效率，降低设计成本。这有如图9-1所示的产品开发过程。此外，应用设计评价可以有效地检核设计方案，发现设计上的不足之处，为设计改进提供依据。

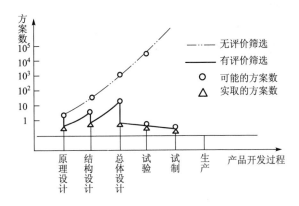

图9-1 设计过程中方案的筛选

总之，设计评价的意义在于自觉控制设计过程，把握设计方向，以科学的分析而不是主观的感觉来评定设计方案，为设计师提供评判设计构思等的依据。

二、设计评价的分类

在设计中，评价一般是经常性的，也是形式多样的。为了对设计评价问题有一个较为全面的认识，可从以下几个方面对设计评价体系进行简单的归纳分类。

1. 从设计评价的主体区分

据此有消费者的评价、生产经营者的评价、设计师的评价和主管部门的评价等几种评价形式。

这几种评价，在评价标准、项目、要求等方面都有一定的特点。消费者的评价多考虑成本、价格、使用性、安全性、可靠性、审美性等方面；生产经营者多从成本、利润、可行性、加工性、生产周期、销售前景等方面着眼；而设计师则多从社会效果、对环境的影响、与人们生活方式提升的关系、宜人性、使用性、审美价值、时代性等综合性能上加以评价。在评价时，消费者关注的焦点是功能和价格；生产经营者关注的焦点是成本、利润和市场销售前途；设计师是介于这二者之间的，以更崇高的准则综合考虑消费者和经营者的利益，在充分满足二者基本要求的前提下，尽力从更广泛的角度进行设计评价。设计师所关注的焦点是先进性和广义的功能性（包括技术功能、使用功能、环境功能、审美功能、教育功能、经济功能、社会功能等，涉及物质和精神两个领域）。至于主管部门的评价，在标准和范围上一般较接近于设计师的评价，但更偏重于方案的先进性和社会性，其评价的对象多为产品形式。

理想的设计评价应是综合上述4个方面的评价，此时，设计评价结构可表示为

$$E=E(a, b, c, d)$$

式中，E 为综合评价；a 为消费者的评价；b 为生产经营者的评价；c 为设计师

的评价；d 为主管部门的评价。

也即，把综合评价视为 4 个评价主体的评价的函数。在实际评价中，应尽可能向这种综合的评价结构努力。

2. 从评价的性质区分

这可分为定性评价和定量评价两种。

定性评价是指对一些非计量性的评价项目，如审美性、舒适性、创造性等所进行的评价；定量评价则是指对那些可以计量的评价项目，如成本、技术性能（可以用参数表示）等所进行的评价。在实际评价中，一般都有计量性和非计量性两种评价项目，在做法上可以采用不同的方法分别加以评价，得到两类评价结果，然后再综合起来进行考虑，作出判断和决策。另外，也可以采取综合处理的方式，对两类问题统一用适宜的方法评价。

在设计评价中，有不少的评价项目都属于非计量性的，这也是造成评价困难的重要原因。对于非计量性问题的评价，不可避免地要受到评价者主观因素的影响，从而使设计评价的结果具有较大的差异乃至错误。各种不同的评价方法的作用之一，就是尽可能地减少主观因素对设计评价的影响，使其更为客观。

3. 从评价的过程区分

设计评价可分为理性的评价和直觉的评价两种。例如，在价格或成本上，A 方案较 B 方案便宜，这种判断是理性的；对于色彩问题，认为红色较蓝色好，则属于直觉的评价。所以，理性的评价，其评价的过程是以理性判断为主的；直觉的评价其评价的过程是以直觉或感性的判断为主的。在设计过程中，往往需要同时运用理性和直觉两种判断过程，也即是一种交互式的评价。一般而言，设计师的评价过程，其工作大都基于他个人从事专业工作得到的经验来作判断。因为评价的项目大都是非计量性的，尤其是在造型项目上，更是要依赖其直觉感受来作评价。为弥补因个人偏见而造成的评价上的偏差，在评价中一般都是采用模糊评价的方法，或以多人的方式进行评价，最后再综合，由此得出结论。

以上是对设计评价所作的简单分类，另外也还可以从设计评价的内容、方法、目的，以及设计的不同阶段等方面进行分类。

三、工业设计中设计评价的特点

在任何性质的设计中都必然存在着评价问题，但不同的设计有不同的特点，因此其设计评价在项目、标准、要求、做法等方面也就各异其趣，从而显示出不同的特点。

就工业设计而言，其宗旨是提升人们的生活方式和质量，其实质在于创造，其作用是消费者和生产经营者的桥梁和纽带，其范畴涉及技术与艺术、科学和美学等多种领域。因此，其评价体系等也就不可避免地反映其性质，相应具有一定的特点。概括地说，工业设计中的设计评价有以下几个特点表现较为明显。

1. 评价项目的多样性

工业设计涉及的领域极广，考虑的因素非常之多，较之工程技术设计等更不单纯。因此，在设计评价的项目中，必然要包括更多的内容，涵盖更多的方面。如审美价值、造型因素、社会效果、宜人性、生活方式、时代性等方面的评价项目，对工业设计中的评价来说，显然要有较多的体现，而工程设计的评价中则考虑相对要少。

2. 评价标准的中立性

工业设计作为生产经营者和消费者之间的桥梁和纽带，有责任、也有可能克服狭隘的功利主义，站在为人类服务和促进社会进步的崇高立场上，兼顾二者的利益和要求，以较为客观、中立的标准来进行设计评价。设计评价的标准直接影响着评价结果，评价中的主观因素也起着一定的作用。因此，建立科学、客观、公正的评价标准，体现出工业设计的特性是十分必要的。

3. 评价判断的直觉性

由于工业设计的评价项目中包括许多审美性等精神的或感性的内容，在评价中将在较大程度上依靠直觉判断，也即直觉性评价特点较为突出。

4. 评价结果的相对性

正是由于评价中的直觉判断较多，感性和经验的成分较大，工业设计的评价结果就较多地受个人主观因素的影响，更具相对性，这是值是重视的。在评价中多采取模糊评价的办法，或增加评价人数，改进评价方法，严格评价要求等，以减少相对性，提高精确性。

§9-2 设计评价目标

一、评价目标

设计评价的依据是评价目标。评价目标是针对设计所要达到的目标而确定的，用于确定评价范畴的项目。一般来说，工业设计的评价目标大致包括以下几个方面的内容：

1. 技术评价目标

如技术上的可行性和先进性、工作性能指标、可靠性、安全性、宜人性技术指标、使用维护性、实用性等。

2. 经济评价目标

如成本、利润、投资、投资回收期、竞争潜力、市场前景等。

3. 社会性评价目标

如社会效益、推动技术进步和发展生产力的情况、环境功能、资源利用、对人们生活方式的影响、对人们身心健康的影响等。

4. 审美性评价目标

如造型风格、形态、色彩、时代性、创造性、传达性、审美价值、心理效果等。

一般来说，所有对设计的要求以及设计所要追求的目标都可以作为设计评价的评价目标。但为了提高评价效率，降低评价实施的成本和减轻工作量，没有必要把评价目标（实际实施的评价目标）列得过多。一般是选择最能反映方案水平和性能的、最重要的设计要求作为评价目标的具体内容（通常在10项左右）。显然，对于不同的设计对象和设计所处的不同阶段，以及对设计评价的要求的不同，评价目标的内容也就要有所区别，应具体问题具体分析，选择最适切的内容建立评价目标体系。对评价目标的基本要求是：全面性——尽量涉及技术、经济、社会性、审美性的多个方面；独立性——各评价目标相对独立，内容明确、区分确定。

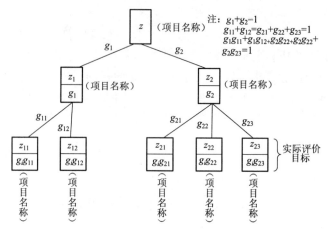

图 9-2 评价目标树

在选定评价项目以后，常要根据各评价项目的重要程度分别设置加权系数。加权系数也称权重系数，其数值越大表示重要性越高。各项目的加权系数之和常取为 1，当然也可取成 10、100 或其他数值，选取 1 时计算工作较简便些。加权系数的确定方法见§9-3。

二、评价目标树

目标树方法是分析评价目标的一种手段。目标树建立是由系统分析的方法对评价目标系统进行分解并图示而成的。将总的评价目标具体化，即把总目标细化为一些子目标，并用系统分析图的形式表示出来就形成了某个设计评价的目标树。图 9-2 是一个目标树的示意图。图中，Z 为总目标，Z_1，Z_2 为其子目标，Z_{11}，Z_{12} 又分别为 Z_1 的子目标，Z_{21}，Z_{22}，Z_{23} 则是 Z_2 的子目标。目标树的最后分支即为总目标的各具体评价目标。图中 g_1、g_2、g_{11}、g_{12}、g_{21}、g_{22}、g_{23} 等为加权系数。子目标的加权系数之和为上一级目标的加权系数。

应该指出的是，前面提到在确定评价项目时，一般选定 10 个左右的项目以构造评价目标，这里的 10 个项目应理解为评价目标树中的第一级子目标所对应的评价项目。在实际评价中，为评价准确起见，常要把第一级目标细化成更多的子目标，由此进行逐项评价。

通过评价目标树的分析，使人对评价体系有了直观的认识，对总目标、子目标、实际评价目标及其重要程度一目了然，使用起来十分方便。除了目标树的方法以外，还可用表格的形式对评价目标加以表现。图 9-3 和表 9-1 为以四川省机械工业厅指导性技术文件（川 Q/JZ2—87）"机械产品艺术造型评定方法"为例所作的评价目标树和评价目标表。

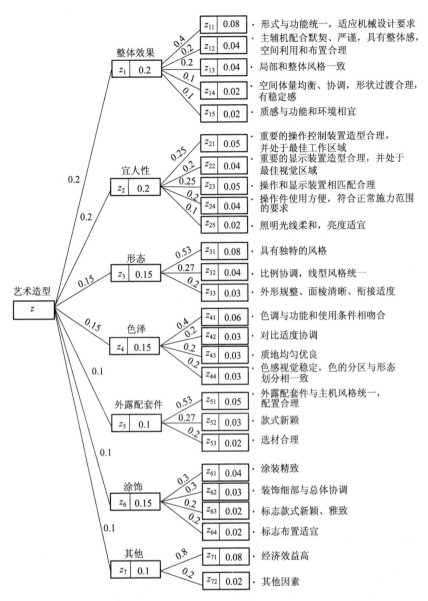

图 9-3 评价目标树实例

表 9-1 评价目标表实例

序号	评价目标	细化的评价目标（实际评价目标）	加权系数	备注
1	Z_1 整体效果 0.2	Z_{11}——形式与功能统一，适应机械设计要求 Z_{12}——主辅机配合默契、严谨，具有整体感，空间利用和布局合理 Z_{13}——局部与整体风格一致 Z_{14}——空间体量均衡、协调，形状过渡合理、有稳定感 Z_{15}——质感与功能和环境相宜	0.08 0.04 0.04 0.02 0.02	
2	Z_2 宜人性 0.2	Z_{21}——重要的操作控制装置造型合理，并处于最佳工作区域 Z_{22}——重要的显示装置造型合理，并处于最佳视觉区域 Z_{23}——操作和显示装置相互匹配合理 Z_{24}——操作件使用方便，符合正常施力范围的要求 Z_{25}——照明光线柔和，亮度适宜	0.05 0.04 0.05 0.04 0.02	
3	Z_3 形态 0.15	Z_{31}——具有独特的风格 Z_{32}——比例协调、线型风格统一 Z_{33}——外形规整、面棱清晰、衔接适度	0.08 0.04 0.03	

续表

序号	评价目标	细化的评价目标（实际评价目标）	加权系数	备注
4	Z_4 色泽 0.15	Z_{41}——色调与功能和使用条件相吻合 Z_{42}——对比适度协调 Z_{43}——质地均匀优良 Z_{44}——色感视觉稳定，色的分区与形态的划分相一致	0.06 0.03 0.03 0.03	
5	Z_5 外露配套件 0.1	Z_{51}——外露配套件与主机风格统一，配置合理 Z_{52}——款式新颖 Z_{53}——选材合理	0.05 0.03 0.02	
6	Z_6 涂饰 0.1	Z_{61}——涂装精致 Z_{62}——装饰细部与总体协调 Z_{63}——标志款式新颖、雅致 Z_{64}——标志布置适宜	0.03 0.03 0.02 0.02	
7	Z_7 其他 0.1	Z_{71}——经济效益高 Z_{72}——其他因素	0.08 0.02	

§9-3　设计评价方法

目前，国内外已提出近 30 种设计评价方法，概括起来可分为 3 大类。

1. 经验性评价方法

当方案不多、问题不太复杂时，可根据评价者的经验，采用简单的评价方法对方案作定性的粗略分析和评价。例如，可采用淘汰法，经过分析直接去除不能达到主要目标要求的方案或不相容的方案。又如采用排队法，将方案两两对比加以评价择优。

2. 数学分析类评价方法

运用数学工具进行分析、推导和计算，得到定量的评价参数的评价方法都属此类，这是本节介绍的重点。常用的数学分析类评价方法有名次记分法、评分法、技术经济法及模糊评价法等。

3. 试验评价方法

对于一些较重要的方案环节，采用分析计算仍不够有把握时，有时就通过试验（模拟试验或样机试验）对方案进行评价，这种试验评价法所得到的评价参数准确，但代价较高。

一、简单评价法

除了前面提到的淘汰法以外，经验性的评价法中还有两个常用的较为简单的评价法，下面作一简要介绍。

1. 排队法

在很多方案中出现优劣比较交错的情况时，将方案两两比较，优者打 1 分，劣者打零分，将总分求出后，总分数高者为最佳方案。例如，表 9-2 所列的实例中，评价的结论是 B 方案总分最高，即为最佳方案。

表9-2 排队法实例

比较方案＼比较对象	A	B	C	D	E	总 分
A	—	0	1	0	0	1
B	1	—	1	1	0	3
C	0	0	—	1	1	2
D	1	0	0	—	0	1
E	1	1	0	1	—	2

2. 点评价法

这种方法的特点是对各比较方案按确定的设计目标项目逐点作粗略评价，并用符号"+"（行）、"-"（不行）、"?"（再研究一下）、"!"（重新检查设计）等表示出来，根据评价情况作出选择。表9-3所列为一实例。

表9-3 点评价法实例

评价目标（项目）＼待评方案	A	B	C
Z_1 满足功能要求	+	+	+
Z_2 成本符合要求	-	-	+
Z_3 加工装配可行	+	?	+
Z_4 使用维护方便	+	?	+
Z_5 宜人性符合要求	-	+	+
Z_6 造型效果优良	+	-	+
Z_7 对环境无公害	+	+	+
Z_8 时代感强	+	+	+
总 评	6+	?	8+
结论：C方案最佳			

二、名次记分法

这种评价方法是由一组专家对 n 个待评方案进行总评分，每个专家按方案的优劣排出这 n 个方案的名次，名次最高者给 n 分，名次最低者给1分，依此类推。最后把每个方案的得分数相加，总分高者为最佳。这种方法也可以依评价目标，逐项使用，最后再综合各方案在每个评价目标上的得分，用一定的总分计分方法（见表9-7）加以处理，得出更为精确的评价结果。为了提高评价的客观性和准确性，在用名次记分法进行设计评价时，最好是采取逐项评价的方式，即使不逐项评价，也应建立评价目标或评价项目，以便使评价者有一个基本的评价依据。表9-4所列是名次记分法的实例，其中有6名专家，5个待评价方案（这里只对待评方案进行了一次总评，如要在逐个评价目标上都评价，则要每个评价目标下各用一次表9-4所示的表格记分，然后再统计结果）。

表9-4 名次记分实例

专家代号\方案代号	A	B	C	D	E	F	总分 x_i
01	5	3	5	4	4	5	26
02	4	5	4	3	5	3	24
03	3	4	1	5	3	4	20
04	2	1	3	2	2	1	11
05	1	2	2	1	1	2	9
评价结论：01方案最佳							26

在名次记分法中，专家意见的一致性程度是确认评价结论是否准确可信的重要方面。对于评分专家们的意见一致性程度，可用一致性系数 c 来表达。一致性系数的计算公式为

$$c = \frac{12s}{m^2(n^3-n)}$$

式中，c 为一致性系数；m 为参加评分的专家数；n 为待评价方案数；s 为各方案总分的差分和，计算式为 $s = \sum x_i^2 - (\sum x_i)^2/n$；$x_i$ 为第 i 个方案的总分。

本例的一致性系数经计算后为 0.65。一致性系数 c 越接近于 1，表示意见越一致，当专家意见完全一致时，$c=1$。在重要的评价中，对一致性系数的数值范围可有所要求。

三、评分法

评分法是针对评价目标，依直觉判断为主，按一定的打分标准作为衡量评定方案优劣的尺度的一种定量性评价方法。如果评价目标为多项，要分别对各目标评分，然后再经统计处理求得方案评价在所有目标上的总分。评分法的工作步骤如图9-4所示。下面介绍应用评分法进行评价时所使用的评分标准、评分方式、总分计分方法进行评价时所使用的评分标准、评分方式、总分计分方法和加权系数的确定等问题。

1. 评分标准

评分法中一般常用五分制或十分制对方案进行打分，评分标准的项目如表9-5所列。

在使用评分标准对方案打分时，如果方案处于理想状态，评分为10分（或5分），最差时评为0分。如果方案的优劣程度处于中间状态时，可用以下方法确定其评分：

(1) 对于非计量性的评价项目或虽为计量性的评价项目，但其计量性参数不具备时，可采用直觉及经验判断的方法确定其具体应属于哪种优劣程度区段，对照评分标准给出评分。此外，可以用前面所介绍的简单评分法对方案进行定性的分析，从而确定其优劣程度的顺序，并把评分确定。

(2) 如果评价项目中有定量参数，如性能参数的数值要求等，可以根据规定的最低极限值，正常要求值和理想值分别给 0 分、8 分、10 分（五分制时给 0 分、4 分、5 分），用三点定曲线的办法找出评分区线或函数，从中求出其

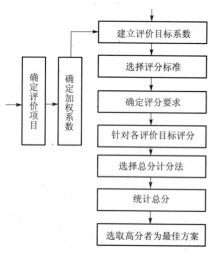

图9-4 评分法的工作步骤

他定量参数值时所对应的评分值。例如，某产品的成本在 4 元时为最高值，2 元时为要求值，1.6 元为理想值，由此可求出 10 分制的评价曲线，如图 9-5 所示。由曲线可求出，若某方案的成本为 2.5 元，应打 6 分。

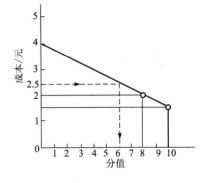

图 9-5 评分曲线实例

表 9-5 评分标准

十 分 制		五 分 制	
评分	优劣程度	评分	优劣程度
0	不能用	0	不能用
1	缺陷多	1	勉强可用
2	较差		
3	勉强可用	2	可用
4	可用		
5	基本满意	3	良好
6	良		
7	好	4	很好
8	很好		
9	超目标	5	理想
10	理想		

2. 评分方式

为减少由于个人主观因素对评分的影响，一般须采用集体评分的方式，由几个评分者以评价目标为序对各方案评分，取平均值或去除最大、最小值后的平均值作为分值。

3. 加权系数

关于加权系数，在讨论评价目标及目标树问题时已经介绍过，它是评价目标重要性程度的量化系数。加权系数大，意味着重要程度高。为便于计算，一般取各评价目标加权系 g_i 之和为 1。

加权系数的数值可由经验确定，或者用判别表法列表计算。判别表法是将评价目标的重要性两两加以比较，并给分加以计算。比较时，如两者同等重要则各给 2 分；某一项比另一项重要时则分别给 3 分和 1 分；某一项比另一项重要得多时，则分别给 4 分和 0 分，最后把各项的得分填入表 9-6 所示的判别法计算表中。根据各项评价目标的得分情况，其加权系数 g_i 的计算式为

$$g_i = k_i / \sum_{i=1}^{n} k_i$$

式中，k_i 为各项评价目标的总分；n 为评价目标数。

$$\sum_{i=1}^{n} k_i = \frac{n^2-n}{2} \times 4$$

表 9-6 加权系数判别计算表

评价项目	F_1	F_2	F_3	F_4	k_i	g_i
F_1	—	1	0	1	2	0.083
F_2	3	—	1	2	6	0.250
F_3	4	3	—	3	10	0.417

续表

评价项目	F_1	F_2	F_3	F_4	k_i	g_i
F_4	3	2	1	—	6	0.250
重要性:$F_3 > (F_2, F_4) > F_1$					$\sum_{i=1}^{4} k_i = 24$	$\sum_{i=1}^{4} g_i = 1$

4. 总分计分方法

按评分法的工作步骤，在对各方案依评价目标体系逐项评价打分以后，接下来的工作就是要对各方案在所有评价项目上的得分加以统计，算出其总分。总分的计算方法很多，如表9-7为常见的总分计分方法，可根据具体情况选用。取得总分以后，其总分高低就可综合地体现方案优劣，分值高者为优，对于采用有效值的情况，有效值高者为优。

在表9-7中所示的各种总分计分法中，除了有效值法（加权计分法）之外，因为并没有考虑加权系数，都显得不够全面。一般性的设计评价可选择简单、直观些的计分方法以减轻工作量，提高效率。对于要求比较高的评价或各评价目标的重要性程度差别很大（加权系数差别大）的情况下，选用有效值法是有必要的。对于有效值法（加权计分法），下面作简要说明。

有效值法用综合反映方案性能优劣及各评价目标重要度的"有效值"作为方案比较和评价的依据，应用较广泛。有效值的计算可用集合和矩阵的方法加以表达。

表9-7 总分计分法

方法	公式	备注
分值相加法	$Q_1 = \sum_{i=1}^{n} p_i$	计算简单、直观
分值连乘法	$Q_2 = \prod_{i=1}^{n} p_i$	各方案总分相差大，便于比较
均值法	$Q_3 = \dfrac{1}{n}\sum_{i=1}^{n} p_i$	计算较简单、直观
相对值法	$Q_4 = \dfrac{\sum_{i=1}^{n} p_i}{n Q_0}$	$Q_4 \leq 1$，能看出与理想方案的差距
有效值法（加权计分法）	$N = \sum_{i=1}^{n} p_i g_i$	总分中考虑各评价目标的重要程度
式中符号： Q_i——方案总分值； N——有效值；	n——评价目标数； p_i——各评价目标的评分值； g_i——各评价目标的加权系数； Q_0——理想方案总分值。	

整个设计评价目标系统可视为一个集合，评价目标集合可表示为 $U = \{u_1, u_2, \cdots, u_n\}$；各评价目标加权系数也是一个集合，可表示为 $G = \{g_1, g_2, \cdots, g_n\}$。式中，$g_i \leq 1$，$\sum_{i=1}^{n} g_i = 1$。

有 m 个方案对应 n 个评价目标上的评分值，可用矩阵表示为

$$\boldsymbol{p} = \begin{bmatrix} p_1 \\ p_2 \\ \vdots \\ p_j \\ \vdots \\ p_m \end{bmatrix} = \begin{bmatrix} p_{11} & p_{12} & \cdots & p_{1i} & \cdots & p_{1n} \\ p_{21} & & \cdots & & & \\ \vdots & & & p_{ji} & & \vdots \\ p_{j1} & & \cdots & & & \\ p_{m1} & & \cdots & & & p_{mn} \end{bmatrix}$$

各评价目标的加权系数矩阵为 $\boldsymbol{G}=[g_1 g_2 \cdots g_n]$

m 个方案的有效值矩阵为 $\boldsymbol{N}=\boldsymbol{G}\cdot\boldsymbol{P}^\mathrm{T}=[N_1 N_2 \cdots N_j \cdots N_m]$

式中，$N_j = GP^\mathrm{T} = g_1 p_{j1} + g_2 p_{j2} + \cdots + g_n p_{jn}$

N_j 的数值越大，表示此方案的综合性能越好。

四、技术-经济评价法

技术-经济评价法的特点是对方案进行技术经济综合评价时，考虑各评价目标的加权系数，所取的技术价和经济价都是相对于理想状态的相对值。这样更便于决策时的判断和选择，也有利于方案的改进。这种评价方法被列在德国工程师协会规范 VD12225 中。

技术-经济评价法的过程为先求出方案的技术和经济指标——技术价和经济价，而后再进行综合评价。

1. 技术评价——求技术价 W_t

技术评价目标是求方案的技术价 W_t，即各技术性能评价指标的评分值与加权系数乘积之和与最高分值的比值，计算式为

$$W_\mathrm{t} = \frac{\sum_{i=1}^{n} p_i g_i}{p_{\max}\sum_{i=1}^{n} g_i} = \frac{\sum_{i=1}^{n} p_i g_i}{p_{\max}} \leq 1$$

式中，W_t 为技术价；p_i 为各技术评价指标的评分值；g_i 为各技术评价指标的加权系数，取 $\sum_{i=1}^{n} g_i = 1$；$p_{\max}$ 为最高分值（10 分制中为 10 分，5 分制中为 5 分）。

技术价 W_t 值越高，说明方案的技术性能越好。理想方案的技术价为 1，W_t 若小于 0.6 表明方案在技术上不合格，必须加以改进才能考虑选用。表 9-8 是技术价值与所反映的方案技术性能状况的对照。

表 9-8　技术性能状况与技术价

评价等级	理　想	很　好	好	不满意
技术价 W_t	1	≥ 0.9	$0.8 \leq W_\mathrm{t} < 0.9$	< 0.6

2. 经济评价——求经济价 W_w

经济评价的目标是求方案的经济价 W_w，即理想生产成本与实际生产成本之比值，其计算式为

$$W_\mathrm{w} = \frac{H_\mathrm{l}}{H} = \frac{0.7 H_\mathrm{z}}{H} \leq 1$$

式中，H 为实际生产成本（元）；H_l 为理想生产成本（元）；H_z 为允许生产成本（元），H_z 应低于有效市场价格，一般可取 $H_\mathrm{l}=0.7 H_\mathrm{z}$。

经济价 W_w 值越大，经济效果越好，$W_\mathrm{w}=1$ 时是理想状态，此时，实际生产成本等于理想成本。W_w 的许用值为 0.7，此时实际生产成本等于允许生产成本。

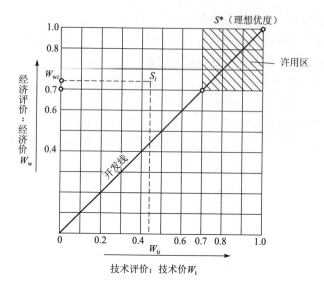

图 9-6 优度图

3. 技术-经济综合评价

在求出技术价和经济价以后,就可以利用计算或图示方法进行技术-经济综合评价。

(1) 相对价 W,有两种计算方法:

直线法(均值法):$W = \dfrac{1}{2}(W_t + W_w)$

双曲线法:$W = \sqrt{W_t W_w}$

相对价 W 值大,表明方案的技术、经济综合性能好,一般应取 $W \geq 0.65$。直线法的特点是 W_t 与 W_w 相差较大时,所得 W 值仍较大,而在双曲线法中只要两项有一项数值小,就会使相对价降低较多。所以,用双曲线法更容易评价和决策。

(2) 优度图(S图):如图 9-6 所示,在技术价 W_t 与经济价 W_w 构成的平面坐标系中,每个方案的 W_{ti} 和 W_{wi} 值构成点 S_i,S_i 的位置反映此方案的优良程度(优度)。坐标系中 $W_w=1$,$W_t=1$ 构成的点 S^* 为理想优度,表示技术-经济综合指标的理想值。OS^* 连线称为"开发线",线上各点 $W_w = W_t$。S_i 点离 S^* 越近,表示技术-经济指标高,而离开发线越近,说明技术-经济综合性能好。用优度图的方法可形象地看出方案的技术-经济综合性能,且便于提出设计改进的方向。把各个方案所对应的点都标在优度图上时,很容易评选出最佳方案。如果两个方案的优度点位置相对于 S^* 点差不多时,可应用双曲线法进行评判。

五、模糊评价法

在设计评价中,有许多软的评价目标,例如,对于美观(整体效果、造型、色彩、装饰等)、宜人性、安全性、加工性等,这些用传统的定量分析办法是很难进行的。为此,需要引进语言变量来描述并求得解决。例如首先用"好"、"差"、"非常"、"不"等进行评价,再用模糊数学的方法,使模糊信息数值化,以进行定量评价。

1. 基本知识

(1) 模糊子集(Fuzzy 集):普通集合是描述非此即彼的清晰概念,而模糊集合是描述亦此亦彼的中间状态。因此，把特征函数的取值范围从集合 {0，1} 扩大到 〔0，1〕 区间连续取值，就可以定量地描述模糊集合。

模糊集合往往是特定的一个论域的子集，称为模糊子集。为讨论方便，一般称模糊子集为 Fuzzy 集。

(2) 模糊关系：描写客观事物之间联系的数学模型称作关系。关系除去有清晰的关系和没有关系之外，还有大量的不清晰的关系，如关系较好、关系疏远等。这种不清晰的关系称为模糊关系。

(3) 隶属度：模糊评价的表达形式是隶属度。设在论域 U 给出了映射 u，并有

$$u_A: U \to [0, 1]$$

则 u_A 确定了 U 的 Fuzzy 集，对于任意的 $U \in U$，都有一个确定的数

$$u_A(u) \in [0, 1]$$

称为 u 对该 Fuzzy 集的隶属度。隶属度的值越接近于 1，则 u 属于该 Fuzzy 的程度越大。如某产品的造型通过调查，30%认为"很好"，53%认为"好"，15%评价为"不太好"，2%认为"不好"，则该产品的造型在评价集中的四种评价概念的隶属度分别为 0.3、0.53、0.15、0.02，而该产品的模糊评价集可表示为

$$R = \left\{ \frac{0.3}{X_1}, \frac{0.53}{X_2}, \frac{0.15}{X_3}, \frac{0.02}{X_4} \right\}$$

或简写为 $R = \{0.3, 0.53, 0.15, 0.02\}$

在评价中可以将"非常"、"不"等副词作为算子，对隶属度作某种运算，如"很"表示隶属度作平方运算，"不"表示用 1 减去原隶属度。例如在评价中"满意"的隶属度为 0.7，则"很满意"的隶属度为 0.49，"不满意"的隶属度为 0.3。

(4) 隶属函数：模糊集合的特征函数称为隶属函数。隶属函数可以表示出隶属度的变化规律。有十几种常用的隶属函数，可根据评价对象的不同选用。

例如某工程成本要求 $C \leq 20$ 万元为优，$C = 50$ 万元为中，$C \geq 70$ 万元为差。现预算成本为 40 万元，试求其隶属度。根据评价目标为成本的特点，选用直线型隶属函数如图 9-7 所示。其函数式可表示为

优 $u(C) = \begin{cases} 1 & 0 < C \leq 20 \\ \dfrac{50-C}{50-20} & 20 < C < 50 \\ 0 & C \geq 50 \end{cases}$

中 $u(C) = \begin{cases} 0 & C \geq 20 \\ \dfrac{C-20}{50-20} & 20 < C < 50 \\ \dfrac{70-C}{70-50} & 50 < C < 70 \\ 0 & C \geq 70 \end{cases}$

差 $u(C) = \begin{cases} 0 & C \leq 50 \\ \dfrac{C-50}{70-50} & 50 < C < 70 \\ 1 & C \geq 70 \end{cases}$

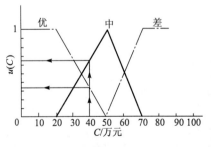

图 9-7 成本的隶属函数

当预算为40万元时，对优的隶属度为 $\frac{50-C}{50-20}=\frac{50-40}{50-20}=0.33$，对中的隶属度为 $\frac{C-20}{50-20}=\frac{40-20}{50-20}=0.67$。

(5) 模糊矩阵：可以用模糊矩阵来表现模糊关系。

设评价目标集（n个元素） $Y=\{y_1, y_2, \cdots, y_n\}$

评价集（m个元素） $X=\{x_1, x_2, \cdots, x_m\}$

加权系数集 $A=\{a_1, a_2, \cdots, a_n\}$ $0<a<1$ $\sum_{i=1}^{n}a_i=1$

某方案对评价目标的模糊评价矩阵为

$$R=\begin{bmatrix}R_1\\R_2\\\vdots\\R_i\\\vdots\\R_n\end{bmatrix}=\begin{bmatrix}r_{11}&r_{12}&\cdots&r_{1j}&\cdots&r_{1m}\\r_{21}&r_{22}&\cdots&r_{2j}&\cdots&r_{2m}\\\vdots&\vdots&\vdots&\vdots&\vdots&\vdots\\r_{i1}&r_{i2}&\cdots&r_{ij}&\cdots&r_{im}\\\vdots&\vdots&\vdots&\vdots&\vdots&\vdots\\r_{n1}&r_{n2}&\cdots&r_{nj}&\cdots&r_{nm}\end{bmatrix}$$

考虑加权的综合模糊评价，即模糊矩阵的积为 $A\cdot R$

$$B=A\cdot R=[b_1, b_2, \cdots, b_j, \cdots, b_m]$$

模糊矩阵有下列运算规则：

① A 与 B 并，记为 $C=A\cup B$

$C=A\cup B\triangleq (a_{ij}\vee b_{ij})$，$\vee$ 为取大运算，以较大数为运算结果。

例如，设 $A=\begin{bmatrix}0.4&0.2\\0.3&0.7\end{bmatrix}$ $B=\begin{bmatrix}0.7&0.4\\0.2&0.6\end{bmatrix}$

则 $A\cup B\triangleq (a_{ij}\vee b_{ij})=\begin{bmatrix}0.7&0.4\\0.3&0.7\end{bmatrix}$

② A 与 B 交，记为 $C=A\cap B$

$C=A\cap B\triangleq (a_{ij}\wedge b_{ij})$，$\wedge$ 为取小运算，以较小数为运算结果。同上例，若为交运算，则

$$C=A\cap B\triangleq (a_{ij}\wedge b_{ij})=\begin{bmatrix}0.4&0.2\\0.2&0.6\end{bmatrix}$$

③ 补矩阵，模糊矩阵 $A=[a_{ij}]$ 的补矩阵为 $[1-a_{ij}]$ 记为 $\overline{A}$。

④ 模糊矩阵的乘法，与普通矩阵乘法相似，其不同之处是先取小而后取大，并记为 $C=A\cdot B$。例：$A=\begin{bmatrix}a_{11}&a_{12}\\a_{21}&a_{22}\end{bmatrix}$ $B=\begin{bmatrix}b_{11}&b_{12}\\b_{21}&b_{22}\end{bmatrix}$

则 $A\cdot B=\begin{bmatrix}(a_{11}\wedge b_{11})\vee(a_{12}\wedge b_{21})&(a_{11}\wedge b_{12})\vee(a_{12}\wedge b_{22})\\(a_{21}\wedge b_{11})\vee(a_{22}\wedge b_{21})&(a_{21}\wedge b_{12})\vee(a_{22}\wedge b_{22})\end{bmatrix}$

同前例 $A\cdot B=\begin{bmatrix}0.4&0.4\\0.3&0.6\end{bmatrix}$

2. 模糊评价

(1) 一元模糊评价：对于单评价目标的模糊评价比较简单，只需找出评价集中各元素的隶属度即可。例如，通过调查某产品的价格，其"昂贵"、"适中"、"便宜"的隶属度为 $R=\{0.55, 0.35, 0.10\}$。

(2) 多元模糊评价：在进行多评价目标的评价时，首先应确定评价目标和加权系数的评价矩阵，再应用模糊关系运算的合成方法求解。常用的合成方

法有以下两种。

① $M(\wedge \cdot \vee)$ 算法：设

评价目标集　　$Y=\{y_1, y_2, \cdots, y_n\}$

评价集　　　　$X=\{x_1, x_2, \cdots, x_m\}$

加权系数集　　$A=\{a_1, a_2, \cdots, a_n\}$　$0<a<1$　$\sum_{i=1}^{n}a_i=1$

模糊评价矩阵为

$$R=\begin{bmatrix} R_1 \\ R_2 \\ \vdots \\ R_i \\ \vdots \\ R_n \end{bmatrix}=\begin{bmatrix} r_{11} & r_{12} & \cdots & r_{1m} \\ r_{21} & r_{22} & \cdots & r_{2m} \\ \vdots & \vdots & & \vdots \\ r_{i1} & r_{i2} & \cdots & r_{im} \\ \vdots & \vdots & & \vdots \\ r_{n2} & r_{n2} & \cdots & r_{nm} \end{bmatrix}$$

综合评价为　　$B=A \cdot R=[b_1\ b_2\cdots b_j\cdots b_m]$

用 $M(\wedge \cdot \vee)$ 算法合成时有

$$b_j=\bigvee_{i=1}^{n}(a_i \wedge r_{ij})$$

即　　$b_j=(a_1 \wedge r_{1j}) \vee (a_2 \wedge r_{2j}) \vee \cdots \vee (a_n \wedge r_{nj})$　$i=1, 2, \cdots, m$

上式表明运算是按小中取大的方式进行，突出了主要因素的权重隶属度的影响。

例：某产品有五个评价目标，试比较它的4个方案。

评价目标集　　$Y=\{y_1, y_2, y_3, y_4, y_5\}$

评价集　　　　$X=\{x_1, x_2, x_3\}=\{$好，中，差$\}$

加权系数集　　$A=\{0.12, 0.08, 0.35, 0.20, 0.25\}$

四个方案的评价矩阵为

$$R_1=\begin{bmatrix} 0.7 & 0.2 & 0.1 \\ 0.7 & 0.25 & 0.05 \\ 0.2 & 0.4 & 0.4 \\ 0.5 & 0.3 & 0.2 \\ 0.65 & 0.15 & 0.2 \end{bmatrix} \quad R_2=\begin{bmatrix} 1 & 0 & 0 \\ 0.1 & 0.8 & 0.1 \\ 0.1 & 0.7 & 0.2 \\ 0.1 & 0.4 & 0.5 \\ 0.1 & 0.3 & 0.6 \end{bmatrix}$$

$$R_3=\begin{bmatrix} 0 & 1 & 0 \\ 0.1 & 0.7 & 0.2 \\ 0.2 & 0.6 & 0.2 \\ 0.2 & 0.7 & 0.1 \\ 0.1 & 0.7 & 0.2 \end{bmatrix} \quad R_4=\begin{bmatrix} 0 & 0.4 & 0.6 \\ 0.1 & 0.7 & 0.2 \\ 0.8 & 0.1 & 0.1 \\ 0.2 & 0.7 & 0.1 \\ 0.2 & 0.7 & 0.1 \end{bmatrix}$$

现求方案 R_1 的综合评价 $B_1=A \cdot R_1=[b_{11}\ b_{12}\ b_{13}]$。

用 $M(\wedge \cdot \vee)$ 算法求 b_{11} 如下：

$b_{11}=(a_1 \wedge r_{11}) \vee (a_2 \wedge r_{21}) \vee (a_3 \wedge r_{31}) \vee (a_4 \wedge r_{41}) \vee (a_5 \wedge r_{51})$

$=(0.12 \wedge 0.7) \vee (0.08 \wedge 0.7) \vee (0.35 \wedge 0.2) \vee (0.2 \wedge 0.5) \vee (0.25 \wedge 0.65)$

$=0.12 \vee 0.08 \vee 0.2 \vee 0.2 \vee 0.25=0.25$

可理可得　$b_{12}=0.35$　$b_{13}=0.35$

于是　$B_1=[0.25\quad 0.35\quad 0.35]$

归一化得　$B_1=[0.26\quad 0.37\quad 0.37]$

同样求出　$B_2=[0.16\quad 0.49\quad 0.35]$

$B_3=[0.27\quad 0.46\quad 0.27]$

$$B_4 = [0.48 \quad 0.36 \quad 0.16]$$

根据四个方案的综合评价，得出方案 4 最优，以下依次是方案 3、1、2。

② M（·，+）算法：按乘加运算进行矩阵合成，又称加权平均型。有

$$b_j \sum_{i=1}^{n} a_i r_{ij} = 1, 2, \cdots, m$$

这种运算综合考虑了各项隶属度和权重的影响。

六、语意区分评价法

语意区分法主要用于非定量评价，其研究正日臻成熟。在应用语意区分法时，首先要确定评价问题的评价项目（评价目标）；其次要选择评价尺度、常用名义尺度（标称尺度）、顺序尺度、等距尺度和比例尺度等；最后拟出对比形容词进行评判。

在语意的选择上，应注意列举出符合评价目标的语汇。例如评价一个医生的业绩，用医德和医术两个词汇比较适合。同时要选择适当的形容词和副词，例如对于医德，可用很高尚、高尚、一般、不高尚、极不高尚等。

一般可将对比的语汇按程度分成等级，并赋以不同的值（图 9-8）。然后按评价项目算出各方案的总分，即可评出方案的优劣。常用的评价量表有：感性-理性，繁琐-简洁，分散-集中，古典-新潮，不谐调-和谐，守旧-创新，重-轻，大-小，暧昧-明朗，弱-强，不对称-对称，静感-动感，粗俗-精致，危险-安全，不经用-耐用，冷-暖，硬-软等。

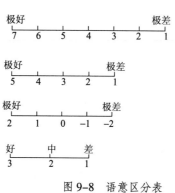

图 9-8 语意区分表

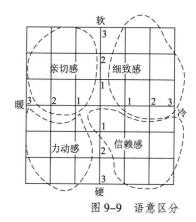

图 9-9 语意区分

若在语意上以软-硬，冷（酷）-（温）暖作为两对对比形容词，则可将有关的符号语言概括为四类（图 9-9），强调冷、软的语言可概括为细致，冷-硬可概括为信任，软-暖可概括为亲切，暖-硬可概括为力动。于是，可按市场需求来设计不同特性的产品。

图 9-10 提供的范围较广的评价语汇，可作为设计参考。

§9-4 设计评价中的一些问题

以上介绍了设计评价的概念和方法，但在具体实施设计评价中还有一些值得注意的问题，如采用怎样的评价程序，如何选择评价方法，设计的不同阶段中设计评价的特点是什么，以及如何适切地处理评价数据，等等。

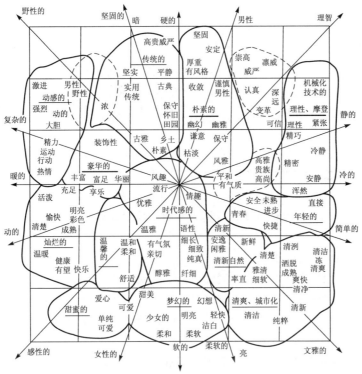

图 9-10 语意区分评价参考语汇

一、设计评价的一般程序

设计评价是比较复杂的工作,为了确保设计评价工作顺利进行,能得到有效的评价结论,同时也为了提高工作效率,在评价工作开始之前就要确定适宜的工作程序和进程安排。图 9-11 所示是设计评价的一般过程,在不同的具体评价中,还应视具体情况确定相应的评价程序。一般而言,首先要分析设计中提出的有关评价的问题,认清其性质,明确对评价的要求及评价所要实现的基本问题,以便有的放矢。其次,在此基础上,针对评价对象的特点,选择那些最能体现其特点、品质等的因素作为评价目标,建立适切的评价目标系统,并对这个系统进行分解,把问题归类,由此选择合适的评价方法。接下来的工作就是按选定的方法进行实际评价,得到定性或定量目标的评价结果,再加以综合处理,最后得到评价结论。

二、评价方法的选择

本章所介绍的几种方法都是常用的评价方法,这些方法各具特点,适用的范围也不一样,要适切地选择评价方法,就要对各种评价方法的特点加以了解。此外,选择评价方法的依据是评价问题的性质和特点,只有充分明确评价的目的和要求等,这样才能作出正确的选择。因此,对评价方法的了解和对实际问题的分析是选择评价方法的关键。表 9-9 所列是几种评价方法的比较,可供选择时参考。

三、不同设计阶段评价的特点

如粗略地把设计分为方案构思、结构设计及总体设计等阶段的话,则各阶段上设计评价的特点如下所述。

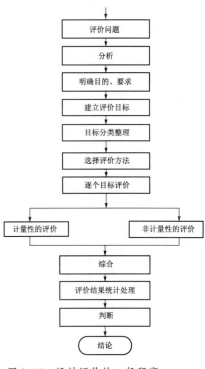

图 9-11 设计评价的一般程序

1. 方案构思阶段

在方案构思阶段中所得的原理方案，由于信息量不足，因而进行评价时应注意以下特点：

(1) 评价项目中应包含技术、经济和安全可靠这三个方面的基本内容。尽管在这个阶段还不可能得到成本方面的定量信息，但至少应从定性方面加以考虑。这个阶段中，评价目标的总数不宜过大，应抓住重点，一般选取 8~15 个为宜。

(2) 由于信息量不足，在这个阶段中所建立的评价目标中一般不要确定其加权系数，而把这些评价目标的重要性取得大致接近。因此，可将不太重要的性能参量先放在一边，而集中精力考虑那些重要的、基本的要求项目。

(3) 选择评分标准时，可选五分制等较粗的标准，以适应该阶段信息不足的特点。

2. 结构设计阶段

同一原理方案可以用不同的结构设计来实现。同时，转入结构设计阶段时，可能存在不只一个原理方案，因此，在结构设计阶段可能出现多种结构方案。在对这些结构方案进行评价时，因为其较原理方案具体化了，所以在评价上更为细化。

(1) 在结构设计阶段，技术性能和经济性能通常都是分开进行评价，用技术-经济评价法进行细化分析。

(2) 在结构设计阶段中，可能要进行几次方案评价和比较，例如，在形成粗结构以后可能要评价一次，在结构细化之后可能要再评比一次。根据信息量水平的不同，评价目标的建立也应有所区别。

表 9-9 评价方法的比较

方 法	特 点	适 用 的 情 况
简单评价法	① 简单、直观 ② 精度差，粗略分析	① 定性、定量的各种评价项目 ② 对评价精度要求不高的情况
名次记分法	① 简单 ② 精度较高 ③ 一般需多人参加评价	① 定性、定量的各种综合评价项目 ② 对评价精度有一定要求的情况 ③ 方案数目不多的情况
评分法	① 精度高，稍复杂 ② 需多人参加 ③ 分多个目标评价 ④ 工作量较大	① 定性、定量的，但更适于定量项目 ② 对评价要求较高并方案较多的情况 ③ 需考虑加权系数的评价（用有效值法计算总分），但也适于不考虑加权系数的评价
技术-经济评价法	① 复杂，精度高 ② 如用 S 图，较直观 ③ 一般需多人参加评价 ④ 需利用其他评价方法获得评分数据	① 技术及经济性评价项目 ② 对评价要求较高的情况 ③ 方案较多时更适用 ④ 需表明改进方向的评价
模糊评价	① 需引进语言变量描述使模糊信息数值化 ② 需经过调研而取得评价数据	① 对造型、色彩、装饰质感等的评价 ② 宜人性、安全性的评价 ③ 有关文化的和审美的评价

(3) 由于材料、零件形状和尺寸及加工方法都基本上确定，此时进行评

价就会较精确些。

(4) 由于在总体设计阶段中还要考虑其他一些因素，设计方案还会有所改动。因此，在结构设计阶段进行评价时，除了明显有重大缺陷而又无法改进的方案或者总体上的价值太差的方案外，一般不宜轻易剔除设计方案。

3. 总体设计阶段

总体设计阶段的设计评价是对设计方案的总评价。方案评价目标数目将增加许多，评价的要求也更高。而且，这一阶段的信息量比较充分，可以进行细化的评价。

以上是按实际工作中普通的分段形式进行的表述，在工业设计中还有许多划分设计阶段的方式。但无论如何，评价的总的特点都是由浅入深，由表及里，由粗到精，评价的过程呈发展、完善的趋势。

四、设计评价结果的处理

在设计评价工作基本完成并获得许多评价数据信息时，如对其加以适当的处理，就会方便评定最佳方案，从而作出决策。数学分析的处理方法如"总分计分法"，已在前面叙述过，以下讨论的是视觉化的处理方法。

1. 曲线化处理

这种处理方法的思路是建立坐标系，把评分结果转化为坐标点，从而确定与评价结果相对应的曲线，以方便评价决策。图9-12所示为一假设的评价例子，包含了3种方案的情况。如方案太多，可分设 n 个这种图加以表现。用这种表示方法，除了直观判断最佳方案外，还能清楚地看到某方案在哪些评价目标上有问题以便进行改进和提高。

2. 图形化处理

图9-13所示是一种图形化处理评价结果的例子，各坐标轴代表一个评价目标，坐标上的点则表示出某方案在该评价目标上的分值。

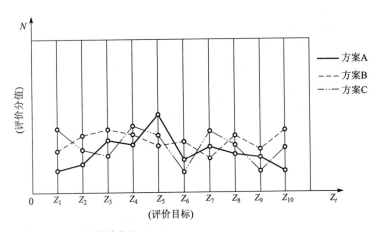

图9-12 评价统计曲线

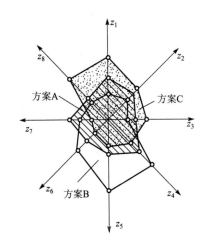

图9-13 评价结果图形化

§9-5 世界各国和地区优良设计评选

许多国家和地区都开展了优良设计的评选活动。其评选标准因国家、地区、时代的不同而变化。评价标准大都以独创性、新颖性、优良造型及安全性为主。环境、服务、维修也都受到重视。可以说在评价时是按全产品的观念（实质产品、形式产品、延伸产品）进行的。下面简要介绍一些国家和地区优良设计的评选情况。

一、日本的 G-Mark 设计奖

G-Mark 设计奖于 1957 年由日本产业振兴会（JIDPO）创立，每年举办一次。每年根据设计品质、设计理念和创新程度，颁发给被认为提升了消费者生活质量和标准的产品。日本产业振兴会有一个明确的理念：所有生活用品、工业用品都需要设计。因此，评审项目涵盖了生活用品、工业用品等绝大多数产品。例如，2008 年度的评审项目包括 4 个大类：

（1）身体、生活领域，包括眼镜、服装、鞋帽、箱包、饰品、乐器、体育用品、老年人用品、家用电器、装饰用品、住宅等；

（2）工业领域，包括生产物流设备、办公设备、店铺用设备、信息管理、商业设施、生活设施等；

（3）移动、网络领域，包括各种交通工具、个人用电子设备、家庭用电子设备、工业用信息设备、企业广告、传媒、数字产品等；

（4）试验性的高端设计活动，包括在设计中引入高新技术、体现生态环保理念、综合性设计管理等。

G-Mark 大奖的三项评选指标：高度协调性（Well-balanced）、高度品质肯定（High-qualified）、高度实用性（Great-usability）。其评审团的专业评委评价产品的重点除了创新、外观造型、安全性，还十分强调产品设计对人们生活品质的改善。其评选标准具体包括：产品本身的美观、安全性、原创性、吸引力、是否考虑到消费者想法与需求、是否符合使用环境、定价是否与价值相符、是否具有很好的功能与效能表现、设计对使用者是否友善等。

二、德国的 red dot 设计奖和 iF 设计奖

德国最有名的设计奖是德国 red dot（红点）设计奖和 iF 设计奖。

1. red dot（红点）设计奖

德国 red dot（红点）设计奖可以追溯至 1955 年，由"red dot 产品设计奖"、"red dot 传播设计奖"及"red dot 设计概念奖"三大奖组成。red dot 设计奖的评审项目类别很多，参赛者也不必局限于这些类别。例如，2009 年设计分为 20 大类别，具体如下：公共空间、栖所、移动运输类、能源、环保、浴室、家用电器、室内用具、照明、家具类、生产力、工作场所、保护、乐龄、生命科学、互动与沟通、娱乐、时尚、教育、康乐。

评审标准如下：

(1) 革新度。

产品设计概念是否本身属于创新？或是属于现存产品的新的更让人期待的延伸补充？

(2) 美观性。

产品设计概念的外形是否悦目？

(3) 实现的可能性。

现代科技是否允许设计概念的实现？如果目前科技程度不到实现设计概念的程度，那么未来 1~3 年里是否有可能实现？

(4) 功能性和用途。

设计概念是否符合操作、使用、安全及维护方面的所有需求？是否满足一种需求或功能？

(5) 生产效率/生产成本。

设计概念是否能以合理的成本生产出来？

(6) 人体工程学和与人之间的互动。

产品概念是否适用于终端使用者的人体构造及精神条件？

(7) 情感内容。

除了眼前的实际用途，产品概念是否能提供感官品质、情感依托或其他有趣的用法？

2. iF 设计奖

德国 iF Design Award，简称"iF"，创立于1954年，每年定期举办。该奖的推出机构是 Hannover Fair，1991年该机构更名为 iF Industry Forum Design Hannover（汉诺威工业设计论坛），2001年又扩大成立 iF International Forum Design GmbH（iF 国际论坛设计有限公司）。

iF 奖项现包括：iF Product Design Award（iF 产品设计奖），iF Communication Design Award（iF 传达设计奖），iF Design Award China（iF 中国设计大奖），iF Packaging Award（iF 包装奖），iF Material Award（iF 材料奖）和 iF Concept Award（iF 概念奖）。

(1) iF 产品设计奖。

iF 产品设计奖的参赛类别不断扩充，到2009年已达16项，包括交通设计、休闲/生活方式、音频/视频、电信、计算机、办公/商务、照明、家具/家用纺织品、厨房/家居、浴室/健身、建筑、公共设计/室内设计、医药/保健、工业/手工业、特殊车辆/农业技术、高级研究（概念车在此评审）。

评选标准包含11项：设计质量、制作工艺、材料选择、创新度、环境相容性、功能性、人机工程学、使用可视性、安全性、品牌价值/品牌塑造、通用设计。

(2) iF 传达设计奖。

iF 传达设计奖的参赛类别有7项：数位媒体、产品界面、印刷媒体、包装、企业架构、跨媒体、难以成真的佳作。

评选标准如下：

数位媒体和产品界面的评选标准：用户针对性/内容、使用性（人性化、导航、功能）、外观与感觉（美感、屏幕设计、动画）、独特性（创意度、原创性、创新性）。

印刷媒体和包装的评选标准：用户针对性/内容、设计品质/创意度、材料选择/工艺、经济性、用户合适性。

企业架构的评选标准：任务与目标的陈述、建筑与设计品质、工艺和细节的专注、材料选择与应用、空间概念与氛围、功能与运用的弹性、企业设计、环境协调性。

跨媒体的评选标准：包含数位媒体和印刷媒体的评选标准、强调不同媒体的成功结合。

难以成真的佳作的评选标准：提交的专案只要是"难以成真的佳作"即可。

(3) iF 中国设计大奖。

iF 中国设计大奖的参赛类别有 15 项：通信与娱乐、计算机、办公与商务、休闲与生活方式、建筑、家务与家具、工业、照明、医疗、纺织与时装、交通运输、包装设计、公共设计、室内设计、平面/企业设计。

评选标准包含 11 项：设计质量、创作工艺、材料选用、创新程度、环保型、功能性、人体工学、操作可视性、安全性、品牌价值/品牌营销、通用设计。

(4) iF 包装奖。

iF 包装奖的参赛类别有 8 项：售货包装、展览与运输包装、包装图样、包装材料、包装机械与设备（评审着重于人体工学、安全与设计质量）、包装设计与功能性、跨类别、包装概念。

评选标准包含 11 项：设计质量、工艺、材料选择、创新性、环保性、功能性、人体工学、操作方式可视化、安全性、品牌价值/品牌塑造、象征性与独立性、生产与物流方面、通用设计。

三、美国的 IDEA 奖

美国 IDEA 奖创建于 1980 年，其全称是 Industrial Design Excellence Awards（最佳工业设计奖），由美国工业设计协会（Industrial Designers Society of America–IDSA）主办。每年举办一次。

IDEA 除了评选工业产品，还关注包装、软件、展示设计、概念设计等。评判标准主要有：设计的创新性、对用户的价值、是否符合生态学原理、生产的环保性、适当的美观性和视觉上的吸引力。

2007 年起，IDEA 将名称改为 International Design Excellence Awards（国际最佳设计奖），清晰地展示了设计从单纯专注于美学概念向品牌塑造、服务、可持续性及医药（甚至还包括飞行员和乘客的舒适性和安全性）等方面不断扩展的过程。IDEA 名称的变化也反映了设计行业日益显著的国际化趋势。更名后的竞赛的种类非常多元，从居家办公用品到医疗器械皆有，评选标准主要在于"市场价值"与"人性化"，严格审查产品是否具有有效的设计和能否带给人类便利性。此外，IDEA 历年获奖的产品，还特别考虑产品是否能对弱势者带来尊严和方便。

四、韩国 GD 奖

韩国优良设计奖（Good Design Products Selection）1985 年由政府组织设立，授予那些在国内或国外上市，整体设计优良，在造型、功能和竞争力等方面都十分突出的产品。它通过给优秀工业设计授奖，促进设计的发展，鼓励创造和创新，为工业设计发展做出贡献。

GD 奖的评选范围也非常广泛，除了电子产品、通信器材、家电、家具、医疗器械等各种消费品，还包括环境设计、形象设计等领域。

GD 奖主要从工业设计的角度出发，同时综合考察产品的功能、稳定性和质量等要素，评选出优秀产品，并授予质量保证书 GD 标志。获得这一标志就意味着获得了市场的认可和信赖，产品的附加价值自然也随之提高，对企业来说是一种更加有效的营销手段。

五、中国台湾的台湾精品奖

台湾精品奖（Taiwan Excellence Awards）是台湾"对外贸易发展协会"与台湾当局联合举办的评选活动，该奖项以参选产品范围广泛和评选严格而出名。

参选产品类别包括消费性电子及电器产品、电脑硬件及周边设备、网络通信产品等十几种产品。精品奖评选标准也非常严格，评审委员要就研发、设计、品质和行销4项进行评选，更看重产品面、行销面和创新价值的表现。

六、中国创新设计红星奖

中国创新设计红星奖于2006年开始由中国工业设计协会、北京工业设计促进中心等承办。参评产品未划分具体类别，其评审标准有6项：

1. 创新性

突出科技与艺术的结合，有效使用新技术、新材料、新工艺，创新点突出；设计概念独特新颖，提供新的问题解决方案，引领未来产品发展趋势。

2. 实用性

功能结构合理，以人为本，考虑人机工程关系，安全耐用。

3. 经济性

适合市场需求，具备较高的性价比，能够提高企业经济效益，提升产品品牌价值。

4. 环保性

绿色，节能，环保，具有可回收性。

5. 工艺性

工艺与材料使用合理，适合批量生产制造。

6. 美观性

外观造型设计适度，风格特色突出，色彩设计协调。

第十章 设计管理

美国 IBM 的前首席执行官小詹姆斯·沃森（Thomas J. Watson）说过："好的设计就是好的企业（Good design is good business）。"即设计工作对于企业创新、增加产品附加价值、建立企业的持久竞争优势方面是一个非常有效的工具。而设计管理（Design Management）是帮助企业通过设计来开发更好的产品和服务，使企业走向成功的关键。

设计管理是连接设计和管理之间的桥梁，它集设计和管理两方面内容于一身，其重要性逐步被企业认同，并成为企业经营发展、管理策略的一个重要部分。事实证明：行之有效的设计管理，是让企业产生好的设计，并让产品获得成功的关键。

1. 现代企业需更加关注设计管理

传统的管理更倾向于财务、人事、固定资产、生产技术等，但这已不能满足时代发展的要求。市场导向强化了现代企业对于产品的关注，对于消费者喜好和方便的关注，对于企业形象、品牌形象和产品形象等方面的关注，所有这一切都是竞争性企业设计问题的几个方面。所以，作为现代企业的管理者，特别是大公司的经理，就必须比前一代经理更加意识到设计的重要性，关注到设计管理的重要性。

2. 设计与管理的共同发展

一方面，技术不断的发展变化导致了现代工业越来越注重于灵活的生产能力和工艺流程，以适应市场定位所引起的不断变化的生产定位。因而需要不断增加在管理思想上的灵活性，在管理风格上也会有一个变化，即从适应稳定的市场、稳定的产品和稳定的生产线转变到适应不断变化的市场，不断地在产品和生产工艺上进行创新。设计的重要性更加凸现出来，设计进入管理决策也是顺理成章的。

另一方面，因循守旧对于现代企业来讲是没有出路的。因为设计是一种创造性活动，与变化有着不可分割的联系，在更广泛的意义上设计变得更为重要了，这样设计便成了管理首要关心的事情。

第三方面，设计在创新，与之相辅相成的管理也在创新，以增强企业的应变能力。

3. 现代设计需要管理

现代设计已不局限于个人的活动或单件产品，而成为团体的活动。这里，"设计师"的概念已不再是个人，而是由多学科的人员所组成，他们将在企业的中心发挥作用。因此，设计必须是一个系统的管理过程，即现代设计需要现代的管理。

4. 企业决策需要设计管理

企业在决策上越来越受到社会压力和公众参与的影响，因此，它必须更多地意识到自己的社会责任。生态学、宜人性和环境因素在企业计划中变得更加重要，而这些都是设计的延伸，由于管理中社会责任感的发展，设计师的作用也会随之发展，设计活动将对企业的主要决策产生影响。

§10-1　设计管理的定义

设计管理可以理解为对设计活动的组织与管理，是设计借鉴和利用管理学的理论和方法对设计本身进行的管理，同时设计又是企业现代管理的一个重要资源和组成部分。设计是管理的对象，又是对管理对象的限定和提升。现代设计需要现代管理，现代管理又要借助于现代设计。

很多学者及职业的设计管理者，从自己的理论及实践的角度阐述了设计管理，尽管他们有各自不同的观点和理解，但他们都把设计看做一种重要的企业资源。

1965年，英国皇家艺术学会（the Royal Society of Arts）颁发"设计管理最高荣誉奖"，以鼓励企业设计活动，当时对设计管理的定义描述如下："设计管理的功能是定义设计问题，运用最适当的设计师，使设计师在一定的时间内控制预算，并解决设计问题。"英国设计师米歇尔·法瑞（Michael Farry）在1966年提出了与上述定义几乎相同的定义。

1968年，雷蒙德·特纳（Raymond Turner）提出，设计管理需要运用管理技巧和了解全过程的设计程序，以及设计程序如何与企业活动相配合。他认为，设计管理涉及一般管理的基本原则，如组织、财务、指导及控制等。

1991年，飞利浦公司前任工业设计部主任罗伯特（Robert Blaich）对设计管理的定义为："设计管理是使设计成为企业内部的一项正式活动，其达成方法是通过传达及沟通企业长期目标与设计有关的观念，并在各层级的企业活动中协调设计资源的运用，以达成企业方针。"

1984年，设计师彼特·高博（Peter Gorb）阐述设计管理为："管理者追求公司的目标，有效地分配公司内可运用的设计资源。"

美国设计管理协会董事长鲍威尔（Earl Powell）将设计管理定义为："以使用者为着眼点，进行资源的开发、组织、规划与控制，以创制有效的产品、沟通与环境。"

1989年，设计师钟（Chung.K.W）提出了三层次观念的设计管理，他认为设计管理包括视觉设计管理、环境设计管理和产品设计管理，而工业设计管理属于产品设计管理。

1998年，IDEO设计总经理汤姆·凯利（Tom Kelley）阐述道："设计管理就是关于改革：运用你组织内部和外部的可供资源和人力来创建新的产品、新的环境和新的用户体验。特别是那些成熟的产业，质量已经优化，成本越来越低，设计成为产品差别的一种重要资源。"

1998年，NORTEL集团设计公司总监彼特·特鲁斯勒（Peter Trussler）将设计管理阐述为："设计管理就是要确保将企业的精力花在重要的和有战略意义的计划上。当目标、策略、计划和流程之间的联系已经明确建立起来了，而且这种联系被设计管理所掌握和采用，同时设计管理提出了明确的实施步骤并且其他部门也共同参与到这个实施步骤中来的时候，设计管理才能发挥出上述功能。最终，企业的全体员工才会看到，他们自己的工作与企业的最高战略目标是紧密联系在一起的。"

1999年，中国台湾学者邓成连将设计管理定义为："设计管理是在整个设计活动中运用一般管理原则，以界定设计组织、规划设计企划、制订设计规范、执行设计创意、评价设计结果，目的在于发挥设计效能、提高设计效率、增进设计竞争力。"

2002年，我国学者李砚祖提出，设计管理可以理解为对设计活动的组织与管理，是设计借鉴和利用管理学的理论和方法对设计本身进行的管理，即设计管理是在设计范畴中所实施的管理。设计是管理的对象，又是管理对象的限定。设计管理涉及设计和管理两方面，设计和管理两方面各自都有特定的内涵，有时其含义还比较宽泛，如设计；因此，设计管理有时指为制造商的设计工程管理；有时又可以理解为设计组织的团体管理；又可以指设计中蕴含的一种管理思想，即从管理学的角度将设计理解成一种管理的方式。这样，设计管理实际上包含着不同的层面和内容。

§10-2 设计管理的范围和内容

正如设计本身一样，设计管理是一个非常复杂而广泛的概念，因此各国学者所认定的范围和内容也不同。一些学者根据不同的管理活动和内容，将设计管理的范围分为几个不同的层次。同时，随着企业对设计的重视程度的不断提高，以及企业的规模和设计活动的不断扩展，设计管理的范围和内容也在不断充实和扩展。

一、汤普林（Topalian）的两层次设计管理范围和内容

1984年，著名设计管理理论研究学者汤普林将设计管理的范围分成两个基本层次：较高层次的"企业设计管理"和较低层的"设计项目管理"。在企业设计管理层面，其中心内容主要是围绕如何使设计活动为企业经营带来贡献，在企业组织与组织环境的关系中属于长期行为。在设计项目管理层面，其中心内容主要是如何解决在设计项目管理中所涉及的一系列问题，属短期行为。

1. 企业设计管理层次

企业设计管理层次的内容包括：推动设计技术对企业利润的贡献作用，制定设计政策与设计战略，对设计的领导与负责，决定设计在企业中的地位，组建企业设计管理系统，负责对企业的设计与设计管理的检查，负责对设计项目的投资，确保设计的合法化，对主要设计投资的评估，制定设计管理发展规划，企业形象计划的设计与实施决策。

2. 设计项目管理层次

设计项目管理层次的内容包括：执行不同性质的设计项目和设计程序，制定设计规划与设计程序，选聘设计师，组建与管理设计队伍，计划和管理设计项目，设计项目成本预算，建立设计项目的文档和控制系统，进行设计研究，展示与提交设计方案，完成设计全过程和设计评估。

二、奥克利（Oakley）的两层次设计管理范围和内容

奥克利认同汤普林的观点。1984年提出，将设计管理的内容与范围从整体上可分为两大部分：一是公司管理层方面的设计政策管理层次的工作；二是围绕具体设计项目所展开的设计项目管理层次的工作。

1. 设计政策管理层次

设计政策管理层次的内容包括：建立设计目标，制定设计策略，界定和建立、维持设计标准，进行设计检查，组织设计活动和评价设计结果。

2. 设计项目管理层次

设计项目管理层次的内容包括：计划、预算和管理设计项目，招聘设计师及其他相关专家，管理设计项目小组，参与设计所涉及的相关法律活动和评估每个完成的设计项目。

三、Gorb 提出的设计管理内容

1984 年，设计师 Gorb 提出了设计管理的定义，同时强调设计管理的主要内容分为设计项目管理和设计组织管理两方面。其中，关于设计组织管理的内容还有待进行深入研究。

四、钟（Chung.K.W）的三层次设计管理范围和内容

1989 年，设计师钟提出了三层设计管理范围与内容，包括：

（1）在操作层次的设计项目管理。

（2）在战术层次的设计组织管理：包括公司内部的设计组织和外部的设计顾问公司。

（3）在策略层次的设计创新管理：包括公司形象识别、公司设计策略、公司产品识别与色彩计划等。

五、英国标准学会对设计管理的层次划分和内容

1989 年，英国标准学会（BSI）对管理者提出的管理产品设计的指导原则方面，也以三个层次作为不同阶层管理者对实际管理工作的参考。

1. 企业层次的产品设计管理

该层次的产品设计管理由高层管理者负责，其活动与工作内容如表 10-1 所示。

表 10-1 企业层次的产品设计管理的内容

活动	工作内容
公司目标	预测、界定及再确定公司目标；使所有参与设计活动者都了解公司目标
产品计划	确认所选定的产品计划能配合公司目标
资源规划	提供充分的资源以确保产品计划的实施
组织架构	确认组织具有合适和确切的政策与程序
管理项目经理	确认所有设计负责人清楚其项目目标与个人的强烈意图，且能激励其部署
时间成本	在时间条件下适当地监督设计成果与费用
重视产品设计	对产品设计维持严肃公正且高标准的正式委任程序
评估与评价	评估成果并将评估传达给所有相关人员

2. 项目层次的产品设计管理

项目层次的产品设计管理由项目经理负责，其活动与工作内容如表 10-2 所示。

表 10-2 项目层次的产品设计管理的内容

活动	工作内容
计划	确认产品概念和界定能否吻合公司计划
设计规范	组织与安排设计规范的准备工作,以及必要时的修正
控制成本	分配预算,控制费用及安排现金流量
控制进度与品质	安排程序以整合各部门的功能,监督进度并且在必要时采取矫正行动
项目资源	确认各部门的资源是否合适,是否能够恰当地配合程序
项目组织	确认项目组织是否合适,并且了解其与正常功能性组织的差异
沟通	控制外部沟通,经常保持与高层管理者的沟通,使其明了项目进度、时间和费用
评价	组织产品评价与项目管理评价

3. 设计活动方面的管理

设计活动方面的管理由设计经理负责,其活动与工作内容如表 10-3 所示。

表 10-3 设计活动方面的管理的内容

活动	工作内容
设计规范	参与设计规范的制定,确保其在实务上能合适地被清楚界定
设计资源	提供适当的设计资源以吻合程序
设计技术	确认设计技术被审查与更新
训练	能通过适当的训练使设计组长具有一定的管理能力
组织策划	确认组织程序及咨询服务是适切且合时的
设计师工作	分配设计师工作,并确认设计师对规范的需求能完全了解
激励	对设计人员进行激励
设计审查及追踪	在设计审查及追踪中,检查是否吻合设计规范,并在会议中协商必要的设计规范变更
追踪检查	追踪检查设计工时、成果及成本
支援设计	确认支援设计的行动被执行
产品的评估	对产品评估做专业评判与贡献
设计程序与设计品质的评估	评估设计程序、设计品质,在必要时提出改善措施

六、我国学者关于设计管理内容的研究

我国台湾学者邓成连教授在综合各学者观点的基础上,提出了四层次设计管理,如表 10-4 所示。

表 10-4 四层次设计管理的内容

组织层次	设计管理层次	负责经理级别	主要职责	主要活动
高层设计管理	设计政策管理	高层管理者	1. 公司计划:界定了设计管理执行规范与规划计划的目标 2. 产品计划:源自公司目标,主要在吻合市场预测的需求及确认产品能在正确的时间与场合被设计与生产 3. 形成设计政策:将公司计划形成高层的设计政策,属于公司的长期计划 4. 负责设计监督 5. 主要设计投资政策的评估	使设计配合公司的整体,且涉及各种不同的公司计划,使设计能吻合公司目标

续表

组织层次	设计管理层次	负责经理级别	主要职责	主要活动
中层设计管理	设计策略管理	设计副总经理	1. 规划设计策略 2. 组织设计资源 3. 协调设计部门与其他功能部门 4. 公司与外部设计顾问的沟通渠道	规划公司的设计策略与设计组织，策划与介绍设计管理系统，建立与维系设计标准
低层设计管理	设计行政管理	设计经理	1. 设计组织的日常设计行政 2. 组织设计资源，包括人员与设备 3. 提出设计项目企划 4. 提供明确的设计规范 5. 日常的沟通协调 6. 项目控制与审查	主要管理设计组织内的一般日常设计行政与企划设计项目的提案，组织设计资源（人力资源、设计设备与设计组织内的设计系统）
设计执行管理	设计项目管理	设计项目负责人	1. 负责控制设计进度 2. 主持各种项目小组会议	主要是针对设计执行阶段的概念设计、具体化设计、细部设计和生产设计等进行管理

有学者在1998年提出：设计管理包括两个层次，即战略性的设计管理和功能性的设计管理。企业的战略性设计管理主要包括：企业内建立有效的设计管理组织结构和建立一套完整的企业设计指导文件。功能性设计管理的主要包括设计事务管理、设计师管理和设计项目管理。

另有学者2002年提出：设计管理的根本任务是对设计活动本身的组织和管理，管理是为了设计。因此，对设计活动本身的组织与管理主要包括三个层次：设计组织的管理、设计程序的管理和设计工程的管理，详见表10-5。

表10-5 设计活动的组织与管理的三个层次

设计管理层次	说　　明	具体内容
设计组织的管理	是对具体的设计组织机构的管理	1. 人事方面的组织管理 2. 会议、制度、目标、思想、态度等方面的综合管理 3. 相应的专案管理，例如产品开发专案管理
设计程序的管理	对设计全过程的管理。每项设计从构思到产品的完成都有相应的程序，需要对其进行管理	1. 通过调整和补充的方式，寻找最佳、最合理的程序，并确认该程序的合理与可行性 2. 对整个设计过程的程序都应有相应的管理，管理应成为设计程序的一部分
设计工程的管理	对设计工程及设计工程师的管理	1. 对具体负责的设计工程师的管理 2. 设计工程师和设计人员对具体设计工程的管理与实施

还有学者在2006年将设计管理分为高和低两个层次。高层次的理论指导层的设计管理主要包括设计战略、企业形象管理、品牌形象管理和产品形象管理等。低层次的实践操作层的设计管理主要包括设计项目管理、人力资源管理和设计法规管理。笔者较认同表10-4的四层次设计管理的内容，在下文中将

就与其相关的部分内容作具体的阐述。

§10-3　设计策略管理

设计政策是公司的长期计划，是为使设计渗入各项工作而确立的设计总体方针。设计政策界定了设计管理执行规范与规划计划的目标，反映了企业对设计的认识程度和应用程度，也界定了管理者在设计活动中的角色和职责定位。而设计策略可以看做是设计政策的子计划，设计策略主要包括产品设计策略、企业形象设计策略、品牌形象设计策略和产品形象设计策略。

一、产品设计策略

产品设计策略主要包括：成熟产品的变革设计策略和新产品的开发设计策略。

1. 成熟产品的变革设计策略

成熟产品是指在生命周期曲线上处于成熟期的产品。成熟产品的变革设计策略主要有：成熟产品形式变革设计策略、成熟产品使用方式设计变革和成熟产品组成内容设计变革。

成熟产品形式变革设计策略是指在不改变产品功能、技术、结构的基础上，利用造型创新设计手段，通过改变产品的形态、色彩、肌理等达到产品创新的目的。

在分析原有操作缺点的基础上，改变成熟产品的使用方式，可以吸引使用者，并给其带来新的使用体验。但是这种改变要充分考虑到使用者的接受程度。

成熟产品组成内容的改变是指组成产品的相关零部件和元器件的改变。例如，减少产品的操控件，使其更加便于操作。

2. 新产品的开发设计策略

新产品的开发设计策略可归纳为：构建新型产品身份策略和强化科技表现力策略。

构建新型产品身份策略，应从以下几方面着手：首先确定新产品所应具有的功能，其次要确定产品在市场中的价值，最后要构建新产品的新形象。

强化科技表现力策略，应从以下两方面着手：一是寻求新型的科技设计语言及其产品表现形式；二是通过抽象特定科技产品的技术属性，并将其转化成视觉设计语言，形成产品设计的形象要素。

二、企业形象设计策略

1. 企业形象设计的含义

企业形象设计（CIS）包括企业的理念识别（MI）设计、企业的行为识别（BI）设计和企业的视觉识别（VI）设计。企业的理念识别是企业形象设计的核心，它包括企业的经营哲学、经营宗旨、经营目标、经营精神和经营作风等。理念识别对行为识别和视觉识别起决定作用，并通过行为识别和视觉识别表现出来。

2. 企业形象设计策略的内容

企业形象设计策略的内容包括以下几方面。

（1）企业形象设计的过程：在充分进行设计调查的基础上，进行理念识别、行为识别和视觉识别的设计。

（2）企业形象设计的导入和评估：设计完成后，通过导入 CIS，评估其是否增加了企业内部的凝聚力，评估其在社会公众中的形象如何。

（3）企业形象设计的实施：根据评估，对 CIS 进行完善后，在企业内全面对其进行实施。

三、品牌形象设计策略

品牌形象是消费者对某一品牌的总体印象和判断。这一印象和判断是消费者在与该品牌长期接触的过程中产生的，并通过消费者的品牌联想得以强化。企业品牌形象设计策略的最终目标，就是在目标消费者群体心目中建立起企业所希望的品牌形象。

品牌形象设计策略的内容主要包括：品牌背景分析、品牌定位、品牌个性和特征的建立、品牌推广、品牌维护、品牌延伸和品牌评估。

四、产品形象设计策略

产品形象是指产品的综合外观，包括产品的形态、色彩、材质、人机界面、品牌标志图形等，还包括产品的包装、广告、展示、营销和服务等，甚至包括企业理念、文化、品牌观念等内容。产品形象应与企业形象和品牌形象互相吻合，并相互促进。例如，诺基亚公司的产品形象定位是科技、时尚，品牌定位是人性科技（Human-Technology）。

产品形象设计策略的内容主要包括：把握产品造型方向、规范产品识别特征、编制产品形象设计手册、产品形象传播的选择和提高、产品形象评价系统的建立。

在设计策略管理方面，很多知名企业都做了行之有效的工作，它们都有独特的企业文化、企业识别系统、经营理念、品牌定位、营销方式等，有切合实际的产品开发设计策略和产品形象设计策略。飞利浦、IBM、索尼、伊莱克斯、海尔、联想等都是成功的案例。

§10-4 设计项目管理

一、项目管理的定义

项目管理的定义很多，相关的学者从不同的论点出发，对其进行了不同的定义，如表 10-6 所示。

表 10-6 相关学者的项目管理定义

研究学者	论点	项目管理定义
Clelland. D. I	目标论	为达成特定的目标，具有不同专业知识技术的人员和利用各种资源组成的临时性的管理团队
Kelly. W. F	任务论	一群人集合在一起为执行特定的任务，由项目经理担任项目小组的领导者，负责项目工作的协调与指导
Kast. F. E	功能论	一种整合的管理功能，以系统观念为基础，为特定的目标实行综合的规划管理，而项目经理则是规划项目作业中的重要人物

续表

研究学者	论点	项目管理定义
Bennis. W. G	结构论	一种有机的、适应的生态结构模式,组织项目相关的问题,集合不同专业技术人员来共同解决
刘宏基（中国台湾）	程序论	一个企业组织为了完成某项计划或任务,来自各部门单位与该项计划有关的各专业技术人员,组成一个临时性的任务小组,专门负责处理该项作业。但它特别强调临时性的意义,即任务一完成,项目小组立刻解散,所有人员随即返回原来的部门,担任原来的职务
王庆富（中国台湾）	系统论	将系统观念运用于管理项目工作上,以确保项目能在既定的时间与预算下达成最终的目标

设计项目管理是现代企业应用广泛的管理方法之一,紧密配合这一管理方法的是项目经理制度。项目经理制度,因企业、行业不同而各有差异。项目经理制度主要规定了项目进行全过程中的领导、决策、组织、计划、跟踪、监控、实施等内容。并规定了经理人的责任、权力与利益等相关内容。

二、产品设计项目管理

产品设计项目管理的内容可归纳如下。

1. 领导该项目的起始、进行与完成

项目经理有权力指挥与分配相关部门的工作人员展开工作,同时对上级领导负责。凡归属该项目的资源,项目经理都具有支配权,如企业设计部门中的产品项目经理,对公司设计人员、调研人员、工程师等,都有权力领导并安排任务。

2. 组织产品设计项目展开、进行

项目经理针对产品调研,可召集调研分析会议,讨论产品设计定位、组织方案评价、组织方案定案。

3. 对产品设计过程中所有事项进行决策

例如,对资金使用决策、日程决策、资料使用决策及其他人、物、信息事项的决策。

4. 项目经理负责产品设计项目的整体计划

项目经理负责的整体计划,包括时间计划、流程安排、人力与资金投入预算、过程内容、过程关键责任人等。

5. 负责产品设计过程监控

项目经理在设计计划的展开及运作的过程中,监督项目是否准时、按量、正确地完成。

6. 跟踪产品设计全过程

随时把握项目产生的动态信息,保证对项目进行全过程情况的了解,保证信息及时反馈,保证项目顺利进行。

§10-5 人力资源管理

人力资源管理包括组织管理、设计师管理和设计沟通。

一、组织管理

1. 设计组织的形态及特点

企业运用设计有两种形式：自行设立设计部门和委托外界设计企业，两者各有优缺点。企业内需要有负责产品开发与设计的组织架构，目前已发展出多种内部设计组织形态来进行产品的设计和开发。企业主要设计组织的形态及特点见表10-7。

表10-7 企业主要设计组织的形态及特点

组织形态	设　置	职　责	优　点	缺　点
研究与发展部门	直属于最高经营者管理	产品研发	适合现有产品的改良；沟通直接；反应迅速	不适合真正的新产品开发；非市场导向，且顾客需求易被忽略
新产品委员会	独立于部门之外，由企业内部主要部门的负责人组合而成	负责引导新产品构想的发展与筛选，并评价产品开发	沟通良好；在小型项目中反应迅速	不易提升开发的速率；无法承担大负荷的工作量
产品管理小组	在市场部门下设置	负责具体新产品开发与设计事宜	市场导向型开发；降低了设计问题的传送	易忽略开发工作；忽略新构想；新产品预算可能被删减
新产品部门	从现行的组织结构分离出一个独立的新产品部门	专职开发工作，并独立创造利润，其设计活动因隶属部门的不同而不同	对新产品给与较优先权；全职致力于新产品；团队责任强	开发工作可能脱离其他单位
联盟管理（也称项目小组或任务小组）	由各部门人员组成的联盟小组，项目经理任总指挥	负责开发项目，以不同的联盟小组进行不同项目的产品研发	适合于大型企业；适合于产品开发形态与数量多时；能运用公司全部资源；鼓励项目评价；鼓励合作	耗费人力资源；可能引发各小组的竞争；在开发结束后有技术转移的困难；评价自己时可能失去客观性

2. 设计组织的运作模式

设计组织的运作形式受到新产品开发项目的内容、特点，所需技术及企业规模和组织结构等因素的影响。设计组织的运作特征具有非理性，新奇，需要高度创意、利润与技术、机遇、判断，直觉关系密切且风险较大的特点。

邓成连教授总结归纳了几种较为典型的设计开发组织的运作方式，并提出了一种变形虫式双项目组织运作的概念模式，见图10-1。

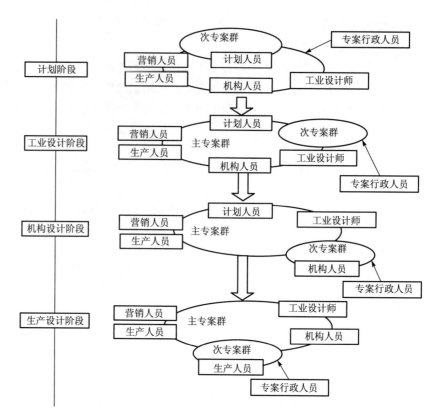

图 10-1 变形虫式双项目组织运作模式

二、设计师管理

设计师的组织一般有两种主要形式：一是依靠企业以外的自由设计师或设计事务所；二是建立企业内部的设计师队伍。

1. 自由设计师的组织与管理

所谓自由设计师是指那些自己独立从事设计工作而不从属于某一特定企业的设计人员。自行开业、接受企业设计委托的自由设计师在 20 世纪二三十年代就已经非常活跃。提革（Walter D.Teague）、罗维（Raymond Loewy）、盖茨（Norman Bel Geddes）、德雷夫斯（Henry Dreyfuss）是当时最负盛名的几位。

对于许多中小企业来说，由于经济上的原因，很难建立自己的设计师队伍。因此，需要利用自由设计师为企业提供设计服务。对于一些国际性的大公司，与多名设计师建立稳定的业务关系，不仅可以得到创新设计的产品，建立自己的设计特色，而且可以保证设计的连续性。

由于自由设计师是自由的，对他们的设计工作进行管理就更为重要。一方面要保证每位设计师设计的产品都与企业的目标相一致，而不能各自为政，造成混乱；另一方面又要保证设计的连续性，不会由于设计师的更换而使设计脱节。

例如，丹麦 B&O 公司的产品设计在国际设计界久负盛名，其设计师队伍是国际性的。B&O 公司与本国及英国、美国、法国等国家的多名设计师建立了稳定的业务关系，通过精心的设计管理来使用这些设计师。这些设计师所设计出的产品种类繁多，但都具有 B&O 的风格和特色。

B&O 具有 7 项设计基本原则，也是评价设计的准则：逼真性、易明性、可靠性、家庭性、精练性、个性、创造性。上述的 7 项基本原则，使设计师既保持设计的创新性，又不失简洁、高雅的风格。

2. 企业内部设计师的组织与管理

企业内部设计师（也称驻厂设计师）受雇于特定的企业，并主要为其进行设计工作。驻厂设计师根据企业的不同，加入到不同的设计组织形态（见表 10-7）中，从事产品设计工作。驻厂设计师由于熟悉企业及其产品，因而其设计能较好地适应企业各方面的要求。目前许多国际性的大公司都有自己的设计部门，国内一些大型企业如联想、海尔、美的等也有各自的工业设计机构。对驻厂设计师的管理，需要从设计师的组织结构和设计管理两方面进行。

例如，日本索尼公司认为设计是集体活动，且提倡团体设计方式，因此其设计部门庞大且复杂。除了独立的设计部门外，还有专门负责联系设计部门和其他部门的一个专门机构，称为"设计交流部"，实现各部门之间沟通和传达，并报道国际与国内市场的最新动向和行情。

索尼公司的工业设计师兼有短期的设计目标和长期的设计方向拟定的双重任务，例如，长期的设计方向要提前拟定。就产品设计，索尼公司拟定了产品设计和开发的八大原则：产品必须具有良好的功能性，产品设计美观大方，优质，产品设计上的独创性，产品设计合理性且特别便于批量化生产，具有独立的特征，坚固并耐用，产品对于社会大环境应该具有和谐与美化的作用。采用这些原则，使设计师保证了产品统一的设计特色。

由于驻厂设计师长期在同一企业工作，缺乏新观念的刺激，易产生设计思维定势，使设计模式化。为此，一些企业一方面鼓励设计师为别的企业进行设计工作，另一方面不定期地邀请企业外的设计师参与特定设计项目的开发，以引进新鲜的设计创意。

三、设计沟通

1. 设计沟通的含义

设计沟通是提高设计工作绩效和进行管理的基础，是促使设计良好发展的重要活动。设计沟通的含义是：处理产品设计、设计者、生产者、经营者、消费者、使用者、管理者与设计管理者之间的关系，既要了解设计者的意见、分析消费者的行为，又要分析政策、程序和行动等对各设计相关者的影响，要及时调整与设计相关的意见，以推动设计创新与发展。

2. 设计沟通的形式

(1) 内部管理沟通。

在企业内部设计组织的设计项目运作过程中，设计由不同的功能组织来共同完成，设计之间的沟通大多以内部的设计沟通为主。内部管理沟通反映了设计全程中，设计经理、项目负责人、营销人员及各类设计师进行沟通的实际状态。

(2) 其他设计人员的内部沟通。

除参与内部管理沟通的上述人员之外，也会涉及其他人员，例如生产部门、品质检查部门、成本核算部门和市场营销部门等的人员。与这些人员进行大量的沟通，同样对设计品质的提升起着十分重要的作用。

(3) 外部沟通。

在设计项目进行时，会涉及与外界各类人员和组织的沟通，这些沟通是必不可少的。例如，与设计委托商的沟通、与材料供应商的沟通、与销售商的沟通和与消费者的沟通等。

§10-6 设计法规管理

一、设计法规的范畴

随着社会的发展，设计法规变得日趋重要，它是设计活动成功的前提。与工业设计行业相关的法规范围很广，可将设计法规体系分为设计知识产权法规和工程设计与建设法规，见图 10-2。

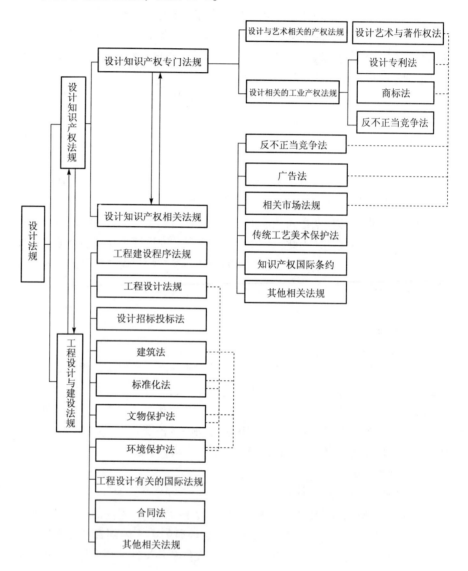

图 10-2 设计法规的范畴

二、知识产权管理

1. 知识产权管理能够激励创新设计

知识产权管理激励创新设计的主要体现如下。

（1）专利保护制度直接刺激发明创造。

专利保护制度给创新者以市场保护，使其在一定时期内具有独占权并得到创新的应有回报。所以，专利保护制度可以更有效、更直接地刺激发明创造。

(2) 专利数量激励创新设计。

企业拥有的专利技术数量越多，则技术更新周期越短，企业开发新技术速度越快，以此不断激励创新设计。

(3) 已公开的专利信息对创新设计的激励。

合理利用已公开的专利信息，是新一轮创新的基础，可以避免重复研究开发，是对创新设计的有效激励。

2. 知识产权是企业参与国际市场竞争的有力保证

知识产权日益成为世界贸易、国际竞争的重要力量。知识产权已成为一种国际市场的准入资格，例如，技术成果不进行专利申请、缺少当地国家的法律保护，在竞争中就很难取得法律上的同等地位，就只能接受他人的侵权指控和巨额赔偿要求。像我国这样的发展中国家经常会感到发达国家利用专利、商标等手段来限制我国的产业发展。所以，在面对以知识产权竞争为主的市场竞争时，应加强知识产权管理工作，要立足就必须具有专利权、必须进行合理的商标注册。

3. 工业设计知识产权管理研究的主要内容

(1) 工业设计中知识产权关系人的管理。

通过知识产权管理，调整政府机构管理者、设计人、发明人、开发者、投资人、生产商、销售商和消费者等在创造、支配、转让和使用知识产权过程中的各种权利和义务关系，保障他们的利益。

(2) 设计知识产权的保护与转让。

设计知识产权的保护与转让是知识产权管理的核心内容，它包括设计全过程所涉及的所有知识产权资源的保护和转让，需要进行产业化的系统的管理。

(3) 设计知识产权的研究和利用。

设计知识产权的研究和利用包括合理利用设计专利、设计作品、商标和品牌形象等。例如，利用专利掌握技术、市场动向和最新设计趋势，进行方案设计，提升自主设计和开发能力。

(4) 人才资源的隐性知识资本管理。

人才资源的隐性知识资本包括知识结构、工作技能、创新设计能力及合作能力等。在管理上采取以人为本的创新激励模式，对人才资源的隐性知识资本进行管理，以促进设计创新。

三、工程设计与建设法规管理

1. 工程设计与建设法规的涉及范围

工程设计要求产品设计的形态能满足在机械性能基础上的机械机构的关系，实现的是物与物之间的关系。工程设计法规是指调整工程设计活动中所产生的各种社会关系的法律规范的总称。

工程建设是指土木建设工程、线路管道和设备安装工程、建筑装修装饰工程等工程项目及其他建设工作的总称。工程建设在国民经济中占有重要地位，同时与设计规划行为紧密相连，所以，制定和实施工程建设法规，对其进行管理是必不可少的。

工程设计与建设法规管理涉及的范围较广，包括经济合同、招标投标、产品质量、环境保护、文物保护、设计技术标准等多方面的管理。

2. 设计合同的含义和内容

设计所涉及的经济合同可称为设计合同。设计合同的内容因具体项目而异，其基本内容如下：委托的设计项目的名称、委托的内容和期限、合同费用（报酬等）、合同不包括的费用、支付的时间和方法、中止时的处理、决定设计的方法和手段、有关保密规则、设计所有权的处理、合同时间及继续方法、未尽事宜的处理等。

设计合同的报酬支付方式一般有下列形式：时间制的方式（按实际工作时间计酬）、设计使用费的方式（设计被采用后支付费用）、约定费用的方式（按事先约定好的费用支付）和长期合同方式。

设计合同不同于其他经济合同，因为设计是一种创造性的行为，对其进行确切的评价是很困难的。所以，设计合同的确定更应以相互信赖为出发点，让委托方充分理解设计工作的重要性和艰巨性，以正确评价设计的价值。

参考书目

[1] 刘志光.创造学［M］.福州：福建人民出版社，1988.
[2] 陶伯华，朱亚燕.灵感学引论［M］.沈阳：辽宁人民出版社，1987.
[3] ［苏］吉江 Р з.发明及发明过程方法学［M］.徐明泽，魏杨，译.广州：广东人民出版社，1988.
[4] ［日］系川英夫.一位开拓者的思索［M］.王泰平，等，译.北京：世界知识出版社，1985.
[5] 杨德广.论智能培养［M］.上海：上海人民出版社，1987.
[6] ［德］拉普 F.技术科学的思维造构［M］.刘武，等，译.长春：吉林人民出版社，1988.
[7] 周思忠.创造心理学［M］.北京：中国青年出版社，1985.
[8] 戚昌滋，侯传绪.创造性方法学［M］.北京：中国建筑工业出版社，1987.
[9] ［日］恩田彰.创造性心理学［M］.陆祖昆，译.石家庄：河北人民出版社，1987.
[10] 刘志光.创造性教育与人才［M］.广州：广东人民出版社，1988.
[11] 芮杏文，戚昌滋.实用创造学与方法论［M］.北京：中国建筑工业出版社，1985.
[12] ［日］伊藤隆二.才智的培养［M］.范作申，编译.北京：北京经济学院出版社，1988.
[13] 邵海忠.仿生学纵横谈［M］.南昌：江西人民出版社，1981.
[14] 马祖礼.生物与仿生［M］.天津：天津科学技术出版社，1984.
[15] 戚昌滋.现代广义设计科学方法学［M］.北京：中国建筑工业出版社，1987.
[16] 杨沛霆，等.科学技术论［M］.杭州：浙江教育出版社，1985.
[17] 余谋昌.当代社会与环境科学［M］.沈阳：辽宁人民出版社，1987.
[18] 高庆年.造型艺术心理学［M］.北京：知识出版社，1988.
[19] 叶朗.现代美学体系［M］.北京：北京大学出版社，1988.
[20] 徐恒醇，等.技术美学［M］.上海：上海人民出版社，1989.
[21] 黄纯颖.工程设计方法［M］.北京：中国科学技术出版社，1989.
[22] 许凤火，产品设计的理念与方法［M］.台北：大同公司印刷中心，1985.
[23] ［英］Christopher J. Design Method［M］. New York：Wilcy，1981.
[24] ［丹麦］加尔弗 E.工业设计简明教程［M］.闵元来，等，译.武汉：湖北科学技术出版社，1985.
[25] 赵元仁，崔壬午.标准化词典［M］.北京：中国标准出版社，1990.
[26] ［日］池上嘉彦.符号学入门［M］.张晓云，译.北京：国际文化出版公司，1985.
[27] ［法］巴特 R.符号学美学［M］.董学文，等，译.沈阳：辽宁人民出版社.1987.
[28] 彭星闾.市场营销学［M］.北京：中国财政经济出版社，1990.
[29] 李景泰.市场学［M］.天津：南开大学出版社，1988.
[30] 黄世辉.产品语意论背后的现代思潮［J］.工业设计，1988（2）.

〔31〕 东方月. 世界各国优良设计评选标准 [J]. 工业设计, 1991 (2).

〔32〕 陈汗青, 万仞. 设计与法规 [M]. 北京: 化学工业出版社, 2004.

〔33〕 [美] 唐纳德·R·莱曼, 拉塞尔·S·温纳. 产品管理 [M]. 汪涛, 译. 北京: 北京大学出版社, 2006.